地震反演理论与应用

[英] 王仰华　著

石　颖　译

U0336005

石油工業出版社

内容提要

本书主要介绍了线性反演的基本原理和地震反演的实践方法，包括地震反射系数与阻抗反演方法、国际上最前沿的地震全波形反演方法。

本书可供石油天然气等矿产勘探开发生产单位工程技术人员、大中专业院校地球物理相关专业师生，以及科研单位参考使用。

图书在版编目（CIP）数据

地震反演理论与应用 /（英）王仰华著；石颖译．—北京：石油工业出版社，2024.2

书名原文：Seismic Inversion：Theory and Applications

ISBN 978-7-5183-5855-7

Ⅰ.①地… Ⅱ.①王… ②石… Ⅲ.①地震反演 Ⅳ.① P315.01

中国国家版本馆 CIP 数据核字（2023）第 004784 号

Seismic Inversion：Theory and Applications
by Yanghua Wang
ISBN: 978-1-119-25798-1

北京市版权局著作权合同登记号：01-2020-4587

出版发行：石油工业出版社
（北京安定门外安华里 2 区 1 号楼　100011）
网　址：www.petropub.com
编辑部：（010）64523757
图书营销中心：（010）64523633
经　销：全国新华书店
印　刷：北京中石油彩色印刷有限责任公司

2024 年 2 月第 1 版　2024 年 2 月第 1 次印刷
787×1092 毫米　开本：1/16　印张：12.25
字数：315 千字

定价：100.00 元
（如出现印装质量问题，我社图书营销中心负责调换）

中文版序

CHINESE PREFACE

地震反演的目标是利用地震数据重建地层介质模型。这种地层介质模型可量化表示成随空间变化的物理参数，而这类物理参数则可通过求解反演方程的途径从地震数据中获取。对于地震反演，需要同时解决至少三个基本问题：（1）非线性问题，因为求解过程取决于解本身，即反演中涉及的地震波传播受当前估计模型的影响；（2）非唯一性问题，归因于地震数据的不完备性；（3）不稳定性问题，因为微小的数据误差可能在模型计算中引起巨大的扰动。解的非唯一性和求解过程的不稳定性等两个复杂问题，也可理解为所有反演方程都是病态的数学方程。

我在担任英国帝国理工学院油藏地球物理中心主任期间，编写了地球物理学教材《地震反演与定量分析》，用于帝国理工学院的硕士、博士研究生课程。该课程包含两个重点：一是解决非线性问题，其基本思路是将非线性问题线性化，通过迭代逐步更新求解模型；二是解决反演方程的病态问题，其基本思路是采用对模型的约束及正则化手段。在此基础上，还介绍一些实践应用的技术方法，从地震资料中提取有用信息并应用于油藏特征描述，从而激发读者进一步开展高水平地震反演研究的兴趣。该教材经过十余年的教学使用，于 2016 年整理成书出版，即本书《地震反演理论与应用》。目前，此书已经成为国际上地震反演领域的权威著作。

本书主要介绍了线性反演的基本原理和地震反演的实践方法，总结了我多年来在地震反演技术领域的探索成果，其中包括首次介绍的基于波动方程的反演方法应用于对地层波阻抗参数的模型重建。本书不仅可以用于基础教学，同时也为从事储层特征描述的油藏地球物理学家提供实用技术指导。因此，在与同事、同仁多年交流过程中，我感觉到了本书内容在中国也具有广泛适用性。希望本书中文版能为中国地震反演技术发展提供参考和帮助，为中国石油地球物理勘探领域的技术进步贡献力量。

英国皇家工程院院士
中国工程院外籍院士

译者前言

TRANSLATOR PREFACE

本书译自 2016 年出版的 *Seismic Inversion: Theory and Application* 一书，原书作者是英国皇家工程院院士、中国工程院外籍院士、英国帝国理工学院教授王仰华。本书主要介绍了地震反演的基本理论和求解方法，给出了从地震数据中提取有用信息进行储层刻画的应用实例。其特点在于作者更注重地震反演中涉及的反问题的物理意义，而不仅是复杂、枯燥的公式阐述。

本书包含十四章内容，前七章介绍了线性反问题的基本理论，后七章则是基于这些基本理论的地震反演方法的具体介绍，包括射线阻抗反演及波形层析等。王仰华院士综合自己在工业领域和学术领域的丰富经历和学识，将地震反演方法分为褶积反演和波动方程反演两大类，并提出了多项创新性技术。一般来说，褶积模型常用于地震反射系数反演和阻抗反演，而基于波动方程的波形层析和全波形反演方法则多用于速度反演，本书首次提出利用波动方程反演方法重建地下阻抗。所以，本书的两类反演方法都以波阻抗反演作为方法的结尾，阐述了反问题的工程应用，读者可以利用书中的方法获得更有地球物理意义的解。

王仰华院士的这本著作是国际上公认的地震反演权威著作，在翻译过程中，我尽可能用通俗易懂的语言将其中内容展现给读者。限于水平，且地震反演理论与应用技术快速发展，书中不足之处还望广大读者批评指正。

东北石油大学教授

目录

CONTENTS

第 1 章　地震反演基础

地震反演通常指从实测地震资料中提取随空间变化的地球物理参数的处理过程。这些参数可表征地下介质特性，具有重要的地球物理和地质意义。地震反演的发展使地震勘探中的定量解释成为可能。由于部分乃至整个求解反问题的过程依赖于所获得的解，因此反演过程通常是非线性的。在实际应用中，对反问题往往进行线性化处理，通过线性化迭代求解，最终得到反演问题的非线性解。因此，本书将主要讨论线性反问题。

1.1　线性反问题

线性地震反演包括以下三个基本步骤：

（1）建立目标函数，用于描述模型估计数据与地震观测数据之间的吻合程度，以及是否满足期望误差；

（2）根据最小变分原理优化目标函数，将目标函数定义为二次函数，得到线性方程组；

（3）求解该线性方程组，得到定量解。

数据拟合是目标函数的重要组成部分。地震反演采用正演模拟方法生成与观测数据相匹配的合成地震数据。正演模拟可用线性形式表示为

$$\boldsymbol{G}\boldsymbol{m}=\boldsymbol{d} \tag{1.1}$$

式中，$\boldsymbol{G}$ 为地球物理算子（矩阵）；$\boldsymbol{m}$ 为“模型”向量；$\boldsymbol{d}$ 为“数据”向量。

向量 $\boldsymbol{m}$ 和 $\boldsymbol{d}$ 都定义在希尔伯特（Hilbert）空间中，该空间中可以测量向量的内积的结构（长度和角度）。矩阵 $\boldsymbol{G}$ 的行向量和列向量也在 Hilbert 空间中定义。

例如，对于定义在 x–z 域中的二维（2D）速度模型，无法在模型参数化中直接定义裂缝或断层。实际上是使用考虑包含裂缝或断层影响的等效速度模型。在 Hilbert 空间中定义模型向量 $\boldsymbol{m}$，可以用于地震反演中的内积计算。

然后，定义数据拟合目标函数为

$$\phi(\boldsymbol{m})=\left\|\tilde{\boldsymbol{d}}-\boldsymbol{G}\boldsymbol{m}^2\right\| \tag{1.2}$$

式中，$\tilde{\boldsymbol{d}}$ 为观测数据向量；$\|\boldsymbol{r}\|^2=\boldsymbol{r}^{\mathrm{T}}\boldsymbol{r}=(\boldsymbol{r},\boldsymbol{r})=\sum_i r_i^2$ 为单个向量 $\boldsymbol{r}$ 的内积；符号 $\|\cdot\|$ 表示向量的 L_2 范数。

对目标函数的优化不限于最小化。根据构建的目标函数，也可通过最大化的方式实现目标函数优化。例如，最小化数据匹配误差就相当于概率最大化。令 $\partial\phi/\partial\boldsymbol{m}=\boldsymbol{0}$，其中，$\boldsymbol{0}$ 为零向量，可获得目标函数的最小或最大极值。

公式（1.2）所示目标函数中，$\left\|\tilde{\boldsymbol{d}}-\boldsymbol{Gm}\right\|^2$ 是数据残差的能量。采用最小变分原理计算最小平方解，即令 $\partial\phi/\partial\boldsymbol{m}=\boldsymbol{0}$，即可得到如下线性系统，即

$$\boldsymbol{G}^{\mathrm{T}}\boldsymbol{Gm}=\boldsymbol{G}^{\mathrm{T}}\tilde{\boldsymbol{d}} \tag{1.3}$$

式中，$\boldsymbol{G}^{\mathrm{T}}$ 为矩阵 $\boldsymbol{G}$ 的转置；$\boldsymbol{G}^{\mathrm{T}}\boldsymbol{G}$ 为方阵。

公式（1.3）可简化为

$$\boldsymbol{Gm}=\tilde{\boldsymbol{d}} \tag{1.4}$$

一般地，反问题意味着求解方程（1.4）中矩阵 $\boldsymbol{G}$ 的逆。然而，该矩阵不可直接求逆。通过计算方阵 $\boldsymbol{G}^{\mathrm{T}}\boldsymbol{G}$ 的逆，该问题最终相当于求解方程（1.3）的最小二乘解。

实际上，矩阵的逆并不总是存在的，这意味着算子 $\boldsymbol{G}$ 或 $\boldsymbol{G}^{\mathrm{T}}\boldsymbol{G}$ 都是奇异的。对算子的任何修改都称为正则化，这使得从数据空间到模型空间的逆映射以一种稳定且唯一的方式发生。

对于含大型矩阵的线性系统，为避免矩阵直接求逆，可以采用迭代法求解。每次迭代也可看作一个线性反问题，由误差函数定义目标函数，沿（负）梯度方向更新解，这就是基于梯度的反演方法。

1.2 数据、模型和映射

分别比较式（1.1）和式（1.4）给出的两个线性系统。式（1.1）是一个正问题，即

$$(\text{模型}M)\Rightarrow[\text{映射算子 }G]\Rightarrow\text{ 数据 }D \tag{1.5}$$

给定地下介质模型 M（定义为一组地下参数）和映射算子 G，目标是找到一组数据 D，包含数据空间中所有的测量数据。

即使对于正问题，M 和 G 在实际问题中也不是唯一的。例如，声波、弹性波或黏弹性波动方程都可用于模拟合成反射波地震记录，可根据实际需要和先验信息选择波动方程。

一个具有明确物理意义的正问题通常都是适定的，即用以描述物理现象的数学模型有唯一解，且解依赖于模型。依赖性指模型空间 M 中的较小变化 $\Delta\boldsymbol{m}$ 将引起数据空间 D 中较小的扰动 $\Delta\boldsymbol{d}$。

式（1.4）中的反问题表明，给定数据集 D 和映射算子 G，可求出模型 M，即

$$\text{模型}M\Leftarrow[\text{映射算子 }G]^{-1}\Leftarrow(\text{数据 }D) \tag{1.6}$$

反演理论为反问题研究提供理论基础，其提取数据中包含的所有信息，同时控制反演计算引入的误差。相关研究主要分为以下两类：

第一类是在具备理想数据前提下所开展的精确研究，即研究解的存在性与唯一性。构造精确的逆映射算子，这对于经典的数学分析来说是一个很好的例子，如果 G 是双连续的，并且在空间 M 和 D 之间发生双映射，则反问题是适定的且较容易求解。双连续指一个连续的函数对应有一个连续的反函数。双映射指对于 D 中的每个 $\boldsymbol{d}$，在 M 中恰好存在

一个 $\boldsymbol{m}$，使得 $G(\boldsymbol{m})=\boldsymbol{d}$，反之亦然。但这种反问题对应用科学家和工程师而言并无太大意义。

另一类是研究不精确和不完整数据的广义解的定义和方法。这类反问题是地球物理学家所感兴趣的。研究此类反问题应注意以下三点：

（1）映射算子的逆 $\boldsymbol{G}^{-1}$ 可能不存在。这种情况下，应参考等效映射和先验信息，检查地下介质参数的定义。

（2）反问题的解通常不唯一。因此，广义反演应使用“估计解”而非“解”。

（3）与正问题不同，反问题通常不适定，即一个小的数据变化会导致不可控的解扰动（Hadamard，1902）。

数学上的非连续映射算子 $\boldsymbol{G}^{-1}$ 导致了问题的不适定性，针对上一部分中给出的线性情况，$G(\boldsymbol{m})=\boldsymbol{Gm}$，重点研究 $\boldsymbol{G}$ 的奇异性和条件数。非奇异性表明矩阵逆 $\boldsymbol{G}^{-1}$ 是存在的，而低条件数表明 $\boldsymbol{Gm}=\tilde{\boldsymbol{d}}$ 是一个适定问题。

1.3　通解

令 $\boldsymbol{d}=G(\boldsymbol{m})$ 为预测数据集，$\tilde{\boldsymbol{d}}$ 为观测数据集；通过最小化 $\tilde{\boldsymbol{d}}$ 和 $\boldsymbol{d}$ 之间距离可得到估计解 $\boldsymbol{m}$，这类解称为 $\boldsymbol{m}$ 的准解 。

地震反演中常采用二次型距离，两个矢量之间的二次型距离可表示为

$$\mathrm{dis}(\boldsymbol{r}_1,\boldsymbol{r}_2)=\|\boldsymbol{r}_1-\boldsymbol{r}_2\| \tag{1.7}$$

式中，$\boldsymbol{r}_1$，$\boldsymbol{r}_2$ 分别为同一空间中的两个向量。

方程（1.2）给出的目标函数得到的是准解，因为它与观测数据集的误差有关，$\tilde{\boldsymbol{d}}-G(\boldsymbol{m})\neq\boldsymbol{0}$。

由于观测数据集不精确且不完全，因此除准解外，还需一个近似解。通过最小化数据拟合项和模型选择标准的组合可得近似解。目标函数定义为

$$\phi(\boldsymbol{m})=\mathrm{dis}_D\left[\tilde{\boldsymbol{d}},G(\boldsymbol{m})\right]+\mu\,\mathrm{dis}_M(\boldsymbol{m},\boldsymbol{m}_{\mathrm{ref}}) \tag{1.8}$$

式中，$\mathrm{dis}_D\left[\tilde{\boldsymbol{d}},G(\boldsymbol{m})\right]$ 为数据空间 D 中定义的距离；$\mathrm{dis}_M(\boldsymbol{m},\boldsymbol{m}_{\mathrm{ref}})$ 为模型空间 M 中定义的距离；μ 为目标函数中平衡两个标准贡献度的折中因子。

地震反演问题中，定义 $\boldsymbol{m}_{\mathrm{ref}}$ 为期望解。例如，在线性情况下 $G(\boldsymbol{m})=\boldsymbol{Gm}$，目标函数可以定义为

$$\phi(\boldsymbol{m})=\left\|\tilde{\boldsymbol{d}}-\boldsymbol{Gm}\right\|^2+\mu\left\|\boldsymbol{m}-\boldsymbol{m}_{\mathrm{ref}}\right\|^2 \tag{1.9}$$

尽管 L_2 范数定义的二次型距离经常被用于地震反演中，但仍只是计算距离的一种特殊情况。可以用不同的方法来计算距离，例如在地震反演中常用的加权二次型距离。

方程（1.8）或方程（1.9）中的目标函数是一个约束反问题，其中 $\mathrm{dis}_M(\boldsymbol{m},\boldsymbol{m}_{\mathrm{ref}})$ 是一个典型的模型约束条件，也可用其他不同形式的模型约束。目标函数中的任何约束条件都是

对地球物理映射算子的正则化，详细内容见下一节（1.4 正则化）。

1.4 正则化

正则化方法通过削弱奇异性进而解决反演的不适定性和计算难题。上一节（1.3 通解）提到的近似解只是在不精确和不完整数据情况下的一种实用方法。正则化从数学的角度考虑了映射算子 G 的性质：数值不稳定性是否来源于奇异性，以及是否可以修改奇异算子从而满足稳定条件。

稳定性意味着数据的微小变化可引起解的微小扰动，因此取决于映射算子的性质，那么关联性有多大呢？令 $\boldsymbol{\varepsilon}$ 为数据误差矢量，$\Delta \boldsymbol{m}$ 是由误差引起的模型解的扰动，二者的关系有三类。

（1）线性关系：$\|\Delta \boldsymbol{m}\| = \alpha \|\boldsymbol{\varepsilon}\|$。

（2）幂律关系：$\|\Delta \boldsymbol{m}\| \leqslant A\|\boldsymbol{\varepsilon}\|^{\alpha}$，$0 < \alpha \leqslant 1$，$A$ 是常数。

（3）对数关系：$\|\Delta \boldsymbol{m}\| \propto \left(\ln \dfrac{1}{\|\boldsymbol{\varepsilon}\|}\right)^{-\alpha} = (-\ln\|\boldsymbol{\varepsilon}\|)^{-\alpha}$。

其中，线性关系对应适定问题，对数关系对应不适定问题。为得到稳定的反演结果，至少需要一个幂律算子，其指数 α 小于 1。但地球物理问题中的逆算子通常与对数关系有关且不适定，因此需要正则化处理。

图 1.1 显示了模型扰动 $\|\Delta \boldsymbol{m}\|$ 与数据误差 $\|\boldsymbol{\varepsilon}\|$ 之间的三种关系：线性关系（实线），

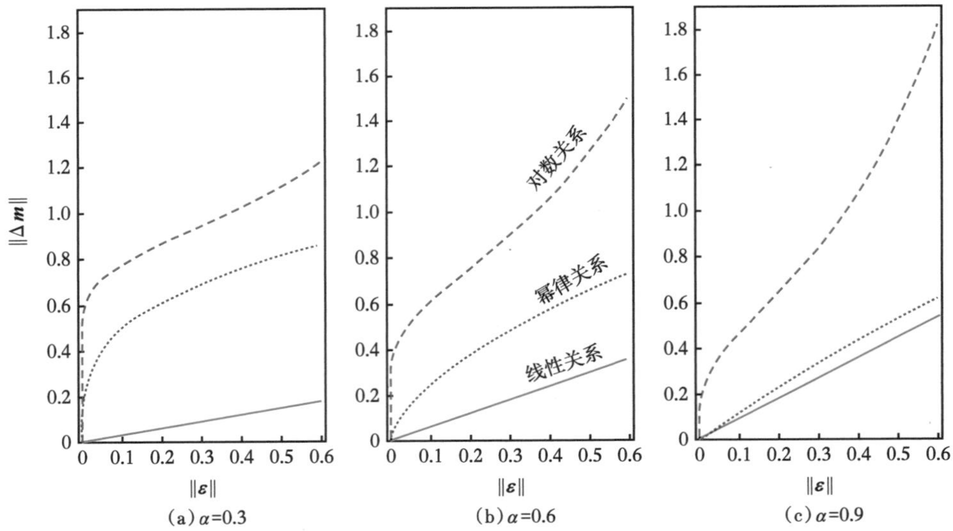

图 1.1　模型扰动 $\|\Delta \boldsymbol{m}\|$ 与数据误差 $\|\boldsymbol{\varepsilon}\|$ 之间的三种关系：线性关系（实线）、幂律关系（点线）和对数关系（虚线）

$\|\Delta \boldsymbol{m}\| = \alpha\|\boldsymbol{\varepsilon}\|$；幂律关系（点线），$\|\Delta \boldsymbol{m}\| \leqslant A\|\boldsymbol{\varepsilon}\|^{\alpha}$，$0 < \alpha \leqslant 1$；对数关系（虚线），$\|\Delta \boldsymbol{m}\| = (-\ln\|\boldsymbol{\varepsilon}\|)^{-\alpha}$，其中，$\|\boldsymbol{\varepsilon}\|$ 为预标准化数据误差（最大可能误差为 1）。图 1.1 中从左到右分别为 α=0.3，α=0.6，α=0.9 的情况。

考虑反问题中的稳定性问题，这里引入算子条件数的概念。条件数可定义为模型解相对误差与数据相对误差之比的最大值。如果条件数较小，则 $\boldsymbol{m}$ 的误差不会比 $\tilde{\boldsymbol{d}}$ 的误差大很多。另一方面，如果条件数很大，即使数据的一个小误差也可能导致模型解出现较大误差。通常，低条件数的反问题是良态的，而高条件数的反问题是病态的。

为使反问题稳定，降低算子的条件数，可以向目标函数中加入模型约束条件实现正则化处理。首先定义一个稳定函数 $R(\boldsymbol{m})$，对于任意实数 E，满足 $R(\boldsymbol{m}) \leqslant E$ 成立，然后将 $R(\boldsymbol{m})$ 合并到目标函数中：

$$\phi(\boldsymbol{m}) = Q(\boldsymbol{m}) + \mu R(\boldsymbol{m}) \tag{1.10}$$

式中，$Q(\boldsymbol{m})$ 为符合质量标准的数据；$R(\boldsymbol{m})$ 为模型正则化项。

为了理解这种稳定性，以目标函数（1.11）为例进行分析：

$$\phi(\boldsymbol{m}) = \left\|\tilde{\boldsymbol{d}} - \boldsymbol{G}\boldsymbol{m}\right\|^2 + \mu\|\boldsymbol{m}\|^2 \tag{1.11}$$

与式（1.9）中的目标函数相对应，即式（1.9）中的 $\boldsymbol{m}_{\text{ref}}=\boldsymbol{0}$。令 $\partial\phi/\partial\boldsymbol{m}=\boldsymbol{0}$，最小化目标函数得

$$\left(\boldsymbol{G}^{\mathrm{T}}\boldsymbol{G} + \mu\boldsymbol{I}\right)\boldsymbol{m} = \boldsymbol{G}^{\mathrm{T}}\tilde{\boldsymbol{d}} \tag{1.12}$$

如果矩阵 $\boldsymbol{G}^{\mathrm{T}}\boldsymbol{G}$ 是奇异的，则修正算子（$\boldsymbol{G}^{\mathrm{T}}\boldsymbol{G}+\mu\boldsymbol{I}$）不再奇异，方程（1.12）的解存在。因此，$\mu$ 也被称为稳定因子。估计解 $\boldsymbol{m}$ 是唯一的，且依赖于平均数据 $\boldsymbol{G}^{\mathrm{T}}\tilde{\boldsymbol{d}}$。因此，约束目标函数实际上就是对地球物理映射算子进行正则化，从而使得反问题变得稳定。

Tikhonov 正则化方法（Tikhonov，1935；Tikhonov，Arsenin，1977；Tikhonov et al.，1995）可表示为

$$R(\boldsymbol{m}) = \int_{r_a}^{r_b}\left(\mu_1(r)\|\boldsymbol{m}(r)\|^2 + \mu_2(r)\left\|\frac{\partial\boldsymbol{m}(r)}{\partial r}\right\|^2\right)\mathrm{d}r \tag{1.13}$$

式中，r 为空间位置；$\mu_1(r)$，$\mu_2(r)$ 为在 $[r_a, r_b]$ 范围内定义的正加权函数。

此外，正则化也可直接应用于地球物理算子，以解决奇异性问题。接下来的简单例子是对一个连续函数进行微分计算。假设 $f(r)$ 是一个连续实函数，但其导数可能不存在。为解决奇异性问题，可将 $f(r)$ 与一个连续可微函数 $h(r)$ 进行褶积以实现正则化，即

$$\tilde{f}(r) = f(r) * h(r) \tag{1.14}$$

处理后的函数 $\tilde{f}(r)$ 是可微的，没有奇异点：

为了使 $\tilde{f}(r)$ 很好地近似于 $f(r)$，应满足以下条件。

（1）h 的值域范围有限：在 r 取值范围外 $h(r)=0$。

（2）单位模量：

$$\int_{-\infty}^{\infty} h(r)\mathrm{d}r = 1 \tag{1.15}$$

（3）近似性：

$$\frac{1}{r_b - r_a}\int_{r_a}^{r_b}\left|\tilde{f}(r) - f(r)\right|\mathrm{d}r < \varepsilon \tag{1.16}$$

条件（1）意味着局部正则化，条件（2）要求这个过程不改变原函数的能量，条件（3）要求近似函数与原函数误差足够小。对地球物理算子进行正则化，应满足以上三个基本条件。

图 1.2 展示了褶积的运算过程。定义函数 $f(r)$ 为

$$f(r)=\begin{cases} 2 & , r<r_1 \\ \dfrac{r_1 - r - 2r_2}{r_1 - r_2} & , r_1 \leqslant r \leqslant r_2 \\ 1 & , r>r_2 \end{cases} \tag{1.17}$$

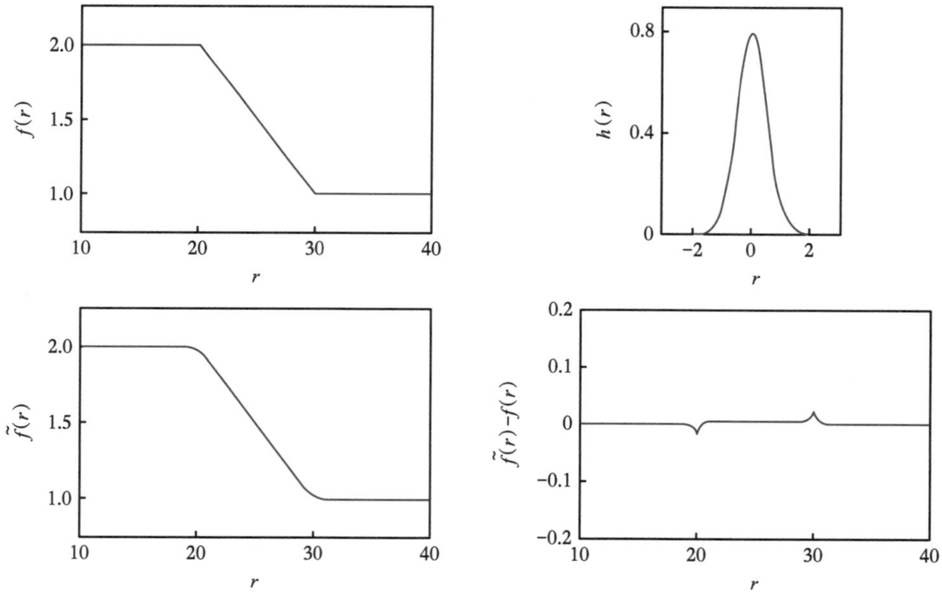

图 1.2　不可微函数 $f(r)$ 与函数 $h(r)$ 褶积产生一个可微函数 $\tilde{f}(r)$，$\tilde{f}(r)$ 是可微的，无奇异点，二者之差 $\left|\tilde{f}(r) - f(r)\right|$ 足够小

由于这个函数的一阶导数在 r_1 和 r_2 处有两个奇异点，因此连续不可微。采用高斯函

数设计如下滤波器，即

$$h(r)=\frac{1}{\sigma\sqrt{2\pi}}\exp\left(-\frac{r^2}{2\sigma^2}\right) \tag{1.18}$$

式中，σ 为标准差，褶积产生平滑函数 $\tilde{f}(r)$。

根据以下三个条件来验证图 1.2 所示的数值结果：

（1）$h(r)$ 的局部化取决于参数 σ，这里 $\sigma=0.5$。

（2）由于 $\Sigma_i h_i \Delta r=1$，滤波器 $h(r)$ 是单位模量，其中 Δr 是采样率，并且 $h_i=h(i\Delta r)$。

（3）误差 $\left|\tilde{f}(r)-f(r)\right|$ 足够小，这里总误差 $\varepsilon \leqslant 0.00126$。

此例中，算子 G 表示一阶微分，即

$$G(r)=\frac{\mathrm{d}}{\mathrm{d}r} \tag{1.19}$$

正则化后算子变为

$$\tilde{G}(r)=\frac{\mathrm{d}}{\mathrm{d}r}h(r)* \tag{1.20}$$

在傅里叶变换域中，这两个算子可理解为

$$G(k)=-\mathrm{i}k,\quad \tilde{G}(k)=-\mathrm{i}kH(k) \tag{1.21}$$

式中，k 为波数；$\mathrm{i}=\sqrt{-1}$ 为虚数符号；$G(k)$ 和 $\tilde{G}(k)$ 分别为 $G(r)$ 和 $\tilde{G}(r)$ 的傅里叶变换；$H(k)$ 是 $h(r)$ 的傅里叶变换。

可以认为，所有反问题的本质是正则化。

第 2 章　线性反演方程组

如方程（1.4）所示，反演的基本问题是求解线性方程组 $\boldsymbol{Gm}=\tilde{\boldsymbol{d}}$，其中，向量 $\tilde{\boldsymbol{d}}$ 是观测数据，$\boldsymbol{m}$ 是模型，$\boldsymbol{G}$ 是地球物理映射算子，求解这个线性方程组是求解许多反问题的步骤之一。

地球物理算子 $\boldsymbol{G}$ 从模型空间 M 映射到数据空间 D，因此，反演的第一步是正问题，即

$$\boldsymbol{Gm}=\boldsymbol{d} \tag{2.1}$$

即建立地球物理数据与介质模型之间的线性方程组 $G(\boldsymbol{m})=\boldsymbol{Gm}$。本章提出一种适用于不同地球物理问题的控制方程。应用于各种反问题的控制方程，均可以通过方程（2.1）的离散形式求解。

因此，方程（2.1）所示的线性系统是反演问题的基础。一旦建立了线性系统，其余的问题就是研究是否存在唯一解，以及反演是否稳定，即使有大量的精准数据也该如此。

2.1　控制方程及其解

不同的地球物理方法对应有不同的偏微分方程，如用于地震勘探的弹性波方程、用于电磁勘探的麦克斯韦方程、用于重磁勘探的泊松方程。几乎可用于所有地球物理方法的控制方程是

$$\left(\nabla^2-p\frac{\partial^2}{\partial t^2}-q\frac{\partial}{\partial t}\right)u(\boldsymbol{r},t)=-\delta(\boldsymbol{r}-\boldsymbol{r}_s)s(t) \tag{2.2}$$

式中，$u(\boldsymbol{r},t)$ 为任意一种地球物理场，如声波场、电磁场等；$\boldsymbol{r}$ 为空间中的一点；t 为时间；$s(t)$ 为对应于位置 $\boldsymbol{r}=\boldsymbol{r}_s$ 处的源函数。

这是一个典型的阻尼波动方程（Yang，1997）。表 2.1 列出了公式（2.2）中参数的物理意义。

表 2.1　控制方程（2.2）中参数的物理意义

地球物理方法	u	p	q
反射地震	压力或位移	$1/v^2$	$2\alpha/v$
瞬变电磁	磁性元件	$\mu\varepsilon$	$\mu\sigma$
地质雷达	电器元件	$\mu\varepsilon$	0
低频电磁	电磁场	0	$\mu\sigma$
地热勘探	地热场	0	$1/\kappa$
重磁电	位势场	0	0

注：v 为地震波速度，α 为地震波衰减系数，μ 为磁导率，ε 为介电常数，σ 为电导率，κ 为热扩散系数。

地震勘探中常见的反射波勘探方法，其炮检距（偏移量）小于被探测目标的深度。应用胡克定律和牛顿第二定律，得到方程（2.3），即

$$M\nabla^2 u = \rho \frac{\partial^2 u}{\partial t^2} \tag{2.3}$$

式中，M 为弹性模量；ρ 为密度；u 为质点位移；t 为时间。

式（2.3）是最简单的波动方程。考虑介质性质和质点位移的空间变化，同时引入外力，可以将波动方程表示为

$$\left(\nabla^2 - \frac{1}{c^2(\boldsymbol{r})}\frac{\partial^2}{\partial t^2}\right)u(\boldsymbol{r},t) = -\delta(\boldsymbol{r}-\boldsymbol{r}_s)s(t) \tag{2.4}$$

式中，$c=\sqrt{M/\rho}$ 为波速；$\boldsymbol{r}$ 为空间位置；$s(t)$ 为位于 $\boldsymbol{r}_s$ 点的震源。

该波动方程与 $p=1/c^2$ 和 $q=0$ 条件下的控制方程具有相同的形式。

在频域，方程（2.4）变为

$$\left(\nabla^2 + \frac{\omega^2}{c^2(\boldsymbol{r})}\right)u(\boldsymbol{r},\omega) = -\delta(\boldsymbol{r}-\boldsymbol{r}_s)s(\omega) \tag{2.5}$$

式中，$u(\boldsymbol{r},\omega)$ 为空间位置 $\boldsymbol{r}$ 处具有恒频 ω 的平面波。

考虑地下介质的非均匀性和黏弹性，速度 c 不再是实数，而是复数 $c(\mathrm{i}\omega)=\sqrt{M(\mathrm{i}\omega)/\rho}$，其中 $M(\mathrm{i}\omega)$ 是频率 ω 的复数弹性模量，则波动方程可以写成

$$\left(\nabla^2 + \frac{\omega^2}{c^2(\boldsymbol{r},\mathrm{i}\omega)}\right)u(\boldsymbol{r},\omega) = -\delta(\boldsymbol{r}-\boldsymbol{r}_s)s(\omega) \tag{2.6}$$

给定复速度 $c(\mathrm{i}\omega)$，复波数可以表示为

$$\frac{\omega}{c(\mathrm{i}\omega)} = \frac{\omega}{v(\omega)} - \mathrm{i}\alpha(\omega) \tag{2.7}$$

式中，$v(\omega)=\sqrt{M_{\mathrm{Re}}(\omega)/\rho}$ 为相速度；$\alpha(\omega)$ 为衰减系数，可以近似为

$$\alpha(\omega) = \frac{\omega}{2v(\omega)Q(\omega)} \tag{2.8}$$

$Q^{-1}(\omega)=M_{\mathrm{Im}}(\omega)/M_{\mathrm{Re}}(\omega)$ 是品质因子的倒数，利用复模量 $M(\mathrm{i}\omega)$ 度量相位延迟。将复波数代入公式（2.6）可得

$$\left(\nabla^2 + \frac{\omega^2}{v^2(\boldsymbol{r})} - \mathrm{i}\omega\frac{2\alpha(\boldsymbol{r})}{v(\boldsymbol{r})}\right)u(\boldsymbol{r},\omega) = -\delta(\boldsymbol{r}-\boldsymbol{r}_s)s(\omega) \tag{2.9}$$

式（2.9）为适用于地震勘探的低频波动方程。首先，在地震频带内，相速度 $v(\omega)$、

衰减系数 α（ω）和品质因子 Q（ω）可以视为与频率无关。其次，由于在低频范围内几乎所有岩石的 $Q^{-2}\ll 1$，高阶项 α^2 可以被忽略。对方程（2.9）进行傅里叶反变换，得到时域黏弹性波动方程：

$$\left(\nabla^2-\frac{1}{v^2(\boldsymbol{r})}\frac{\partial^2}{\partial t^2}-\frac{2\alpha(\boldsymbol{r})}{v(\boldsymbol{r})}\frac{\partial}{\partial t}\right)u(\boldsymbol{r},t)=-\delta(\boldsymbol{r}-\boldsymbol{r}_s)s(t) \tag{2.10}$$

式（2.10）与参数 $p=1/v^2$ 和 $q=2\alpha/v$ 的控制方程（2.2）相同。

不同的地球物理问题可能有相同的控制方程，其直接解为第一类 Fredholm 积分方程，即

$$d(t)=\int_{\Omega}G(\boldsymbol{r},t)m(\boldsymbol{r})\mathrm{d}\boldsymbol{r} \tag{2.11}$$

这是一个正问题，可以离散成矩阵向量形式，如方程（2.1）所示。反问题是由已知的核函数 G（$\boldsymbol{r}$，t）和观测值 d（t）来求模型 m（$\boldsymbol{r}$）。

Fredholm 积分方程是地球物理反问题中的基本方程。下面三节给出了将控制方程应用于地震反演问题几种情况的积分方程是相同的，从而得到相同的线性方程组。

2.2 地震散射

地震散射理论通常应用于层析成像地震反演方法中。

根据波散射的概念，速度函数可以表示为参考速度和速度扰动之和，如

$$\frac{1}{v^2(\boldsymbol{r})}=\frac{1+\beta(\boldsymbol{r})}{v_0^2(\boldsymbol{r})} \tag{2.12}$$

式中，v^{-1}（$\boldsymbol{r}$）为速度倒数，称为慢度；β（$\boldsymbol{r}$）是平方慢度 v_0^{-2}（$\boldsymbol{r}$）的扰动量。

公式（2.12）成立的条件是 $|\boldsymbol{r}|\to\infty$，$v$（$\boldsymbol{r}$）$=v_0$（$\boldsymbol{r}$），以及 $|\beta$（$\boldsymbol{r}$）$|\leqslant 1$。换句话说，扰动必须是局部的而且要足够小。

相应的波场 u 也应分为两部分：

$$u(\boldsymbol{r},t)=u_0(\boldsymbol{r},t)+u_{\mathrm{sc}}(\boldsymbol{r},t) \tag{2.13}$$

式中，u_0（$\boldsymbol{r}$，t）为参考波场；u_{sc}（$\boldsymbol{r}$，t）为散射波场，包括慢度扰动引起的反射。

在反射地震学中，如果假设 α（$\boldsymbol{r}$）$=0$，则方程（2.10）可以简化为方程（2.4）。将方程（2.12）和方程（2.13）代入方程（2.4），并转换到频域，然后分离参考波场和散射波场，得到式（2.14）和式（2.15）两个方程，即

$$\left(\nabla^2+\frac{\omega^2}{v_0^2(\boldsymbol{r})}\right)u_0(\boldsymbol{r},\boldsymbol{r}_s,\omega)=-\delta(\boldsymbol{r}-\boldsymbol{r}_s)s(\omega) \tag{2.14}$$

及

$$\left(\nabla^2+\frac{\omega^2}{v_0^2(\boldsymbol{r})}\right)u_{\mathrm{sc}}(\boldsymbol{r},\boldsymbol{r}_s,\omega)=-\frac{\omega^2}{v_0^2(\boldsymbol{r})}\beta(\boldsymbol{r})u(\boldsymbol{r},\boldsymbol{r}_s,\omega) \tag{2.15}$$

假设 $u_{sc} \ll u_0$，方程（2.15）可变成

$$\left(\nabla^2 + \frac{\omega^2}{v_0^2(\boldsymbol{r})}\right)u_{sc}(\boldsymbol{r},\boldsymbol{r}_s,\omega) \approx -\frac{\omega^2}{v_0^2(\boldsymbol{r})}\beta(\boldsymbol{r})u_0(\boldsymbol{r},\boldsymbol{r}_s,\omega) \tag{2.16}$$

式中，u_0（$\boldsymbol{r}$，$\boldsymbol{r}_s$，ω）被称为入射波场。

在量子力学中，利用入射场 u_0 代替总场 u，并将其作为每个散射点的驱动场，这一过程称为波恩近似。

如果假设源 s（t）是 $\boldsymbol{r}_s$ 点处的脉冲 δ（t），则方程（2.14）的解称为满足以下条件的格林函数 g（$\boldsymbol{r}$，$\boldsymbol{r}_s$，ω），即

$$\left(\nabla^2 + \frac{\omega^2}{v_0^2(\boldsymbol{r})}\right)g(\boldsymbol{r},\boldsymbol{r}_s,\omega) = -\delta(\boldsymbol{r}-\boldsymbol{r}_s) \tag{2.17}$$

那么，方程（2.14）的实际解是

$$u_0(\boldsymbol{r},\boldsymbol{r}_s,\omega) = g(\boldsymbol{r},\boldsymbol{r}_s,\omega)s(\boldsymbol{r}_s,\omega) \tag{2.18}$$

式中，s（$\boldsymbol{r}_s$，ω）为震源。

波恩近似方程（2.16）与方程（2.14）完全相同。用 $\boldsymbol{r}_r$ 表示接收点位置，方程（2.16）的解可表示为

$$u_{sc}(\boldsymbol{r}_r,\boldsymbol{r}_s,\omega) \approx \omega^2 \int_{\Omega} \frac{\beta(\boldsymbol{r})}{v_0^2(\boldsymbol{r})} g(\boldsymbol{r}_r,\boldsymbol{r},\omega)u_0(\boldsymbol{r},\boldsymbol{r}_s,\omega)\mathrm{d}\boldsymbol{r} \tag{2.19}$$

由于格林函数 g（$\boldsymbol{r}$，$\boldsymbol{r}_s$，ω）表示入射波场 u_0（$\boldsymbol{r}$，$\boldsymbol{r}_s$，ω），因此 g（$\boldsymbol{r}_r$，$\boldsymbol{r}$，ω）表示由位于接收点位置 $\boldsymbol{r}$ 的点源生成的虚入射波场，并且 g（$\boldsymbol{r}_r$，$\boldsymbol{r}$，ω）=g（$\boldsymbol{r}$，$\boldsymbol{r}_r$，ω）。

例如，可以通过有限差分法以数值方式计算格林函数。但是对于参考速度 v_0（$\boldsymbol{r}$）为恒定的特殊情况，则

$$g(\boldsymbol{r},\boldsymbol{r}_s,\omega) = \frac{\exp(\mathrm{i}k|\boldsymbol{r}-\boldsymbol{r}_s|)}{4\pi|\boldsymbol{r}-\boldsymbol{r}_s|} \tag{2.20}$$

且

$$g(\boldsymbol{r}_r,\boldsymbol{r},\omega) = \frac{\exp(\mathrm{i}k|\boldsymbol{r}-\boldsymbol{r}_r|)}{4\pi|\boldsymbol{r}-\boldsymbol{r}_r|} \tag{2.21}$$

其中，$k=\omega/v_0$，公式（2.19）为

$$u_{sc}(\boldsymbol{r}_r,\boldsymbol{r}_s,\omega) \approx \left(\frac{k}{4\pi}\right)^2 s(\boldsymbol{r}_s,\omega)\int_{\Omega}\beta(\boldsymbol{r})\frac{\exp[\mathrm{i}k(|\boldsymbol{r}-\boldsymbol{r}_s|+|\boldsymbol{r}-\boldsymbol{r}_r|)]}{|\boldsymbol{r}-\boldsymbol{r}_s|\cdot|\boldsymbol{r}-\boldsymbol{r}_r|}\mathrm{d}\boldsymbol{r} \tag{2.22}$$

方程（2.22）为第一类 Fredholm 积分方程，如果已知参考速度和格林函数，该方程可用于估计慢度扰动（Bleistein，1984；Bleistein et al.，2000）。

2.3 地震成像

波恩近似也可用于模拟在地震反射模型中传播的反射波。

方程（2.16）是控制方程的一个变形。在该方程中，将 $-\beta(\boldsymbol{r})/v_0^2(\boldsymbol{r})$ 替换为 $\tilde{R}(\boldsymbol{r})$，$\tilde{R}(\boldsymbol{r})$ 是调整比例后的反射系数。声波介质中的反射系数可近似为

$$R(\boldsymbol{r})\approx\frac{v(\boldsymbol{r})-v_0(\boldsymbol{r})}{v(\boldsymbol{r})+v_0(\boldsymbol{r})}\approx\frac{1}{2}\left[1-\frac{v_0^2(\boldsymbol{r})}{v^2(\boldsymbol{r})}\right]=-\frac{1}{2}\beta(\boldsymbol{r}) \tag{2.23}$$

且调整比例后的反射系数是

$$\tilde{R}(\boldsymbol{r})=\frac{2}{v_0^2}R(\boldsymbol{r})=-\frac{\beta(\boldsymbol{r})}{v_0^2(\boldsymbol{r})} \tag{2.24}$$

将公式（2.16）改写为

$$\left[\nabla^2+\frac{\omega^2}{v_0^2(\boldsymbol{r})}\right]u(\boldsymbol{r},\boldsymbol{r}_s,\omega)=\omega^2\tilde{R}(\boldsymbol{r})g(\boldsymbol{r},\boldsymbol{r}_s,\omega)s(\boldsymbol{r}_s,\omega) \tag{2.25}$$

这里，将入射波场 $u_0(\boldsymbol{r},\ \boldsymbol{r}_s,\ \omega)$ 替换为 $g(\boldsymbol{r},\ \boldsymbol{r}_s,\ \omega)s(\boldsymbol{r}_s,\ \omega)$。地表记录的反射波场 $u(\boldsymbol{r}_r,\ \boldsymbol{r}_s,\ \omega)$ 是整个散射波场的一部分，可以表示为

$$u(\boldsymbol{r}_r,\boldsymbol{r}_s,\omega)=-\omega^2\int_{\Omega}g(\boldsymbol{r}_r,\boldsymbol{r},\omega)\tilde{R}(\boldsymbol{r})g(\boldsymbol{r},\boldsymbol{r}_s,\omega)s(\boldsymbol{r}_s,\omega)\mathrm{d}\boldsymbol{r} \tag{2.26}$$

式（2.26）也是第一类 Fredholm 积分方程。从地震反射数据中提取反射系数模型的反问题称为地震成像。

实际上，地震成像中通常使用伴随算子而不是精确的逆算子（Claerbout，1992）。给定野外地震数据 $u(\boldsymbol{r}_r,\ \boldsymbol{r}_s,\ \omega)$ 的单炮记录，反射系数表示为

$$\tilde{R}(\boldsymbol{r},\omega)=-\omega^2\int_{\boldsymbol{r}_r}\overline{g(\boldsymbol{r}_r,\boldsymbol{r},\omega)g(\boldsymbol{r},\boldsymbol{r}_s,\omega)s(\boldsymbol{r}_s,\omega)}\,u(\boldsymbol{r}_r,\boldsymbol{r}_s,\omega)\mathrm{d}\boldsymbol{r}_r \tag{2.27}$$

式中，横线表示共轭复数。

注意，伴随算子 $\overline{g(\boldsymbol{r}_r,\boldsymbol{r},\omega)g(\boldsymbol{r},\boldsymbol{r}_s,\omega)s(\boldsymbol{r}_s,\omega)}$ 只是公式（2.26）中正演算子的近似逆算子。将因子 ω^2 看作两个一阶导数，可将方程（2.27）转化为

$$\tilde{R}(\boldsymbol{r},\omega)=-\overline{\mathrm{i}\omega g(\boldsymbol{r},\boldsymbol{r}_s,\omega)s(\boldsymbol{r}_s,\omega)}\int_{\boldsymbol{r}_r}\mathrm{i}\omega\overline{g(\boldsymbol{r}_r,\boldsymbol{r},\omega)}\,u(\boldsymbol{r}_r,\boldsymbol{r}_s,\omega)\mathrm{d}\boldsymbol{r}_r \tag{2.28}$$

其中，由于时间域反演在频域以共轭的形式存在，因此 $\mathrm{i}\omega g(\boldsymbol{r},\ \boldsymbol{r}_s,\ \omega)s(\boldsymbol{r}_s,\ \omega)$ 与 $\mathrm{i}\omega\overline{g(\boldsymbol{r}_r,\boldsymbol{r},\omega)}\,u(\boldsymbol{r}_r,\boldsymbol{r}_s,\omega)$ 分别是合成波场与反传波场的一阶导数。该方法使用了炮集的全

波场信息，是一种新型的地震成像技术，可分为以下四步：

（1）基于 $g(\boldsymbol{r},\ \boldsymbol{r}_s,\ \omega)s(\boldsymbol{r}_s,\ \omega)$ 计算合成波场；

（2）计算反传波场 $\int_{\boldsymbol{r}_r}\overline{g(\boldsymbol{r}_r,\ \boldsymbol{r},\ \omega)}\,u(\boldsymbol{r}_r,\ \boldsymbol{r}_s,\ \omega)\mathrm{d}\boldsymbol{r}_r$；

（3）对两波场（的一阶导数）进行互相关，得到 $\tilde{R}(\boldsymbol{r},\ \omega)$；

（4）对所有频率分量求和，得到成像结果 $\tilde{R}(\boldsymbol{r},\ t=0)$。

最终叠加所有单炮记录，得到（负）反射系数成像结果。

2.4 地震向下延拓

上节介绍的全波场成像是一种地震偏移方法，可以重建地下介质模型。波场向下延拓也是最常用的偏移方法之一，可以将地表地震反射投影到地下不同深度位置上。

首先考虑向上延拓的问题。将声波方程表示为

$$\begin{cases}\left(\dfrac{\partial^2}{\partial h^2}+\dfrac{\partial^2}{\partial x^2}+\dfrac{\partial^2}{\partial y^2}-\dfrac{1}{v^2}\dfrac{\partial^2}{\partial t^2}\right)u=0, & 0<h\leqslant H\\ u\big|_{h=0}=d(x,y,t), & \text{其他}\end{cases}\tag{2.29}$$

式中，$u\equiv u(x,\ y,\ h,\ t)$ 为 $(x,\ y,\ h)$ 处的声波波场值；v 为速度；$d(x,\ y,\ t)$ 为地表（$h=0$）观测的地震数据。改变初始条件，替换震源项 $s(x,\ y,\ t)\equiv d(x,\ y,\ t)$。

令速度 v 为常数，对 x，y，t 进行傅里叶变换可得

$$\begin{cases}\dfrac{\partial^2 u}{\partial h^2}=\left(k_x^2+k_y^2-\dfrac{\omega^2}{v^2}\right)u, & 0<h\leqslant H\\ u\big|_{h=0}=d\left(k_x,k_y,\omega\right), & \text{其他}\end{cases}\tag{2.30}$$

式中，k_x 与 k_y 分别为沿 x 与 y 方向的波数；ω 为时间频率。求解可得

$$u\left(k_x,k_y,h,\omega\right)=m\left(k_x,k_y,\omega\right)\exp\left(h\sqrt{k_x^2+k_y^2-\frac{\omega^2}{v^2}}\right)\tag{2.31}$$

其中，$m(k_x,\ k_y,\ \omega)$ 为初始条件，表示为

$$m\left(k_x,k_y,\omega\right)=\begin{cases}d\left(k_x,k_y,\omega\right),k_x^2+k_y^2\geqslant\omega^2/v^2\\ 0,\text{其他}\end{cases}\tag{2.32}$$

式中，用 $m(k_x,\ k_y,\ \omega)$ 代替地表波场 $d(k_x,\ k_y,\ \omega)$，以避免 $k_x^2+k_y^2<\omega^2/v^2$ 与 $k_x^2+k_y^2-\omega^2/v^2$ 出现虚值平方根的情况。

将傅里叶反变换应用于方程（2.31），可得时空域的解，即

$$u(x,y,h,t)=\frac{1}{8\pi^3}\int_0^{\infty}\mathrm{d}\omega\iint_{k_x^2+k_y^2\geqslant\omega^2/v^2}\mathrm{d}k_x\mathrm{d}k_y\exp\left(h\sqrt{k_x^2+k_y^2-\frac{\omega^2}{v^2}}\right)$$
$$\times\int_{t\geqslant 0}\mathrm{d}t'\iint_{x,y}\mathrm{d}x'\mathrm{d}y'm(x',y',t')\exp\{\mathrm{i}[k_x(x-x')+k_y(y-y')+\omega(t-t')]\} \quad (2.33)$$

上述向上延拓过程属于正问题，在 $h>0$ 时模拟波场 $u(x, y, h, t)$，在 $h=0$ 处给定 $m(x, y, t)$。其中，$h=0$ 处被定义为震源平面，$h>0$ 处为记录面。

下面考虑向上延拓的反问题，即向下延拓。若将 $h>0$ 的记录面设为 $z=0$，则 $h=0$ 处的震源平面转化为 $z<0$。此过程相当于向上移动深度坐标，地表处 $z=0$。基于此，问题可转换为：在 $z=0$ 处给定地震记录 $u(x, y, z=0, t)$，在深度 $z<0$ 处计算波场 $m(x, y, z, t)$。因此，向下延拓可转化为式（2.34）的反问题，即

$$u(x,y,z=0,t)=\iiint G_z(x-x',y-y',t-t')m(x',y',z,t')\mathrm{d}x'\mathrm{d}y'\mathrm{d}t',0>z\geqslant -H \quad (2.34)$$

其中，核函数 G_z 定义为

$$G_z(x-x',y-y',t-t')=\frac{1}{8\pi^3}\int_0^{\infty}\mathrm{d}\omega\iint_{k_x^2+k_y^2\geqslant\omega^2/v^2}\mathrm{d}k_x\mathrm{d}k_y\exp\left(z\sqrt{k_x^2+k_y^2-\frac{\omega^2}{v^2}}\right)$$
$$\times\exp\{\mathrm{i}[k_x(x-x')+k_y(y-y')+\omega(t-t')]\} \quad (2.35)$$

同样地，方程（2.34）也是第一类 Fredholm 积分方程。此类方程的离散形式可以表示为矩阵向量形式［式（2.1）］。因此，上述反问题的求解就涉及核矩阵求逆，其中核矩阵与方程（2.35）中核函数有关。

利用方程（2.34）转化的线性方程组求解上述反问题，得到深度 $z<0$ 时的地震波场 $m(x, y, z, t)$，经过偏移后得到最终的地震成像结果，即 $m(x, y, z, t=0)$ 处的波场，其中 $t=0$ 为偏移成像条件。

2.5 地震资料处理

地震资料处理中的许多流程与方法均可看作反问题求解，这里列举其中几个例子。

2.5.1 剩余时间层析成像

非零偏移距地震数据经偏移后得到共反射点（CRP）道集，其同相轴可能未被全部校平。基于时间残差最小化准则进行反演，获得更新后的速度模型，从而校平 CRP 道集中的同相轴，即剩余时间层析成像方法。

采用遵循斯奈尔定律或费马走时原理的射线追踪方法计算旅行时。将射线路径划分为 n 个线段，其端点为 q_j，$j=0, 1, 2, \cdots, N$，整个射线路径 $q_j\equiv(x_j, z_j)$ 的传播时间可通过式（2.36）计算，即

$$t=\sum_{j=1}^{N}\ell_j s_j \tag{2.36}$$

式中，ℓ_j 为任意两连续点 q_{j-1} 与点 q_j 之间的路径长度；s_j 为慢度，即局部速度 v_j 的倒数。

计算多道射线与旅行时间时，可建立方程组：$\boldsymbol{Gm}=\boldsymbol{d}$，其中数据向量 $\boldsymbol{d}$ 为旅行时间，模型向量 $\boldsymbol{m}$ 为慢度值，算子 $\boldsymbol{G}$ 通过射线追踪建立。在 $\boldsymbol{Gm}=\boldsymbol{d}$ 中引入模型扰动，可得

$$\boldsymbol{G}\Delta\boldsymbol{m}=\Delta\boldsymbol{d} \tag{2.37}$$

该线性方程组可用于剩余时间层析成像，$\Delta\boldsymbol{d}=[\Delta t_1, \Delta t_2, \cdots, \Delta t_M]^{\mathrm{T}}$ 为时间残差项，$\Delta\boldsymbol{m}=[\Delta s_1, \Delta s_2, \cdots, \Delta s_N]^{\mathrm{T}}$ 为模型更新量。

注意，$\boldsymbol{G}$ 中射线路径依赖于更新后的速度模型，因此该反问题属于非线性问题。实际应用中，处理人员可根据地下构造的复杂程度，决定是否对更新后的速度模型再次进行射线追踪，并重建算子 $\boldsymbol{G}$。若需重建算子，则利用公式（2.36）进行射线追踪。算子 $\boldsymbol{G}$ 的迭代更新过程不能忽略。

2.5.2　层速度反演

基于动校正（NMO）的速度分析中，从速度谱提取的速度值与层速度的均方根（rms）近似。但根据均方根速度与层速度关系，即 Dix 公式直接导出层速度时，层速度沿深度的拟合曲线通常存在强烈振荡，有时甚至产生负速度等无意义的物理量。因此，应将其设为一个反问题，并引入 Tikhonov 正则化项稳定求解层速度。此时目标函数可定义为

$$\phi(\boldsymbol{m})=\|\boldsymbol{v}_{\mathrm{rms}}-\boldsymbol{v}(\boldsymbol{m})\|^2+\mu\|\nabla_t\boldsymbol{m}\|^2 \tag{2.38}$$

式中，$\boldsymbol{m}$ 为层速度的“模型”向量；$\boldsymbol{v}_{\mathrm{rms}}$ 与 $\boldsymbol{v}$（$\boldsymbol{m}$）分别为观测与合成的均方根速度；∇_t 为层速度对双程旅行时 t 的一阶导数。

通常，模型参数 $\boldsymbol{m}=[v_1, v_2, \cdots, v_N]^{\mathrm{T}}$ 表示为一系列有一定时间间隔的层速度。为得到可变的时间间隔，可以使用一系列 Boltzman 函数生成速度模型（图 2.1）。其中，第 k 个速度值的 Boltzman 函数为

$$b_k(t)=\frac{v_k-v_{k+1}}{1+\mathrm{e}^{(t-t_k)/c_k}}+v_{k+1} \tag{2.39}$$

式中，v_k 和 v_{k+1} 分别代表第 k 个和第 k+1 个层速度值；t_k 为时间中点；c_k 为时间常数。b_k（t）的中心点在$\left[t_k,\frac{1}{2}(v_k+v_{k+1})\right]$处，中心点的斜率为 $b_k'(t=t_k)=\frac{1}{4}(v_{k+1}-v_k)/c_k$。可以发现，第 k 步的斜率取决于时间常数 c_k。

每个 Boltzman 函数由四个变量 $\{v_k, v_{k+1}, t_k, c_k\}$ 确定。对于给定的时间间隔［图（2.1）中的两条虚线之间］，可变的 t_k 表示层速度中的可变时间间隔。

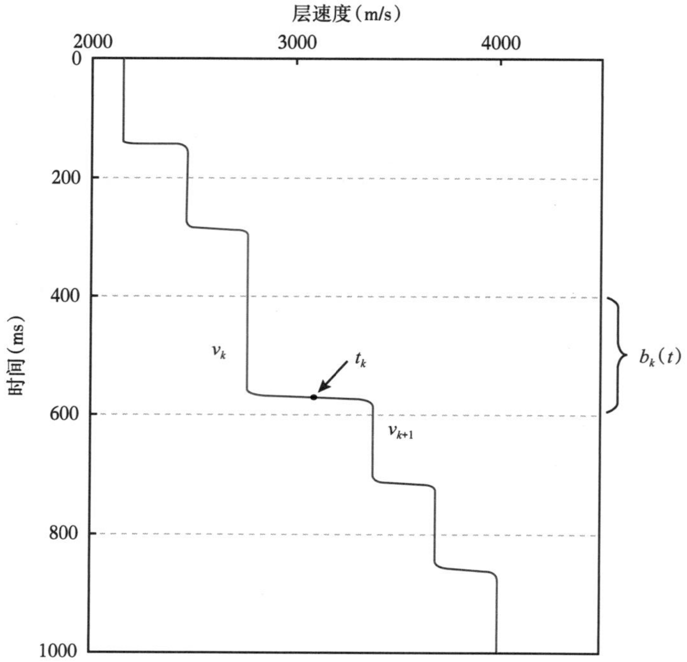

图 2.1　用 Boltzman 函数 $b_k(t)$ 定义层速度模型，$b_k(t)$ 由四个参数 $\{v_k,\ v_{k+1},\ t_k,\ c_k\}$ 组成。在给定的时间间隔内(两条虚线之间)，反演得到每一步的时间 t_k。因此，可以得到具有可变时间间隔的层速度

2.5.3　Radon 变换

抛物线 Radon 变换常用于多次反射与一次反射的分离。

对于动校正后地震道集，零炮检距时间 τ 的多次反射波会移到时间位置，即

$$t(x)=\sqrt{\tau^2+\frac{x^2}{v_{\mathrm{m}}^2}}-\left(\sqrt{\tau^2+\frac{x^2}{v_{\mathrm{p}}^2}}-\tau\right) \tag{2.40}$$

式中，x 为偏移距；v_{p} 为一次反射的均方根速度；v_{m} 为多次反射的均方根速度。

公式右侧第一项是多次反射的双曲线，第二项是根据一次反射的均方根速度 v_{p} 计算的动校正量。对方程(2.40)进行一阶泰勒展开，得到抛物线方程

$$t(x)\approx\tau+qx^2 \tag{2.41}$$

其中，q 是抛物线参数，定义为

$$q=\frac{1}{2\tau}\left(\frac{1}{v_{\mathrm{m}}^2}-\frac{1}{v_{\mathrm{p}}^2}\right) \tag{2.42}$$

理想情况下，抛物线 Rodon 变换可将地震道集变换为抛物线同相轴的线性组合。但此

变换并没有严格定义正变换与反变换对。在实际应用中，通过求解以下反问题获取 Radon 变换图像 $u(\tau, q)$，即

$$\sum_q u\left(\tau = t - qx^2, q\right) = d(t, x) \tag{2.43}$$

其中，$d(t, x)$ 是 Radon 变换的输入道集。式(2.43)的频域形式为

$$\sum_q u(\omega, q)\exp\left(-\mathrm{i}\omega q x^2\right) = d(\omega, x) \tag{2.44}$$

该变换对于每个频率成分均为线性系统(Beylkin，1987)。可通过反演方法得到解 $u(\omega, q)$。

第 3 章　最小二乘解

本章将介绍线性方程组 $\boldsymbol{Gx}=\boldsymbol{d}$ 的最小二乘解，其中 $\boldsymbol{G}$ 是一个 $M\times N$ 的矩形矩阵，$\boldsymbol{x}\equiv\boldsymbol{m}$ 为模型向量。解的一般形式为

$$\boldsymbol{x}=\boldsymbol{G}^{\dagger}\boldsymbol{d} \tag{3.1}$$

式中，$\boldsymbol{G}^{\dagger}$ 为矩阵 $\boldsymbol{G}$ 的伪逆。

因此，矩阵计算对于求取任何反问题的最小二乘解都是至关重要的。为计算 $\boldsymbol{Gx}=\boldsymbol{d}$ 的最小二乘解，引入一个新的表达式，即

$$\boldsymbol{G}^{\mathrm{T}}\boldsymbol{Gx}=\boldsymbol{G}^{\mathrm{T}}\boldsymbol{d} \tag{3.2}$$

式中，$\boldsymbol{G}^{\mathrm{T}}$ 为 $\boldsymbol{G}$ 的转置。

方程（3.2）是通过线性系统 $\boldsymbol{Gx}=\boldsymbol{d}$ 左乘 $\boldsymbol{G}^{\mathrm{T}}$ 得到的，定义为标准方程。由于 $\boldsymbol{G}^{\mathrm{T}}$（$\boldsymbol{d}-\boldsymbol{Gx}$）$=0$，向量（$\boldsymbol{d}-\boldsymbol{Gx}$）垂直于矩阵 $\boldsymbol{G}$。

方程（3.2）中的线性方程组可以写成 $\boldsymbol{Ax}=\boldsymbol{b}$ 的形式，其中，$\boldsymbol{A}=\boldsymbol{G}^{\mathrm{T}}\boldsymbol{G}$ 是一个 $N\times N$ 的方形矩阵，向量 $\boldsymbol{b}=\boldsymbol{G}^{\mathrm{T}}\boldsymbol{d}$ 为平均后的数据。接下来将从方阵 $\boldsymbol{A}$ 开始讨论，以及其一般形式矩阵 $\boldsymbol{G}$。

3.1　行列式和秩

矩阵的行列式可以理解为高维空间中的“体积”。

例如，对于 3×3 矩阵，行列式为

$$\det(\boldsymbol{A})=\begin{vmatrix} a_{11} & a_{12} & a_{13} \\ a_{21} & a_{22} & a_{23} \\ a_{31} & a_{32} & a_{33} \end{vmatrix}=a_{11}\begin{vmatrix} a_{22} & a_{23} \\ a_{32} & a_{33} \end{vmatrix}-a_{12}\begin{vmatrix} a_{21} & a_{23} \\ a_{32} & a_{33} \end{vmatrix}+a_{13}\begin{vmatrix} a_{21} & a_{22} \\ a_{31} & a_{32} \end{vmatrix} \tag{3.3}$$

将矩阵 $\boldsymbol{A}$ 的每一行视为一个向量，三个行向量（$\boldsymbol{r}_1$，$\boldsymbol{r}_2$，$\boldsymbol{r}_3$）构成一个平行六面体。平行六面体的体积表示为 $|\boldsymbol{r}_1\cdot(\boldsymbol{r}_2\times\boldsymbol{r}_3)|$，由三个行向量决定。

两个行向量 $\boldsymbol{r}_2$ 和 $\boldsymbol{r}_3$ 构成一个平行四边形（图 3.1），其面积为向量的模 $\|\boldsymbol{r}_2\|$ 乘以高度 b，即

$$\|\boldsymbol{r}_2\|b=\|\boldsymbol{r}_2\|\|\boldsymbol{r}_3\|\sin\theta=\|\boldsymbol{r}_2\times\boldsymbol{r}_3\| \tag{3.4}$$

式中，θ 为两矢量间的夹角，且 $b=\|\boldsymbol{r}_3\|\sin\theta$。

方程（3.4）表明平行四边形的面积为叉积 $\boldsymbol{r}_2\times\boldsymbol{r}_3$ 的模。

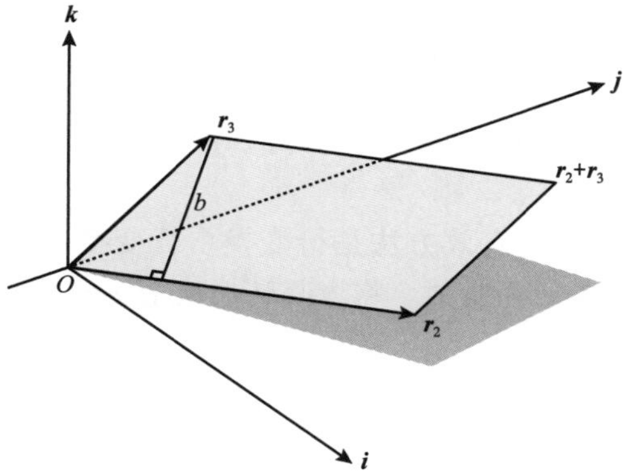

图 3.1　两个行向量 $\boldsymbol{r}_2$ 和 $\boldsymbol{r}_3$ 形成一个平行四边形，其中 b 是平行四边形的高，$\boldsymbol{i}$、$\boldsymbol{j}$ 和 $\boldsymbol{k}$ 是基向量

叉积 $\boldsymbol{r}_2 \times \boldsymbol{r}_3$（平行六面体的底面）垂直于其中任一向量。经内积计算，将向量 $\boldsymbol{r}_1$ 投影到向量 $\boldsymbol{r}_2 \times \boldsymbol{r}_3$ 上，此投影即为平行六面体的高度（图 3.2）。

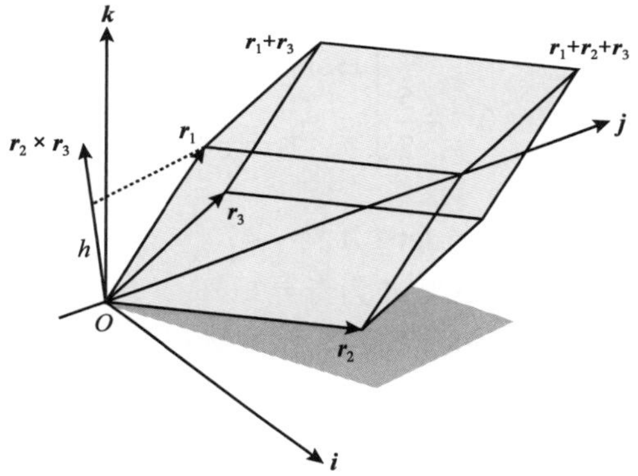

图 3.2　一个 3×3 矩阵的三个行向量形成一个平行六面体。叉积 $\boldsymbol{r}_2 \times \boldsymbol{r}_3$ 表示平行六面体底部的平行四边形的面积，并且垂直于其中任一向量。通过内积将向量 $\boldsymbol{r}_1$ 投影到向量 $\boldsymbol{r}_2 \times \boldsymbol{r}_3$，投影高度 h。这个平行六面体的体积是 3×3 矩阵行列式的绝对值

叉积可表示为

$$\boldsymbol{r}_2 \times \boldsymbol{r}_3 = \begin{vmatrix} \boldsymbol{i} & \boldsymbol{j} & \boldsymbol{k} \\ a_{21} & a_{22} & a_{23} \\ a_{31} & a_{32} & a_{33} \end{vmatrix} = \begin{vmatrix} a_{22} & a_{23} \\ a_{32} & a_{33} \end{vmatrix} \boldsymbol{i} - \begin{vmatrix} a_{21} & a_{23} \\ a_{32} & a_{33} \end{vmatrix} \boldsymbol{j} + \begin{vmatrix} a_{21} & a_{22} \\ a_{31} & a_{32} \end{vmatrix} \boldsymbol{k} \tag{3.5}$$

式中，$\boldsymbol{i}$，$\boldsymbol{j}$ 和 $\boldsymbol{k}$ 代表标准基向量。内积可表示为

$$\boldsymbol{r}_1 \cdot \boldsymbol{r}_2 \times \boldsymbol{r}_3 = a_{11} \begin{vmatrix} a_{22} & a_{23} \\ a_{32} & a_{33} \end{vmatrix} - a_{12} \begin{vmatrix} a_{21} & a_{23} \\ a_{32} & a_{33} \end{vmatrix} + a_{13} \begin{vmatrix} a_{21} & a_{22} \\ a_{31} & a_{32} \end{vmatrix} \tag{3.6}$$

方程（3.6）与方程（3.3）中 3×3 矩阵的行列式完全一致。因此，行列式的绝对值等于

三个行向量构成的平行六面体的体积，即

$$\left|\det(\boldsymbol{A})\right| = |\boldsymbol{r}_1 \cdot \boldsymbol{r}_2 \times \boldsymbol{r}_3| \tag{3.7}$$

对于一个高维 $N \times N$ 矩阵，其行列式的绝对值等于 N 维“平行六面体(由方形矩阵 $\boldsymbol{A}$ 的 N 个行向量构成)”的“体积”。

求方阵 $\boldsymbol{A}$ 行列式 det（$\boldsymbol{A}$）的有效方法是行变换。行变换中，用 $\boldsymbol{r}_j - c\boldsymbol{r}_j$ 替换第 j 行的 $\boldsymbol{r}_j$ 不会改变 det（$\boldsymbol{A}$）的值，其中 c 为常数。将方阵转换成上三角矩阵后，其对角元素的乘积即矩阵的行列式。

以一个 3×3 矩阵为例，即

$$\boldsymbol{A} = \begin{bmatrix} 2 & 4 & 1 \\ -2 & 3 & 1 \\ -1 & 1 & -3 \end{bmatrix}$$

进行行变换可得

$$\begin{matrix} \\ \boldsymbol{r}_2 + \boldsymbol{r}_1 \rightarrow \\ \boldsymbol{r}_3 + \frac{1}{2}\boldsymbol{r}_1 \rightarrow \end{matrix} \begin{bmatrix} 2 & 4 & 1 \\ 0 & 7 & 2 \\ 0 & 3 & -\frac{5}{2} \end{bmatrix} \Rightarrow \begin{matrix} \\ \\ \boldsymbol{r}_3 - \frac{3}{7}\boldsymbol{r}_2 \rightarrow \end{matrix} \begin{bmatrix} 2 & 4 & 1 \\ 0 & 7 & 2 \\ 0 & 0 & -\frac{47}{14} \end{bmatrix}$$

对角线上元素的乘积等于行列式 det（$\boldsymbol{A}$）=–47。

若对角线上任一元素为零，则矩阵 $\boldsymbol{A}$ 为奇异矩阵。

对角线上非零元素的个数等于矩阵的秩。秩的物理含义为矩阵行向量组中线性无关向量的个数。

对于一个 $M \times N$ 矩阵 $\boldsymbol{G}$，若秩 rank（$\boldsymbol{G}$）$=N \leqslant M$，则该矩阵是满秩矩阵，因为方阵 $\boldsymbol{A}=\boldsymbol{G}^{\mathrm{T}}\boldsymbol{G}$ 的满秩为 N。例如

$$\boldsymbol{G} = \begin{bmatrix} 1 & 2 & 3 \\ 2 & 5 & 7 \\ 3 & 6 & 10 \\ 1 & 2 & 4 \end{bmatrix} \Rightarrow \begin{matrix} \\ \boldsymbol{r}_2 - 2\boldsymbol{r}_1 \rightarrow \\ \boldsymbol{r}_3 - 3\boldsymbol{r}_1 \rightarrow \\ \boldsymbol{r}_4 - \boldsymbol{r}_1 \rightarrow \end{matrix} \begin{bmatrix} 1 & 2 & 3 \\ 0 & 1 & 1 \\ 0 & 0 & 1 \\ 0 & 0 & 1 \end{bmatrix} \Rightarrow \begin{matrix} \\ \\ \\ \boldsymbol{r}_4 - \boldsymbol{r}_3 \rightarrow \end{matrix} \begin{bmatrix} 1 & 2 & 3 \\ 0 & 1 & 1 \\ 0 & 0 & 1 \\ 0 & 0 & 0 \end{bmatrix}$$

这里存在三个非零行，所以秩（$\boldsymbol{G}$）=3。

在线性方程组中，矩阵的秩表示独立方程的数量。若矩阵 $\boldsymbol{G}$ 是满秩的，则方程的数目与未知变量数目相同。这样的情况下方程组可解。若不满秩，则矩阵 $\boldsymbol{G}$ 是奇异矩阵，且不存在逆。

3.2 方阵的逆矩阵

对于方阵 $\boldsymbol{A}$，若 det（$\boldsymbol{A}$）$\neq 0$，则为非奇异矩阵，且逆矩阵 $\boldsymbol{A}^{-1}$ 存在：

$$\boldsymbol{A}^{-1}\boldsymbol{A}=\boldsymbol{A}\boldsymbol{A}^{-1}=\boldsymbol{I} \tag{3.8}$$

式中，$\boldsymbol{I}$ 为单位矩阵。

一种有效的求解线性方程组的方法是初等行变换。

$\boldsymbol{A}\boldsymbol{A}^{-1}=\boldsymbol{I}$ 意味着解 N 个方程组。例如，一个 3×3 矩阵 $\boldsymbol{A}$ 乘 $\boldsymbol{A}^{-1}$ 的第一列，得到 $\boldsymbol{I}$ 的第一列，乘 $\boldsymbol{A}^{-1}$ 的第二列得到 $\boldsymbol{I}$ 的第二列，再乘 $\boldsymbol{A}^{-1}$ 的第三列得到 $\boldsymbol{I}$ 的第三列，即

$$\boldsymbol{A}\begin{bmatrix}x_{11}\\x_{21}\\x_{31}\end{bmatrix}=\begin{bmatrix}1\\0\\0\end{bmatrix},\ \boldsymbol{A}\begin{bmatrix}x_{12}\\x_{22}\\x_{32}\end{bmatrix}=\begin{bmatrix}0\\1\\0\end{bmatrix},\ \boldsymbol{A}\begin{bmatrix}x_{13}\\x_{23}\\x_{33}\end{bmatrix}=\begin{bmatrix}0\\0\\1\end{bmatrix} \tag{3.9}$$

依次采用高斯消元法求解上述方程组，即

$$\left[\begin{array}{c|c}\boldsymbol{A}&\begin{matrix}1\\0\\0\end{matrix}\end{array}\right],\ \left[\begin{array}{c|c}\boldsymbol{A}&\begin{matrix}0\\1\\0\end{matrix}\end{array}\right],\ \left[\begin{array}{c|c}\boldsymbol{A}&\begin{matrix}0\\0\\1\end{matrix}\end{array}\right] \tag{3.10}$$

将增广矩阵合并成一个矩阵，即

$$\left[\begin{array}{c|c}\boldsymbol{A}&\boldsymbol{I}\end{array}\right] \tag{3.11}$$

则可对这三个方程组用高斯—约当消元法同时求解，得到逆矩阵。增广矩阵 $[\boldsymbol{A}\mid\boldsymbol{I}]$ 行简化为 $[\boldsymbol{I}\mid\boldsymbol{A}^{-1}]$。

对于如下 3×3 矩阵 $\boldsymbol{A}$，有

$$\boldsymbol{A}=\begin{bmatrix}2&1&1\\3&2&1\\2&1&2\end{bmatrix}$$

增广矩阵 $[\boldsymbol{A}\mid\boldsymbol{I}]$ 为

$$\left[\begin{array}{ccc|ccc}2&1&1&1&0&0\\3&2&1&0&1&0\\2&1&2&0&0&1\end{array}\right]$$

逐步执行初等行变换，得到

$$\left[\begin{array}{ccc|ccc}1&0&0&3&-1&-1\\0&1&0&-4&2&1\\0&0&1&-1&0&1\end{array}\right]$$

其中，新的对角元素为 1。此矩阵的右半部分即为矩阵的逆，即

$$\boldsymbol{A}^{-1}=\begin{bmatrix}3 & -1 & -1\\ -4 & 2 & 1\\ -1 & 0 & 1\end{bmatrix}$$

下面三种说法有同样的含义：矩阵 $\boldsymbol{A}$ 不是满秩的；det（$\boldsymbol{A}$）=0；矩阵是奇异的。在这种情况下，独立方程个数比未知数要少，方程组欠定。须增加约束条件计算其最小二乘解。

若独立方程的个数多于未知数，则方程组超定。此时，可在方程组两边 $\boldsymbol{G}x=\boldsymbol{d}$ 左乘转置矩阵 $\boldsymbol{G}^{\mathrm{T}}$，得到 $\boldsymbol{G}^{\mathrm{T}}\boldsymbol{G}x=\boldsymbol{G}^{\mathrm{T}}\boldsymbol{d}$，用最小二乘法得到近似解。

3.3 LU 分解和 Cholesky 分解

若一个非奇异矩阵 $\boldsymbol{G}$ 较大，且需用该矩阵 $\boldsymbol{G}$ 来解多个线性方程组，此时希望省去每次计算不同 $\boldsymbol{d}$ 时对 $\boldsymbol{G}$ 进行高斯消元的重复工作。LU 分解可实现此目的。

LU 分解的主要思想是：记录高斯消元法产生零点处的行运算步骤。例如，对于一个 4×3 的矩阵，有

$$\boldsymbol{G}=\begin{bmatrix}a_{11} & a_{12} & a_{13}\\ a_{21} & a_{22} & a_{23}\\ a_{31} & a_{32} & a_{33}\\ a_{41} & a_{42} & a_{43}\end{bmatrix} \tag{3.12}$$

高斯消元法得到上三角矩阵，将行运算步骤记录在下三角矩阵中，即

$$\boldsymbol{L}=\begin{bmatrix}1 & 0 & 0\\ \times & 1 & 0\\ \times & \times & 1\\ \times & \times & \times\end{bmatrix} \tag{3.13}$$

式中，“×”为记录的位置。

注意，为了使 LU 分解唯一，下三角矩阵 $\boldsymbol{L}$ 主对角线上的所有元素均为 1。

高斯消元法的第一步是使第二行第一列的元素为零。行运算为 $\boldsymbol{r}_2-\ell_{21}\boldsymbol{r}_1$，其中

$$\ell_{21}=\frac{a_{21}}{a_{11}} \tag{3.14}$$

将乘数 ℓ_{21} 记录在 $\boldsymbol{L}$ 中相应位置。此时，得到以下两矩阵，即

$$\begin{bmatrix}1 & 0 & 0\\ \ell_{21} & 1 & 0\\ \times & \times & 1\\ \times & \times & \times\end{bmatrix},\quad \begin{bmatrix}a_{11} & a_{12} & a_{13}\\ 0 & a_{22}-\ell_{21}a_{12} & a_{23}-\ell_{21}a_{13}\\ a_{31} & a_{32} & a_{33}\\ a_{41} & a_{42} & a_{43}\end{bmatrix} \tag{3.15}$$

为消除第一列的第三行、第四行元素，对应的行运算为 $\boldsymbol{r}_3-\ell_{31}\boldsymbol{r}_1$ 与 $\boldsymbol{r}_4-\ell_{41}\boldsymbol{r}_1$，其中

$$\ell_{31}=\frac{a_{31}}{a_{11}},\quad \ell_{41}=\frac{a_{41}}{a_{11}} \tag{3.16}$$

在矩阵 $\boldsymbol{L}$ 中记录 ℓ_{31} 和 ℓ_{41}，得到

$$\begin{bmatrix} 1 & 0 & 0 \\ \ell_{21} & 1 & 0 \\ \ell_{31} & \times & 1 \\ \ell_{41} & \times & \times \end{bmatrix},\quad \begin{bmatrix} a_{11} & a_{12} & a_{13} \\ 0 & a_{22}-\ell_{21}a_{12} & a_{23}-\ell_{21}a_{13} \\ a_{31} & a_{32}-\ell_{31}a_{12} & a_{33}-\ell_{31}a_{13} \\ a_{41} & a_{42}-\ell_{41}a_{12} & a_{43}-\ell_{41}a_{13} \end{bmatrix} \tag{3.17}$$

为了消除第二列的第三行和第四行元素，行运算为 $\boldsymbol{r}_3-\ell_{32}\boldsymbol{r}_2$ 和 $\boldsymbol{r}_4-\ell_{42}\boldsymbol{r}_2$，其中

$$\ell_{32}=\frac{a_{32}-\ell_{31}a_{12}}{a_{22}-\ell_{21}a_{12}},\quad \ell_{42}=\frac{a_{42}-\ell_{41}a_{12}}{a_{22}-\ell_{21}a_{12}} \tag{3.18}$$

在矩阵 $\boldsymbol{L}$ 中记录 ℓ_{32} 和 ℓ_{42}，得到

$$\begin{bmatrix} 1 & 0 & 0 \\ \ell_{21} & 1 & 0 \\ \ell_{31} & \ell_{32} & 1 \\ \ell_{41} & \ell_{42} & \times \end{bmatrix},\quad \begin{bmatrix} a_{11} & a_{12} & a_{13} \\ 0 & a_{22}-\ell_{21}a_{12} & a_{23}-\ell_{21}a_{13} \\ 0 & 0 & a_{33}-\ell_{31}a_{13}-\ell_{32}(a_{23}-\ell_{21}a_{13}) \\ 0 & 0 & a_{43}-\ell_{41}a_{13}-\ell_{42}(a_{23}-\ell_{21}a_{13}) \end{bmatrix} \tag{3.19}$$

为了消除第四行第三列的元素，行运算为 $\boldsymbol{r}_4-\ell_{43}\boldsymbol{r}_3$，其中

$$\ell_{43}=\frac{a_{43}-\ell_{41}a_{13}-\ell_{42}(a_{23}-\ell_{21}a_{13})}{a_{33}-\ell_{31}a_{13}-\ell_{32}(a_{23}-\ell_{21}a_{13})} \tag{3.20}$$

得到如下矩阵，即

$$\begin{bmatrix} a_{11} & a_{12} & a_{13} \\ 0 & a_{22}-\ell_{21}a_{12} & a_{23}-\ell_{21}a_{13} \\ 0 & 0 & a_{33}-\ell_{31}a_{13}-\ell_{32}(a_{23}-\ell_{21}a_{13}) \\ 0 & 0 & 0 \end{bmatrix} \tag{3.21}$$

最终的 4×3 下三角矩阵 $\boldsymbol{L}$ 为

$$\boldsymbol{L}=\begin{bmatrix} 1 & 0 & 0 \\ \ell_{21} & 1 & 0 \\ \ell_{31} & \ell_{32} & 1 \\ \ell_{41} & \ell_{42} & \ell_{43} \end{bmatrix} \tag{3.22}$$

定义 3×3 上三角矩阵（去掉元素全为 0 的行）为

$$\boldsymbol{U}=\begin{bmatrix} a_{11} & a_{12} & a_{13} \\ 0 & a_{22}-\ell_{21}a_{12} & a_{23}-\ell_{21}a_{13} \\ 0 & 0 & a_{33}-\ell_{31}a_{13}-\ell_{32}\left(a_{23}-\ell_{21}a_{13}\right) \end{bmatrix} \tag{3.23}$$

至此，完成了 $\boldsymbol{G}$ 的基本 LU 分解，即

$$\boldsymbol{G}=\boldsymbol{LU} \tag{3.24}$$

回顾第 k 列的高斯消元，即

$$\begin{bmatrix} a_{1k} \\ \vdots \\ a_{kk} \\ a_{(k+1)k} \\ \vdots \\ a_{Nk} \end{bmatrix} \Rightarrow \begin{bmatrix} a_{1k} \\ \vdots \\ a_{kk} \\ 0 \\ \vdots \\ 0 \end{bmatrix} \tag{3.25}$$

为消除元素 a_{ik}，$i=k+1$，$k+2$，…，N，乘子应表示为

$$\ell_{ik}=\frac{a_{ik}}{a_{kk}}, i=k+1,k+2,\cdots,N \tag{3.26}$$

式中，元素 a_{kk} 是分母，为非零值，$a_{kk}\neq 0$。

为保证数值计算的稳定性，分母元素要求非零，即 $|a_{kk}|>\varepsilon$，其中 ε 为一个小的正数。因此，需要在 $\{k, k+1, \cdots, N\}$ 行中进行变换，此变换称为初等变换。定义初等矩阵 $\boldsymbol{P}$，左乘 $\boldsymbol{P}$ 可以实现矩阵 $\boldsymbol{G}$ 的行交换，即

$$\boldsymbol{P}=\begin{bmatrix} 1 & 0 & 0 & 0 \\ 0 & 0 & 1 & 0 \\ 0 & 1 & 0 & 0 \\ 0 & 0 & 0 & 1 \end{bmatrix} \tag{3.27}$$

式中，左乘 $\boldsymbol{P}$ 使得 $\boldsymbol{G}$ 中的第二行和第三行交换。

初等矩阵 $\boldsymbol{P}$ 是一个置换矩阵，类似二进制的方阵，每一行或每一列都仅只一个元素 1，其他元素均为 0。该矩阵为正交矩阵，即：$\boldsymbol{PP}^{-1}=\boldsymbol{PP}^{\mathrm{T}}=\boldsymbol{I}$。

若引入置换矩阵，则 $\boldsymbol{G}$ 的 LU 分解可由 $\boldsymbol{P}$、$\boldsymbol{L}$、$\boldsymbol{U}$ 三个矩阵组成，即

$$\boldsymbol{PU}=\boldsymbol{LU} \tag{3.28}$$

求解 $\boldsymbol{Gx}=\boldsymbol{d}$ 时，首先矩阵两侧左乘置换矩阵，即

$$\boldsymbol{PGx}=\boldsymbol{Pd}\equiv\boldsymbol{b} \tag{3.29}$$

用 $\boldsymbol{LU}$ 替换 $\boldsymbol{PG}$ 可得

$$\boldsymbol{LUx}=\boldsymbol{b} \tag{3.30}$$

此时，只需求解向前替换问题

$$Ly = b \tag{3.31}$$

和回代问题

$$Ux = y \tag{3.32}$$

即可对不同观测数据 $\boldsymbol{d}$ 求解，而无需重复 LU 分解。

在许多实际应用中，需针对不同的观测数据 $\boldsymbol{d}$ 求解类似于 $\boldsymbol{G}x=\boldsymbol{d}$ 的线性系统。例如，在频域波形层析成像（第十二章）中，首先需求解此类方程得到合成波场，其中 $\boldsymbol{d}$ 为震源子波。其次，以数据残差（观测数据和合成地震数据之差）作为虚拟源进行迭代。每一次迭代中，无需重复 LU 分解，只需输入观测数据 $\boldsymbol{d}$。

若矩阵为对称方阵，例如标准方程［方程（3.2）］中的标准矩阵 $\boldsymbol{A}=\boldsymbol{G}^{\mathrm{T}}\boldsymbol{G}$，则 LU 分解可以转化为 Cholesky 因式分解，属于反问题的最小二乘解法，将在下一节中讨论。对于超定问题，对称矩阵 $\boldsymbol{A}$ 通常是正定的，即对于所有非零向量 $\boldsymbol{z}$，其二次型 $\boldsymbol{z}^{\mathrm{T}}\boldsymbol{A}\boldsymbol{z}>0$。类似于取一个正数的正平方根，此时可以取一个正定矩阵的正平方根，这就是 Cholesky 因式分解，即

$$\boldsymbol{A} = \boldsymbol{L}\boldsymbol{L}^{\mathrm{T}} \tag{3.33}$$

式中，$\boldsymbol{L}$ 为下三角矩阵。

与LU分解不同，$\boldsymbol{L}$ 主对角线上元素不一定为1。上三角矩阵 $\boldsymbol{U}$ 为下三角矩阵的转置（$\boldsymbol{L}^{\mathrm{T}}$）。

Cholesky 因式分解较为简单。以分解一个 $N\times N$ 矩阵为例，即

$$\boldsymbol{A} = \begin{bmatrix} \alpha_{11} & \circ \\ \boldsymbol{a}_{21} & \boldsymbol{A}_{22} \end{bmatrix},\ \boldsymbol{L} = \begin{bmatrix} \lambda_{11} & \circ \\ \boldsymbol{l}_{21} & \boldsymbol{L}_{22} \end{bmatrix} \tag{3.34}$$

式中，小写字母（α_{11} 和 λ_{11}）为标量；加粗小写字母（$\boldsymbol{a}_{21}$ 和 $\boldsymbol{l}_{21}$）为（列）向量；加粗大写字母（$\boldsymbol{A}_{22}$ 和 $\boldsymbol{L}_{22}$）为矩阵；$\circ$ 为 $\boldsymbol{A}$ 中既不存储也不更新的部分元素。

将公式（3.34）中的分块矩阵代入 $\boldsymbol{A}=\boldsymbol{L}\boldsymbol{L}^{\mathrm{T}}$，得到

$$\begin{bmatrix} \alpha_{11} & \circ \\ \boldsymbol{a}_{21} & \boldsymbol{A}_{22} \end{bmatrix} = \begin{bmatrix} \lambda_{11} & \circ \\ \boldsymbol{l}_{21} & \boldsymbol{L}_{22} \end{bmatrix} \begin{bmatrix} \lambda_{11} & \boldsymbol{l}_{21}^{\mathrm{T}} \\ \circ & \boldsymbol{L}_{22}^{\mathrm{T}} \end{bmatrix} = \begin{bmatrix} \lambda_{11}^2 & \circ \\ \lambda_{11} + \boldsymbol{l}_{21} & \boldsymbol{l}_{21}\boldsymbol{l}_{21}^{\mathrm{T}} + L_{22}L_{22}^{\mathrm{T}} \end{bmatrix} \tag{3.35}$$

因此，可以发现

$$\boldsymbol{L} = \begin{bmatrix} \lambda_{11} = \sqrt{a_{11}} & \circ \\ \boldsymbol{l}_{21} = a_{21} / \lambda_{11} & \boldsymbol{L}_{22} = \mathrm{Chol}\left(\boldsymbol{A}_{22} - \boldsymbol{l}_{21}\boldsymbol{l}_{21}^{\mathrm{T}}\right) \end{bmatrix} \tag{3.36}$$

式中，Chol（$\boldsymbol{A}_{22}-\boldsymbol{l}_{21}\boldsymbol{l}_{21}^{\mathrm{T}}$）是 $N-1$ 阶的 Cholesky 分解。

明确地说，Cholesky 分解可通过递归形式实现，即

$$\lambda_{ii} = \sqrt{a_{ii} - \sum_{k=1}^{i-1} \lambda_{ik}^2} \tag{3.37}$$

$$\lambda_{ij}=\frac{1}{\lambda_{ii}}\left(a_{ij}-\sum_{k=1}^{i-1}\lambda_{ik}\lambda_{jk}\right) \tag{3.38}$$

式中，i 为行索引，j 为列索引。

Cholesky 分解比 LU 分解效率更高、数值稳定性更好。然而，若对称矩阵 $\boldsymbol{A}$ 半正定，即对于所有非零向量 $\boldsymbol{z}$ 的二次形式 $z^{\mathrm{T}}Az>0$（非负），则 Cholesky 分解存在，但三角形矩阵 $\boldsymbol{L}$ 的对角线上会出现零元素。为使计算结果稳定，Cholesky 分解时矩阵应为全主元，即每次置换时将子矩阵最大对角元素置换到主元位置。

若 $\boldsymbol{A}$ 的 Cholesky 分解存在，即可通过两个迭代替换直接求解线性系统 $\boldsymbol{Ax}=\boldsymbol{b}$：

$$\begin{cases}\boldsymbol{Ly}=\boldsymbol{b}\\ \boldsymbol{L}^{\mathrm{T}}\boldsymbol{x}=\boldsymbol{y}\end{cases} \tag{3.39}$$

LU 分解与 Cholesky 分解均不需计算矩阵的逆。

3.4 线性方程组的最小二乘解

当且仅当 $\boldsymbol{G}^{\mathrm{T}}\boldsymbol{G}$ 非奇异或满秩，即 $\boldsymbol{G}^{\mathrm{T}}\boldsymbol{G}$ 的逆存在时，正态方程［方程（3.2）］$\boldsymbol{G}^{\mathrm{T}}Gx=\boldsymbol{G}^{\mathrm{T}}d$ 存在唯一解为

$$\boldsymbol{x}=\left[\boldsymbol{G}^{\mathrm{T}}\boldsymbol{G}\right]^{-1}\boldsymbol{G}^{\mathrm{T}}\boldsymbol{d} \tag{3.40}$$

式（3.40）即为 $\boldsymbol{Gx}=\boldsymbol{d}$ 的最小二乘解，其中，矩阵 $\boldsymbol{G}$ 为 $M\times N$ 阶。

为证明，建立如下 L_2 范数函数，即

$$\phi(x)=\|\boldsymbol{d}-\boldsymbol{Gx}\|^2 \tag{3.41}$$

注意 L_2 模的平方为单个向量内积。令

$$\frac{\partial\phi(x)}{\partial x}=-2\boldsymbol{G}^{\mathrm{T}}(\boldsymbol{d}-\boldsymbol{Gx})=0 \tag{3.42}$$

将其最小化后可得标准方程。因此，公式（3.40）是由最小剩余能量准则得到的最小二乘解。

为了进一步解释“最小二乘”的含义，给出下面的例子，其中 N=3。一次实验室测量得到三对测量数据（α_i，β_i），其中 i=1，2，3，$a_1\neq a_2\neq a_3$。尝试用直线 $y=a_0+a_1x$ 拟合三个点（图 3.3），即

$$a_0+a_1\alpha_i=\beta_i \tag{3.43}$$

其中，i=1，2，3。每一点的拟合误差是拟合结果 y 与测量值 β_i 之间的差异，即

$$e_i=a_0+a_1\alpha_i-\beta_i \tag{3.44}$$

其中，i=1，2，3。目标为通过选择参数 a_0 和 a_1 使总误差尽可能小。由于误差 e_i 可正可负，因此考虑总误差的平方和 e_i^2 即可。最小二乘法即选择参数 a_0 和 a_1 使误差平方和，即使公式（3.45）达到最小。

$$\phi = \sum_{i=1}^{3}(a_0 + a_1\alpha_i - \beta_i)^2 \tag{3.45}$$

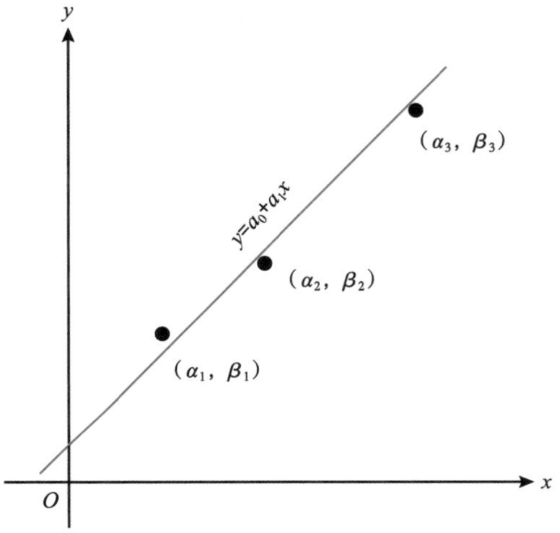

图 3.3 最小二乘法是用一条直线拟合三个测量值。在本例中，数据样本的个数大于未知变量（a_0，a_1）的个数

为最小化 ϕ，$\frac{\partial\phi}{\partial a_0}$ 和 $\frac{\partial\phi}{\partial a_1}$ 的偏导数都必须为 0，即

$$\begin{cases} \frac{\partial\phi}{\partial a_0} = 2\sum_{i=1}^{3}(a_0 + a_1\alpha_i - \beta_i) = 0 \\ \frac{\partial\phi}{\partial a_1} = 2\sum_{i=1}^{3}(a_0 + a_1\alpha_i - \beta_i) = 0 \end{cases} \tag{3.46}$$

分别简化后可得

$$\begin{cases} 3a_0 + a_1\sum_{i=1}^{3}\alpha_i = \sum_{i=1}^{3}\beta_i \\ a_0\sum_{i=1}^{3}\alpha_i + a_1\sum_{i=1}^{3}\alpha_i^2 = \sum_{i=1}^{3}\alpha_i\beta_i \end{cases} \tag{3.47}$$

将公式（3.46）写成 $\boldsymbol{Gx=d}$ 的形式，即

$$\boldsymbol{G} = \begin{bmatrix} 1 & \alpha_1 \\ 1 & \alpha_2 \\ 1 & \alpha_3 \end{bmatrix},\quad \boldsymbol{x} = \begin{bmatrix} a_0 \\ a_1 \end{bmatrix},\quad \boldsymbol{d} = \begin{bmatrix} \beta_1 \\ \beta_2 \\ \beta_3 \end{bmatrix} \tag{3.48}$$

式（3.47）为标准方程，$\boldsymbol{G}^{\mathrm{T}}\boldsymbol{G}\boldsymbol{x}=\boldsymbol{G}^{\mathrm{T}}\boldsymbol{d}$。

当 $\alpha_1 \neq \alpha_2 \neq \alpha_3$ 时，rank（$\boldsymbol{G}$）=2，则 rank（$\boldsymbol{G}^{\mathrm{T}}\boldsymbol{G}$）=2，2×2 的矩阵 $\boldsymbol{G}^{\mathrm{T}}\boldsymbol{G}$ 非奇异。因此，矩阵 $\boldsymbol{G}^{\mathrm{T}}\boldsymbol{G}$ 的逆存在，且该问题有唯一解，如公式（3.40）所示。

然而，若方阵 $\boldsymbol{A}=\boldsymbol{G}^{\mathrm{T}}\boldsymbol{G}$ 奇异，可在对角线元素中加上一个小的正数 μ：

$$\left[\boldsymbol{G}^{\mathrm{T}}\boldsymbol{G}+\mu\boldsymbol{I}\right]\boldsymbol{x}=\boldsymbol{G}^{\mathrm{T}}\boldsymbol{d} \tag{3.49}$$

此时，解可表示为

$$\boldsymbol{x}=\boldsymbol{G}^{\mathrm{T}}\boldsymbol{d}\left[\boldsymbol{G}^{\mathrm{T}}\boldsymbol{G}+\mu\boldsymbol{I}\right]^{-1} \tag{3.50}$$

式（3.50）为引入稳定因子 μ 的最小二乘解，能够避免矩阵逆运算的不稳定性。

求解方程（3.49），也可以通过最小化此正则化目标函数实现，即

$$\phi(\boldsymbol{x})=\|\boldsymbol{d}-\boldsymbol{G}\boldsymbol{x}\|^2+\mu\|\boldsymbol{x}\|^2 \tag{3.51}$$

其中，令 $\dfrac{\partial\phi(x)}{\partial x}=0$ 可得到方程（3.49）。因此，参数 μ 在能量残差 $\|\boldsymbol{d}-\boldsymbol{G}\boldsymbol{x}\|^2$ 与正则化项 $\|\boldsymbol{x}\|^2$ 之间起到平衡作用。

通常，当目标函数以加权求和的形式表示时，有

$$\phi(\boldsymbol{x})=\|\boldsymbol{d}-\boldsymbol{G}\boldsymbol{x}\|^2+\mu\|\boldsymbol{g}-\boldsymbol{F}\boldsymbol{x}\|^2 \tag{3.52}$$

也可表示为一般的最小二乘的形式，即

$$\phi(\boldsymbol{x})=\left\|\left[\begin{array}{c}\boldsymbol{d}\\ \overline{\sqrt{\mu}\boldsymbol{g}}\end{array}\right]-\left[\begin{array}{c}\boldsymbol{G}\\ \overline{\sqrt{\mu}\boldsymbol{F}}\end{array}\right]\boldsymbol{x}\right\|^2=\|\tilde{\boldsymbol{d}}-\tilde{\boldsymbol{G}}\boldsymbol{x}\|^2 \tag{3.53}$$

其中

$$\tilde{\boldsymbol{d}}=\left[\begin{array}{c}\boldsymbol{d}\\ \overline{\sqrt{\mu}\boldsymbol{g}}\end{array}\right],\qquad \tilde{\boldsymbol{G}}=\left[\begin{array}{c}\boldsymbol{G}\\ \overline{\sqrt{\mu}\boldsymbol{F}}\end{array}\right] \tag{3.54}$$

令扩展矩阵 $\tilde{\boldsymbol{G}}$ 满秩，则解为

$$\begin{aligned}\boldsymbol{x}&=\left[\tilde{\boldsymbol{G}}^{\mathrm{T}}\tilde{\boldsymbol{G}}\right]^{-1}\tilde{\boldsymbol{G}}^{\mathrm{T}}\tilde{\boldsymbol{d}}\\ &=\left[\boldsymbol{G}^{\mathrm{T}}\boldsymbol{G}+\mu\boldsymbol{F}^{\mathrm{T}}\boldsymbol{F}\right]^{-1}\left(\boldsymbol{G}^{\mathrm{T}}\boldsymbol{d}+\mu\boldsymbol{F}^{\mathrm{T}}\boldsymbol{g}\right)\end{aligned} \tag{3.55}$$

对于目标函数中 $\boldsymbol{F}=\boldsymbol{I}$ 的情况［方程（3.51）］，或是取模型参数［方程（2.38）］的一阶导数等情况，式（3.55）为统一解。

3.5　非线性方程组的最小二乘解

对于非线性问题，有

$$\phi(\boldsymbol{x})=\|\boldsymbol{d}-\boldsymbol{G}(\boldsymbol{x})\|^2=\|\boldsymbol{e}(\boldsymbol{x})\|^2 \tag{3.56}$$

通过在当前估计值 $x^{(k)}$ 附近进行一阶泰勒展开，从而对 $\boldsymbol{e}(\boldsymbol{x})$ 进行线性化，即

$$\phi(\boldsymbol{x})\approx\left\|\boldsymbol{e}\left(\boldsymbol{x}^{(k)}\right)+\boldsymbol{D}^{(k)}\left(\boldsymbol{x}-\boldsymbol{x}^{(k)}\right)\right\|^2=\left\|\boldsymbol{D}^{(k)}\boldsymbol{x}-\boldsymbol{b}^{(k)}\right\|^2 \tag{3.57}$$

式中，$\boldsymbol{D}$ 为雅可比算子，$\boldsymbol{D}=\dfrac{\partial e}{\partial x}$；$k$ 为迭代次数；$\boldsymbol{b}^{(k)}=\boldsymbol{D}^{(k)}\boldsymbol{x}^{(k)}-\boldsymbol{e}\left(\boldsymbol{x}^{(k)}\right)$。

因此，线性化后的该问题的最小二乘解为

$$\boldsymbol{x}^{(k+1)}=\left[\left(\boldsymbol{D}^{(k)}\right)^{\mathrm{T}}\boldsymbol{D}^{(k)}\right]^{-1}\left(\boldsymbol{D}^{(k)}\right)^{\mathrm{T}}\boldsymbol{b}^{(k)} \tag{3.58}$$

不断迭代更新，使得初始估计 $\boldsymbol{x}^{(0)}$ 收敛于真实值。

然而，上述方法不能保证目标函数是否收敛，需引入正则化项，即

$$\phi(\boldsymbol{x})=\left\|\boldsymbol{D}^{(k)}\boldsymbol{x}-\boldsymbol{b}^{(k)}\right\|^2+\mu\left\|\boldsymbol{x}-\boldsymbol{x}^{(k)}\right\|^2 \tag{3.59}$$

从而使得下一次迭代的解出现在当前解附近。对于高度非线性问题，可以引入物理约束条件。例如，在地震射线追踪中，可以引入费马最小走时原理，使得每次迭代过程中时间最小，而非误差向量 $\boldsymbol{e}$ 最小（Wang，2014）。

3.6　QR 分解的最小二乘解

对于满秩 $M\times N$ 矩阵 $\boldsymbol{G}$，rank（$\boldsymbol{G}$）$=N\leqslant M$，QR 分解可以将其转换为简单的形式。之后可用最小二乘方法直接求解方程 $\boldsymbol{G}x=\boldsymbol{d}$。

选择合适的正交矩阵 $\boldsymbol{Q}$ 将矩阵 $\boldsymbol{G}$ 三角化，即

$$\boldsymbol{G}=\boldsymbol{Q}\begin{bmatrix}\boldsymbol{R}\\ \boldsymbol{0}\end{bmatrix} \tag{3.60}$$

式中，$\boldsymbol{Q}$ 为 $M\times M$ 正交矩阵，且 $\boldsymbol{Q}^{\mathrm{T}}\boldsymbol{Q}=\boldsymbol{I}$；$\boldsymbol{R}$ 为 $N\times N$ 阶上三角矩阵。

考虑 2×1 向量 $\boldsymbol{r}=[r_1 r_2]^{\mathrm{T}}$，需找到 2×2 阶正交矩阵，即

$$\boldsymbol{P}=\begin{bmatrix}c & s\\ -s & c\end{bmatrix} \tag{3.61}$$

满足 $\boldsymbol{P}^{\mathrm{T}}\boldsymbol{P}=\boldsymbol{I}$，即 $c^2+s^2=1$。正交矩阵 $\boldsymbol{P}$ 右乘向量 $\boldsymbol{r}$ 后，将 $\boldsymbol{r}$ 中一个元素变为 0，即

$$\boldsymbol{Pr}=\begin{bmatrix} c & s \\ -s & c \end{bmatrix}\begin{bmatrix} r_1 \\ r_2 \end{bmatrix}=\begin{bmatrix} \rho \\ 0 \end{bmatrix} \tag{3.62}$$

因此，求解该线性方程组可得

$$\rho=\sqrt{r_1^2+r_2^2},\quad c=\frac{r_1}{\rho},\quad s=\frac{r_2}{\rho} \tag{3.63}$$

从解的形式可以看出，正交矩阵 $\boldsymbol{P}$ 为顺时针旋转矩阵，角度为 θ，其中 $c=\cos\theta$，$s=\sin\theta$。每次左乘该矩阵，都会使得矩阵 $\boldsymbol{G}$ 的一个元素变为 0。

为加速 QR 分解，采用 Householder 变换（Householder，1955，1964），可以每次处理单一列向量，而不是单一元素。例如，对于前三列

$$\boldsymbol{P}_1\begin{bmatrix} \times \\ \times \\ \times \\ \times \\ \times \\ \times \end{bmatrix}=\begin{bmatrix} \otimes \\ 0 \\ 0 \\ \vdots \\ \vdots \\ 0 \end{bmatrix},\quad \boldsymbol{P}_2\begin{bmatrix} \times \\ \times \\ \times \\ \times \\ \times \\ \times \end{bmatrix}=\begin{bmatrix} \times \\ \otimes \\ 0 \\ \vdots \\ \vdots \\ 0 \end{bmatrix},\quad \boldsymbol{P}_3\begin{bmatrix} \times \\ \times \\ \times \\ \times \\ \times \\ \times \end{bmatrix}=\begin{bmatrix} \times \\ \times \\ \otimes \\ 0 \\ \vdots \\ 0 \end{bmatrix} \tag{3.64}$$

式中，$\boldsymbol{P}_k$ 为正交矩阵；× 为向量中的任意非零元素。

列变换改变主对角线上的元素（⊗），且主对角线以下的所有元素都是零。最终的上三角矩阵只剩 $\frac{1}{2}N(N+1)$ 个非零元素。关于 Householder 变换的内容见附录 A。

将正交矩阵的乘积表示为 $M\times M$ 阶矩阵 $Q^{\mathrm{T}}=\boldsymbol{P}_{\ell}\cdots\boldsymbol{P}_2\boldsymbol{P}_1$，得到 $\boldsymbol{G}=\boldsymbol{QR}$。因为 $\boldsymbol{Q}^{\mathrm{T}}$ 是由正交矩阵 $\boldsymbol{P}_k$ 构成的，所以它也是正交矩阵。

QR 分解后，仅需求解以下三角方程组：

$$\boldsymbol{Rx}=\boldsymbol{Q}_{N\times M}^{\mathrm{T}}\boldsymbol{d} \tag{3.65}$$

式中，$\boldsymbol{Q}_{N\times M}^{\mathrm{T}}$ 由 $\boldsymbol{Q}^{\mathrm{T}}$ 的前 N 行组成，即 $\boldsymbol{Q}$ 的前 N 列。

通过回代法，可容易地求解此三角方程：

$$\boldsymbol{x}=\boldsymbol{R}^{-1}\boldsymbol{Q}_{N\times M}^{\mathrm{T}}\boldsymbol{d} \tag{3.66}$$

可以看出，此方程的解属于最小二乘解。作为 $\boldsymbol{Gx}=\boldsymbol{d}$ 的解，$\boldsymbol{x}=[\boldsymbol{G}^{\mathrm{T}}\boldsymbol{G}]^{-1}\boldsymbol{G}^{\mathrm{T}}\boldsymbol{d}$ 变成：

$$\begin{aligned}\boldsymbol{x}&=\left(\begin{bmatrix} \boldsymbol{R} \\ \boldsymbol{0} \end{bmatrix}^{\mathrm{T}}\boldsymbol{Q}^{\mathrm{T}}\boldsymbol{Q}\begin{bmatrix} \boldsymbol{R} \\ \boldsymbol{0} \end{bmatrix}\right)^{-1}\begin{bmatrix} \boldsymbol{R} \\ \boldsymbol{0} \end{bmatrix}^{\mathrm{T}}\boldsymbol{Q}^{\mathrm{T}}\boldsymbol{d} \\ &=\left[\boldsymbol{R}^{\mathrm{T}}\boldsymbol{R}\right]^{-1}\boldsymbol{R}^{\mathrm{T}}\boldsymbol{Q}_{N\times M}^{\mathrm{T}}\boldsymbol{d} \\ &=\boldsymbol{R}^{-1}\boldsymbol{Q}_{N\times M}^{\mathrm{T}}\boldsymbol{d}\end{aligned} \tag{3.67}$$

在 $\boldsymbol{Gx}=\boldsymbol{d}$ 对应的最小二乘问题中，L_2 范数 $\|\boldsymbol{d}-\boldsymbol{Gx}\|$ 常被用于最小化误差。在公式

（3.65）的最小二乘问题中，L_2 范数变成 $\left\|\boldsymbol{Q}^{\mathrm{T}}\boldsymbol{d}-\boldsymbol{Q}^{\mathrm{T}}\boldsymbol{G}\boldsymbol{x}\right\|$。容易证明，对于任何正交矩阵 $\boldsymbol{Q}$，其转置 $\boldsymbol{Q}^{\mathrm{T}}$ 不改变 L_2 范数的值：

$$\left\|\boldsymbol{Q}^{\mathrm{T}}\boldsymbol{d}-\boldsymbol{Q}^{\mathrm{T}}\boldsymbol{G}\boldsymbol{x}\right\|=\left\|\boldsymbol{d}-\boldsymbol{G}\boldsymbol{x}\right\| \tag{3.68}$$

然而，$\boldsymbol{Q}^{\mathrm{T}}\boldsymbol{G}$ 的独特之处在于是一个上三角矩阵，$\boldsymbol{Q}^{\mathrm{T}}\boldsymbol{G}=\boldsymbol{R}$。

总之，本章介绍了四种类型的最小二乘法，见表 3.1。其中，前三种方法需要解方阵的逆，$[\boldsymbol{G}^{\mathrm{T}}\boldsymbol{G}]$，$[\boldsymbol{G}^{\mathrm{T}}\boldsymbol{G}+\mu\boldsymbol{I}]$ 或 $[\boldsymbol{G}^{\mathrm{T}}\boldsymbol{G}+\mu\boldsymbol{F}^{\mathrm{T}}\boldsymbol{F}]$。在第四种方法中，左乘一个正交矩阵 $\boldsymbol{Q}^{\mathrm{T}}$ 可以把方阵变换成一个上三角矩阵。然后，可以容易地通过回代求解。

表 3.1　四种类型的最小二乘法

目标函数 $\phi(\boldsymbol{x})$	最小二乘解 $\boldsymbol{x}$
$\phi(\boldsymbol{x})=\left\|\boldsymbol{d}-\boldsymbol{G}\boldsymbol{x}\right\|^2$	$\boldsymbol{x}=\left[\boldsymbol{G}^{\mathrm{T}}\boldsymbol{G}\right]^{-1}\boldsymbol{G}^{\mathrm{T}}\boldsymbol{d}$
$\phi(\boldsymbol{x})=\left\|\boldsymbol{d}-\boldsymbol{G}\boldsymbol{x}\right\|^2+\mu\left\|\boldsymbol{x}\right\|^2$	$\boldsymbol{x}=\left[\boldsymbol{G}^{\mathrm{T}}\boldsymbol{G}+\mu\boldsymbol{I}\right]^{-1}\boldsymbol{G}^{\mathrm{T}}\boldsymbol{d}$
$\phi(\boldsymbol{x})=\left\|\boldsymbol{d}-\boldsymbol{G}\boldsymbol{x}\right\|^2+\mu\left\|\boldsymbol{g}-\boldsymbol{F}\boldsymbol{x}\right\|^2$	$\boldsymbol{x}=\left[\boldsymbol{G}^{\mathrm{T}}\boldsymbol{G}+\mu\boldsymbol{F}^{\mathrm{T}}\boldsymbol{F}\right]^{-1}\left(\boldsymbol{G}^{\mathrm{T}}\boldsymbol{d}+\mu\boldsymbol{F}^{\mathrm{T}}\boldsymbol{g}\right)$
$\phi(\boldsymbol{x})=\left\|\boldsymbol{Q}^{\mathrm{T}}\boldsymbol{d}-\boldsymbol{Q}^{\mathrm{T}}\boldsymbol{G}\boldsymbol{x}\right\|^2$	$\boldsymbol{x}=\left[\boldsymbol{Q}^{\mathrm{T}}\boldsymbol{G}\right]^{-1}\boldsymbol{Q}^{\mathrm{T}}\boldsymbol{d}$

左乘一个正交矩阵在物理意义上表示旋转或反射。下一章将介绍矩阵如何通过左乘和右乘得到对角矩阵。

第 4 章　奇异值分析

本章将介绍矩阵的“奇异值”概念、奇异值分解（SVD）算法，以及基于 SVD 的线性反问题的解决方案。

将一个 $M \times N$ 矩阵 $\boldsymbol{G}$ 的伪逆定义为 $M \times N$ 矩阵 $\boldsymbol{G}^{\dagger}$，此时 $\boldsymbol{Gx}=\boldsymbol{d}$ 的估计解可以表示为 $\boldsymbol{x}=\boldsymbol{G}^{\dagger}\boldsymbol{d}$。满足 $\boldsymbol{G}^{\dagger}$ 存在的充要条件是：

$$当且仅当，\boldsymbol{G}\boldsymbol{G}^{\dagger}\boldsymbol{G}=\boldsymbol{G} \tag{4.1}$$

SVD 是计算和分析此类伪逆矩阵（$\boldsymbol{G}^{\dagger}$）的基本方法。特征值分析的对象是方阵 $\boldsymbol{A}$，而奇异值分析的对象则可是任意矩阵 $\boldsymbol{G}$。

4.1　特征值和特征向量

对于方阵 $\boldsymbol{A}$，存在一系列特殊向量，称为特征向量。当矩阵 $\boldsymbol{A}$ 乘以这些特征向量中任何一个时，不改变向量方向，而仅改变向量模的大小（图 4.1）：

$$\boldsymbol{Ax}=\lambda\boldsymbol{x} \tag{4.2}$$

式中，标量 λ 称为矩阵 $\boldsymbol{A}$ 特征值，与矩阵 $\boldsymbol{A}$ 的特征向量 $\boldsymbol{x}$ 相关。

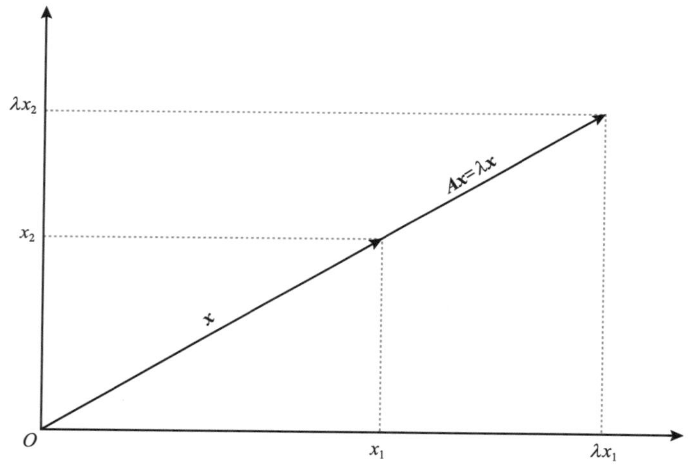

图 4.1　如果 $\boldsymbol{x}$ 是矩阵 $\boldsymbol{A}$ 的特征向量，则矩阵 $\boldsymbol{A}$ 的作用是拉伸向量 $\boldsymbol{x}$，但不会改变其方向。标量 λ 是相关的特征值

为求解特征值及其相关特征向量，公式（4.2）可以转化为

$$[\boldsymbol{A}-\lambda \boldsymbol{I}]\boldsymbol{x}=\boldsymbol{0} \tag{4.3}$$

式中，$\boldsymbol{I}$ 为单位矩阵；$\boldsymbol{0}$ 为零向量。

由于 $\boldsymbol{x}$ 非零，因此矩阵 $[\boldsymbol{A}-\lambda\boldsymbol{I}]$ 是奇异的：

$$\det(\boldsymbol{A}-\lambda \boldsymbol{I})=\boldsymbol{0} \tag{4.4}$$

式（4.4）关于 λ 的多项式称为特征多项式，其根是矩阵 $\boldsymbol{A}$ 的特征值。

若 r 为 $N\times N$ 矩阵 $\boldsymbol{A}$ 的秩，按绝对值递减方向对矩阵 $\boldsymbol{A}$ 的特征值排序为

$$|\lambda_1|\geqslant|\lambda_2|\geqslant\cdots\geqslant|\lambda_N| \tag{4.5}$$

则非零特征值为前 r 个值，零特征值为第 $r+1$ 至第 N 个值。

求解方程（4.3），可产生一组与特征值对应的特征向量，每个特征值对应无限个特征向量。这是因为方程（4.3）为齐次系统，若此系统中 $f(\boldsymbol{x})=0$，则 $f(\boldsymbol{x})=f(c\boldsymbol{x})=0$，$c$ 为常数。

此处给出一个特征值和特征向量的计算实例。对于一个 2×2 的矩阵，有

$$\boldsymbol{A}=\begin{bmatrix}3 & 1\\ 2 & 3\end{bmatrix}$$

特征多项式为

$$\det(\boldsymbol{A}-\lambda \boldsymbol{I})=\begin{vmatrix}3-\lambda & 1\\ 2 & 3-\lambda\end{vmatrix}=\lambda^2-6\lambda+7=0$$

其多项式的根为

$$\lambda_{1,2}=3\pm\sqrt{2}$$

这两个特征值即为矩阵 $\boldsymbol{A}$ 的特征值，求解以下两个齐次系统可得其相应的特征向量，即

$$\begin{bmatrix}-\sqrt{2} & 1\\ 2 & -\sqrt{2}\end{bmatrix}\begin{bmatrix}x_1\\ x_2\end{bmatrix}=0,\quad \begin{bmatrix}\sqrt{2} & 1\\ 2 & \sqrt{2}\end{bmatrix}\begin{bmatrix}x_1\\ x_2\end{bmatrix}=0$$

对于任何 x_1，都存在一个对应的 x_2。若 $x_1=1$，则可得两个特征向量为

$$\begin{bmatrix}1\\ \sqrt{2}\end{bmatrix} \text{ 和 } \begin{bmatrix}1\\ -\sqrt{2}\end{bmatrix}$$

归一化后可得

$$\frac{1}{\sqrt{3}}\begin{bmatrix}1\\ \sqrt{2}\end{bmatrix} \text{ 和 } \frac{1}{\sqrt{3}}\begin{bmatrix}1\\ -\sqrt{2}\end{bmatrix}$$

归一化的特征向量是唯一的。

不同特征值对应的特征向量彼此之间线性独立。此例中，仅当（a_1，a_2）=（0，0）时，下式成立，即

$$a_1\begin{bmatrix}1\\ \sqrt{2}\end{bmatrix}+a_2\begin{bmatrix}1\\ -\sqrt{2}\end{bmatrix}=0$$

尽管上述例子中特征值的定义与计算简单，但对于高阶特征多项式，难以用代数方法求解。 实际上，计算特征值比 $\boldsymbol{Ax=b}$ 的求解要困难得多，基本的计算方法是矩阵对角化。

4.2 奇异值的概念

方阵中定义的是特征值，而矩阵 $\boldsymbol{G}$ 中定义的则是奇异值。$\boldsymbol{G}$ 的奇异值定义为 $\boldsymbol{G}^{\mathrm{T}}\boldsymbol{G}$ 或 $\boldsymbol{GG}^{\mathrm{T}}$ 非零特征值的平方根。

对于一个 $M\times N$ 的矩阵 $\boldsymbol{G}$，可以建立一个方阵，即

$$\begin{bmatrix}\boldsymbol{0} & \boldsymbol{G}\\ \boldsymbol{G}^{\mathrm{T}} & \boldsymbol{0}\end{bmatrix} \tag{4.6}$$

同时，对 $\boldsymbol{G}$ 和 $\boldsymbol{G}^{\mathrm{T}}$ 进行特征值分析。对于扩展后的（$M+N$）×（$N+M$）方阵，相应的特征值求解转换为

$$\begin{bmatrix}\boldsymbol{0} & \boldsymbol{G}\\ \boldsymbol{G}^{\mathrm{T}} & \boldsymbol{0}\end{bmatrix}\begin{bmatrix}\boldsymbol{u}\\ \boldsymbol{v}\end{bmatrix}=\lambda\begin{bmatrix}\boldsymbol{u}\\ \boldsymbol{v}\end{bmatrix} \tag{4.7}$$

式中，$\boldsymbol{u}$ 为 $M\times 1$ 向量；$\boldsymbol{v}$ 为 $N\times 1$ 向量。

将方程（4.7）拆分为两个方程组，即

$$\begin{cases}\boldsymbol{Gv}=\lambda\boldsymbol{u}\\ \boldsymbol{G}^{\mathrm{T}}\boldsymbol{u}=\lambda\boldsymbol{v}\end{cases} \tag{4.8}$$

显然，若（λ，$\boldsymbol{u}$，$\boldsymbol{v}$）是方程（4.7）的解，则（$-\lambda$，$-\boldsymbol{u}$，$\boldsymbol{v}$）与（$-\lambda$，$\boldsymbol{u}$，$-\boldsymbol{v}$）也是方程（4.7）的解。对于方程（4.8），将第一个方程组乘以 $\boldsymbol{G}^{\mathrm{T}}$，第二个方程组乘以 $\boldsymbol{G}$，得到

$$\begin{cases}\boldsymbol{G}^{\mathrm{T}}\boldsymbol{Gv}=\lambda^2\boldsymbol{v}\\ \boldsymbol{GG}^{\mathrm{T}}\boldsymbol{u}=\lambda^2\boldsymbol{u}\end{cases} \tag{4.9}$$

因此，$N\times N$ 方阵 $\boldsymbol{G}^{\mathrm{T}}\boldsymbol{G}$ 与 $M\times M$ 方阵 $\boldsymbol{GG}^{\mathrm{T}}$ 具有相同的非零特征值 λ^2。

这些非零特征值的平方根即为矩阵 $\boldsymbol{G}$ 的奇异值。若矩阵秩 rank（$\boldsymbol{G}$）$=r$，则 $\boldsymbol{G}$ 恰好存在 r 个非零奇异值，即

$$\lambda_1 \geqslant \lambda_2 \geqslant \cdots \geqslant \lambda_r > 0 \quad (4.10)$$

对于$N\times N$平方矩阵$\boldsymbol{G}^{\mathrm{T}}\boldsymbol{G}$，存在$r$个向量$[\boldsymbol{v}_1, \boldsymbol{v}_2, \cdots, \boldsymbol{v}_r]$对应于$r$个非零特征值，以及$N-r$个向量对应于零特征值。对于$M\times M$对称矩阵$\boldsymbol{G}\boldsymbol{G}^{\mathrm{T}}$，存在$r$个向量$[\boldsymbol{u}_1,\ \boldsymbol{u}_2,\ \cdots,\ \boldsymbol{u}_r]$对应于$r$个非零特征值，以及$M-r$个向量对应于零特征值。

设$\boldsymbol{U}=[\boldsymbol{u}_1,\ \boldsymbol{u}_2,\ \cdots,\ \boldsymbol{u}_M]$为矩阵$\boldsymbol{G}\boldsymbol{G}^{\mathrm{T}}$的$\boldsymbol{M}$个特征向量，$\boldsymbol{v}=[\boldsymbol{v}_1,\ \boldsymbol{v}_2,\ \cdots,\ \boldsymbol{v}_N]$为矩阵$\boldsymbol{G}^{\mathrm{T}}\boldsymbol{G}$的$N$个特征向量，$\boldsymbol{\Lambda}$是$M\times N$的矩形矩阵，其主对角线上存在奇异值，且非主对角线元素均为零，将方程（4.8）重写为矩阵形式，即

$$\begin{cases} \boldsymbol{G}\boldsymbol{V} = \boldsymbol{U}\boldsymbol{\Lambda} \\ \boldsymbol{G}^{\mathrm{T}}\boldsymbol{U} = \boldsymbol{V}\boldsymbol{\Lambda}^{\mathrm{T}} \end{cases} \quad (4.11)$$

式（4.11）给出了任意矩阵的 Lanczos 形式（Lanczos，1950）为

$$\boldsymbol{G} = \boldsymbol{U}\boldsymbol{\Lambda}\boldsymbol{V}^{\mathrm{T}} \quad (4.12)$$

以上为$M\times N$矩阵$\boldsymbol{G}$奇异值分解（SVD）的直接求解方法。对于实际问题，矩阵$\boldsymbol{G}$满足以下条件：

（1）在$M\times N$矩阵$\boldsymbol{\Lambda}$中，非零元素仅为主对角线上的前r个非零奇异值。

（2）矩阵$\boldsymbol{U}$和$\boldsymbol{V}$都是正交的，其列（或行）为正交单位向量，即

$$\boldsymbol{U}^{\mathrm{T}}\boldsymbol{U} = \boldsymbol{I}_{M\times M},\quad \boldsymbol{V}^{\mathrm{T}}\boldsymbol{V} = \boldsymbol{I}_{N\times N} \quad (4.13)$$

仅需将方程（4.11）中的$\boldsymbol{G}$代入方程（4.12）的 SVD 表达式即可验证。

4.1 节中给出的计算特征值的特征方程方法不适用于 SVD。最实用的算法是基于变换的方法，其中一种稳定方法是两步法：（1）将矩阵转换为双对角线形式；（2）通过 QR 分解得到双对角矩阵的奇异值（Golub，Kahan，1965；Golub，Reinsch，1970）。关于两步法的详细介绍见附录 B。

4.3　SVD 的广义逆解

使用 SVD 方法求解$\boldsymbol{G}=\boldsymbol{U}\boldsymbol{\Lambda}\boldsymbol{V}^{\mathrm{T}}$，得到矩形矩阵$\boldsymbol{G}$的伪逆（Moore，1920；Penrose，1955）：

$$\boldsymbol{G}^{\dagger} = \boldsymbol{V}\boldsymbol{\Lambda}^{-1}\boldsymbol{U}^{\mathrm{T}} \quad (4.14)$$

其中，

$$\boldsymbol{\Lambda}^{-1} = \begin{bmatrix} \lambda_1^{-1} & & & & & & \\ & \lambda_2^{-1} & & & & & \\ & & \ddots & & & & \\ & & & \lambda_r^{-1} & & & \\ & & & & 0 & & \\ & & & & & \ddots & \\ & & & & & & 0 \end{bmatrix} \quad (4.15)$$

若矩阵 $\boldsymbol{G}$ 的秩 rank（$\boldsymbol{G}$）$=r, \lambda_1 \geqslant \lambda_2 \geqslant \cdots \geqslant \lambda_r > 0$，令 $\lambda_k^{-1}=0$，则 $\lambda_k=0, k > r$。因此，rank（$\boldsymbol{G}^{\dagger}$）=rank（$\boldsymbol{\Lambda}^{-1}$）=rank（$\boldsymbol{\Lambda}$）=rank（$\boldsymbol{G}$）$=r$。

该伪逆 $\boldsymbol{G}^{\dagger}$ 为广义逆。若 $\boldsymbol{G}$ 满秩，则其广义逆解可以表示为两种形式：

$$\begin{cases} \boldsymbol{G}^{\dagger} = \left[\boldsymbol{G}^{\mathrm{T}}\boldsymbol{G}\right]^{-1}\boldsymbol{G}^{\mathrm{T}} \\ \boldsymbol{G}^{\dagger} = \boldsymbol{G}^{\mathrm{T}}\left[\boldsymbol{G}\boldsymbol{G}^{\mathrm{T}}\right]^{-1} \end{cases} \tag{4.16}$$

式中，上下两方程分别是最小二乘解与最小范数解，将在下文中详细讨论。现将 $\boldsymbol{G}=\boldsymbol{U}\boldsymbol{\Lambda}\boldsymbol{V}^{\mathrm{T}}$ 代入这两个解，并考虑 $\boldsymbol{U}^{\mathrm{T}}\boldsymbol{U}=\boldsymbol{I}_{M\times M}$，$\boldsymbol{V}\boldsymbol{V}^{\mathrm{T}}=\boldsymbol{I}_{N\times N}$ 的情况，可得统一解为 $\boldsymbol{G}^{\dagger}=\boldsymbol{V}\boldsymbol{\Lambda}^{-1}\boldsymbol{U}^{\mathrm{T}}$。因此，称伪逆 $\boldsymbol{G}^{\dagger}$ 为广义逆解。

最小范数的问题是在满足约束条件 $\boldsymbol{e}=\boldsymbol{d}-\boldsymbol{G}\boldsymbol{x}=\boldsymbol{0}$ 的情况下，使 $\sum_{j=0}^{N} x_j^2$ 最小化。其目标函数是

$$\phi(\boldsymbol{x},\lambda) = \sum_{j=0}^{N} x_j^2 + \sum_{i=1}^{M} \lambda_i e_i = \boldsymbol{x}^{\mathrm{T}}\boldsymbol{x} + \lambda^{\mathrm{T}}(\boldsymbol{d} - \boldsymbol{G}\boldsymbol{x}) \tag{4.17}$$

其中，λ_i 为拉格朗日乘数。令 $\partial\phi/\partial\boldsymbol{x}=\boldsymbol{0}$ 得到

$$\boldsymbol{x} = \frac{1}{2}\boldsymbol{G}^{\mathrm{T}}\lambda \tag{4.18}$$

令 $\partial\phi/\partial\lambda=\boldsymbol{0}$，得到约束方程 $\boldsymbol{d}-\boldsymbol{G}\boldsymbol{x}=\boldsymbol{0}$。将 $\boldsymbol{x}=\frac{1}{2}\boldsymbol{G}^{\mathrm{T}}\lambda$ 代入约束方程可得

$$\boldsymbol{G}\boldsymbol{G}^{\mathrm{T}}\lambda = 2\boldsymbol{d} \tag{4.19}$$

因此，解向量 $\boldsymbol{\lambda}$ 为

$$\lambda = 2\left[\boldsymbol{G}\boldsymbol{G}^{\mathrm{T}} + \mu\boldsymbol{I}\right]^{-1}\boldsymbol{d} \tag{4.20}$$

其解 $\boldsymbol{x}$ 为

$$\boldsymbol{x} = \boldsymbol{G}^{\mathrm{T}}\left[\boldsymbol{G}\boldsymbol{G}^{\mathrm{T}} + \mu\boldsymbol{I}\right]^{-1}\boldsymbol{d} \tag{4.21}$$

当 $\mu=0$ 时，式（4.21）为方程（4.16）中的第二个广义逆 $\boldsymbol{G}^{\dagger}$。

因此，如果 $\boldsymbol{G}$ 不满秩，则其最小二乘与最小范数问题的稳定解为

$$\begin{cases} \boldsymbol{G}^{\dagger} = \left[\boldsymbol{G}^{\mathrm{T}}\boldsymbol{G} + \mu\boldsymbol{I}\right]^{-1}\boldsymbol{G}^{\mathrm{T}} \\ \boldsymbol{G}^{\dagger} = \boldsymbol{G}^{\mathrm{T}}\left[\boldsymbol{G}\boldsymbol{G}^{\mathrm{T}} + \mu\boldsymbol{I}\right]^{-1} \end{cases} \tag{4.22}$$

对于欠定问题，式（4.22）中第一个最小二乘解适用于行数多于列数的矩阵，第二个最小范数解适用于行数少于列数的矩阵。将 $\boldsymbol{G}=\boldsymbol{U}\boldsymbol{\Lambda}\boldsymbol{V}^{\mathrm{T}}$ 代入式（4.22）的两个解中，可得如下的统一解，即

$$G^{\dagger}=V\frac{\Lambda}{\Lambda^2+\mu I}U^{\mathrm{T}} \tag{4.23}$$

4.4 SVD 应用

利用广义逆矩阵 $\boldsymbol{G}^{\dagger}$ 定义解或模型估计的分辨率矩阵为

$$\boldsymbol{R}\equiv\boldsymbol{G}^{\dagger}\boldsymbol{G}=\boldsymbol{V}\boldsymbol{V}^{\mathrm{T}} \tag{4.24}$$

了解这个概念之前，首先讨论解

$$\tilde{\boldsymbol{x}}=\boldsymbol{G}^{\dagger}\tilde{\boldsymbol{d}} \tag{4.25}$$

对其进行如下变换，即

$$\tilde{\boldsymbol{x}}=\boldsymbol{G}^{\dagger}\tilde{\boldsymbol{d}}+\left(\boldsymbol{G}^{\dagger}\boldsymbol{d}-\boldsymbol{G}^{\dagger}\boldsymbol{d}\right)=\boldsymbol{G}^{\dagger}\boldsymbol{d}+\boldsymbol{G}^{\dagger}\left(\tilde{\boldsymbol{d}}-\boldsymbol{d}\right)=\boldsymbol{R}\boldsymbol{x}+\boldsymbol{G}^{\dagger}\left(\tilde{\boldsymbol{d}}-\boldsymbol{d}\right) \tag{4.26}$$

估计解 $\tilde{\boldsymbol{x}}$ 与真实值 $\boldsymbol{x}$ 之间的误差为

$$\tilde{\boldsymbol{x}}-\boldsymbol{x}=(\boldsymbol{R}-\boldsymbol{I})\boldsymbol{x}+\boldsymbol{G}^{\dagger}\left(\tilde{\boldsymbol{d}}-\boldsymbol{d}\right) \tag{4.27}$$

估计解的分辨率定义为：对于第 i 个模型参数，$\boldsymbol{R}$ 中第 i 行与 δ 函数之间的差异。换言之，$\boldsymbol{R}$ 与单位矩阵 $\boldsymbol{I}$ 之间的差异决定了解向量 $\tilde{\boldsymbol{x}}$ 的可信度。

忽略数据误差的情况下，$\tilde{\boldsymbol{x}}=\boldsymbol{R}\boldsymbol{x}$。因此，$\boldsymbol{R}$ 代表真实解与模型估计之间的线性映射。仅当 $\boldsymbol{R}=\boldsymbol{I}$ 时，误差 $\tilde{\boldsymbol{x}}-\boldsymbol{x}$ 完全是由数据误差 $\tilde{\boldsymbol{d}}-\boldsymbol{d}$ 引起的。

对于地震数据，可定义一个类似的分辨率矩阵，即

$$\boldsymbol{P}\equiv\boldsymbol{G}\boldsymbol{G}^{\dagger}=\boldsymbol{U}\boldsymbol{U}^{\mathrm{T}} \tag{4.28}$$

式（4.28）也称为信息密度矩阵。了解这个概念前，再来讨论解 $\tilde{\boldsymbol{x}}=\boldsymbol{G}^{\dagger}\tilde{\boldsymbol{d}}$，两边分别左乘 $\boldsymbol{G}\boldsymbol{G}^{\dagger}$ 即

$$\boldsymbol{G}\boldsymbol{G}^{\dagger}\boldsymbol{G}\tilde{\boldsymbol{x}}=\boldsymbol{G}\boldsymbol{G}^{\dagger}\tilde{\boldsymbol{d}} \tag{4.29}$$

令式（4.29）等号左侧中 $\boldsymbol{G}\boldsymbol{G}^{\dagger}\boldsymbol{G}=\boldsymbol{G}$，右侧中 $\boldsymbol{P}=\boldsymbol{G}\boldsymbol{G}^{\dagger}$，可得

$$\boldsymbol{G}\tilde{\boldsymbol{x}}=\boldsymbol{P}\tilde{\boldsymbol{d}} \tag{4.30}$$

式中，左侧代表合成数据；右侧代表滤波后的实际观测数据。滤波器为 $\boldsymbol{P}$。换言之，$\boldsymbol{P}$ 衡量了实际数据与合成数据之间的拟合度。

协方差是两个变量同时变化程度的度量。若两个变量趋于同时变化（当其中一个变量高于其期望值时，另一个变量也趋于高于其期望值），则两个变量间的协方差为正。相反，若一变量高于预期值而另一变量低于预期值，则协方差将为负。模型 $\boldsymbol{C}_x$ 的协方差矩阵为

$$\boldsymbol{C}_x = \tilde{\boldsymbol{x}}\tilde{\boldsymbol{x}}^{\mathrm{T}} \tag{4.31}$$

代入 $\tilde{\boldsymbol{x}} = \boldsymbol{V}\boldsymbol{\Lambda}^{-1}\boldsymbol{U}^{\mathrm{T}}\tilde{\boldsymbol{d}}$ ，可得

$$\boldsymbol{C}_x = \boldsymbol{V}\boldsymbol{\Lambda}^{-1}\boldsymbol{U}^{\mathrm{T}}\boldsymbol{C}_{\mathrm{d}}\boldsymbol{U}\boldsymbol{\Lambda}^{-1}\boldsymbol{V}^{\mathrm{T}} \tag{4.32}$$

其中，$\boldsymbol{C}_{\mathrm{d}} = \tilde{\boldsymbol{d}}\tilde{\boldsymbol{d}}^{\mathrm{T}}$ 为数据的协方差矩阵。

令 $\boldsymbol{C}_{\mathrm{d}}=\sigma^2\boldsymbol{I}$，其中 σ^2 为数据方差，可得

$$\boldsymbol{C}_x = \sigma^2\boldsymbol{\Lambda}^{-2} \tag{4.33}$$

讨论 SVD 的应用之前，首先了解矩阵范数的概念。地震反演中，常需同时关注向量范数和矩阵范数。因此，若能用向量范数导出矩阵范数，问题即会简化。

回顾前面内容，向量 $\boldsymbol{x}=[x_1, x_2, \cdots, x_N]^{\mathrm{T}}$ 的范数定义为

$$\mathrm{L}_p \equiv \|\boldsymbol{x}\|_p = \left(|x_1|^p + |x_2|^p + \cdots + |x_N|^p\right)^{1/p} \tag{4.34}$$

因此，L_1 范数是矢量元素绝对值之和，L_2 范数是元素平方和的平方根。令 $X\equiv\max|x_k|$ 且有 K 个绝对值相同的分量 $\boldsymbol{X}$，则由方程（4.34）可得

$$\lim_{p\to\infty}\|\boldsymbol{x}\|_p = \lim_{p\to\infty}\left(\frac{|x_1|^p}{X^p} + \frac{|x_2|^p}{X^p} + \cdots + \frac{|x_N|^p}{X^p}\right)^{1/p} X = \lim_{p\to\infty} K^{1/p}X = X \tag{4.35}$$

将 L_∞ 范数（无穷范数）定义为 $\|\boldsymbol{x}\|_\infty = \max|x_k|$。

定义矩阵的诱导范数，用向量范数表示为

$$\|\boldsymbol{G}\|_p \equiv \max_{x\neq 0}\left(\frac{\|\boldsymbol{Gx}\|_p}{\|\boldsymbol{x}\|_p}\right) \tag{4.36}$$

并满足

$$\|\boldsymbol{Gx}\|_p \leqslant \|\boldsymbol{G}\|_p\|\boldsymbol{x}\|_p \tag{4.37}$$

若矩阵 $\boldsymbol{G}$ 的元素为 g_{ij}，则 L_1 范数为各列绝对值之和的最大值为

$$\|\boldsymbol{G}\|_1 = \max_{1\leqslant j\leqslant N}\sum_{i=1}^{N}|g_{ij}| \tag{4.38}$$

而 L_∞ 范数是各行绝对值之和的最大值为

$$\|\boldsymbol{G}\|_\infty = \max_{1\leqslant i\leqslant N}\sum_{j=1}^{N}|g_{ij}| \tag{4.39}$$

理论上，对于 L_2 范数，有

$$\|\boldsymbol{G}\|_2 = \max_{\|x\|_2=1}\|\boldsymbol{Gx}\|_2 \tag{4.40}$$

注意，由于实际上需要搜索所有长度为 1 的向量进行比较，计算范数并不容易。可行的办法为基于矩阵 $\boldsymbol{G}$ 的奇异值进行估计：L_2 范数 $\|\boldsymbol{G}\|_2$ 即为矩阵 $\boldsymbol{G}$ 的最大特征值。

矩阵的三个范数 $\|\boldsymbol{G}\|_1$，$\|\boldsymbol{G}\|_2$ 和 $\|\boldsymbol{G}\|_\infty$ 满足不等式

$$\|\boldsymbol{G}\|_2^2 \leqslant \|\boldsymbol{G}\|_1 \|\boldsymbol{G}\|_\infty \tag{4.41}$$

其中，二范数 L_2 较为常用，通常表示为 $\|\boldsymbol{G}\|$。

实际应用中，下列 SVD 的属性也很重要：

（1）任何正交变换都不改变矩阵奇异值；

（2）矩阵 $\boldsymbol{G}$ 与矩阵 $\boldsymbol{\Lambda}$ 的 L_2 范数相等，即 $\|\boldsymbol{G}\|=\|\boldsymbol{\Lambda}\|$；

（3）最大与最小奇异值分别为

$$\lambda_1=\max_{x\neq0}\frac{\|\boldsymbol{Gx}\|}{\|\boldsymbol{x}\|},\quad \lambda_N=\min_{x\neq0}\frac{\|\boldsymbol{Gx}\|}{\|\boldsymbol{x}\|} \tag{4.42}$$

因此，容易看出，矩阵的 L_2 范数可以用奇异值表示为

$$\|\boldsymbol{G}\|=\lambda_1,\quad \|\boldsymbol{G}^{-1}\|=\frac{1}{\lambda_N} \tag{4.43}$$

（4）矩阵条件数等于最大与最小特征值之比为

$$\mathrm{cond}(\boldsymbol{G})=\frac{\lambda_1}{\lambda_N} \tag{4.44}$$

令向量 $\boldsymbol{e}$ 为数据向量 $\boldsymbol{d}$ 的误差，则解（$\boldsymbol{x}=\boldsymbol{G}^{-1}\boldsymbol{d}$）的误差为 $\boldsymbol{G}^{-1}\boldsymbol{e}$。条件数定义为 $\boldsymbol{m}$ 的相对误差除以 $\boldsymbol{d}$ 的相对误差，即

$$\begin{aligned}\mathrm{cond}(\boldsymbol{G})&=\max\left(\frac{\|\boldsymbol{G}^{-1}\boldsymbol{e}\|/\|\boldsymbol{G}^{-1}\boldsymbol{d}\|}{\|\boldsymbol{e}\|/\|\boldsymbol{d}\|}\right)\\&=\max\left(\frac{\|\boldsymbol{d}\|}{\|\boldsymbol{G}^{-1}\boldsymbol{d}\|}\right)\max\left(\frac{\|\boldsymbol{G}^{-1}\boldsymbol{e}\|}{\|\boldsymbol{e}\|}\right)\\&=\|\boldsymbol{G}\|\cdot\|\boldsymbol{G}^{-1}\|\end{aligned} \tag{4.45}$$

若令 $\|\boldsymbol{G}\|=\lambda_1$ 和 $\|\boldsymbol{G}^{-1}\|=\lambda_N^{-1}$，式（4.45）可简化为式（4.44）。由于条件数是算子 $\boldsymbol{G}$ 的范数与其逆 $\boldsymbol{G}^{-1}$ 范数的乘积，因此条件数反映了矩阵 $\boldsymbol{G}$ 的性质。但是，应认识到条件数解（大致）是 $\boldsymbol{x}$ 相对于 $\boldsymbol{d}$ 变化的速率。条件数是判断问题是否病态的度量值，病态矩阵的条件数较大（Franklin，1970）。在这种情况下，可通过衰减小的奇异值来改善公式（4.25）中的广义解的估计解。

衰减（或简单地归零）一个奇异值意味着减少（或消除）待求解方程组的一个线性组合。因此，该过程会降低估计解的分辨率。

第 5 章　梯度法

大型线性方程组通常不可直接求解，而需通过迭代求解。迭代方法中，首先给定一个近似值 $x^{(k)}$，并以 $x^{(k+1)}=f(x^{(k)})$ 的形式不断优化估计解，其中 f 为迭代函数，k 为迭代次数。

以线性方程组 $\boldsymbol{Ax}=\boldsymbol{b}$ 为例说明迭代求解过程，其中 $\boldsymbol{A}$ 是 $N\times N$ 非奇异方阵。通过引入任意非奇异方阵 $\boldsymbol{B}$，使得

$$\boldsymbol{Bx}+(\boldsymbol{A}-\boldsymbol{B})\boldsymbol{x}=\boldsymbol{b} \tag{5.1}$$

假设优化解可用当前解求取，即

$$\boldsymbol{Bx}^{(k+1)}+(\boldsymbol{A}-\boldsymbol{B})\boldsymbol{x}^{(k)}=\boldsymbol{b} \tag{5.2}$$

可得

$$\boldsymbol{x}^{(k+1)}=\boldsymbol{x}^{(k)}+\boldsymbol{B}^{-1}\boldsymbol{e}^{(k)} \tag{5.3}$$

其中，$\boldsymbol{e}^{(k)}=\boldsymbol{b}-\boldsymbol{Ax}^{(k)}$ 为残差向量。

式（5-3）中逆矩阵 $\boldsymbol{B}^{-1}$ 的计算仍十分耗时，因此，进一步将 $\boldsymbol{B}^{-1}$ 近似为一个常数，此时估计解 $\boldsymbol{x}^{(k+1)}$ 表示为

$$\boldsymbol{x}^{(k+1)}=\boldsymbol{x}^{(k)}+\alpha_k\boldsymbol{e}^{(k)} \tag{5.4}$$

向量 $\boldsymbol{e}^{(k)}$ 可以认为是迭代更新的方向，该更新方程的一般形式为

$$\boldsymbol{x}^{(k+1)}=\boldsymbol{x}^{(k)}+\alpha_k\boldsymbol{v}^{(k)} \tag{5.5}$$

式中，$\boldsymbol{v}^{(k)}$ 为更新方向；α_k 为步长。

每次迭代过程均为一个求解过程，即定义目标函数，并根据目标函数的梯度更新估计解。由于更新方向 $\boldsymbol{v}^{(k)}$ 是根据梯度矢量 $\boldsymbol{\gamma}^{(k)}$ 定义的，因此该方法称为梯度法。

从公式（5.4）中可以看出，向量 $\boldsymbol{e}^{(k)}$ 与误差函数的负梯度向量 $\boldsymbol{\gamma}^{(k)}$ 有关，则基于样本梯度的方法可以表示为

$$\boldsymbol{x}^{(k+1)}=\boldsymbol{x}^{(k)}-\alpha_k\boldsymbol{\gamma}^{(k)} \tag{5.6}$$

式中，更新方向 $\boldsymbol{v}^{(k)}$ 为负梯度矢量 $\boldsymbol{\gamma}^{(k)}$。该方法称为最速下降法，将在 5.2 节展开讨论。

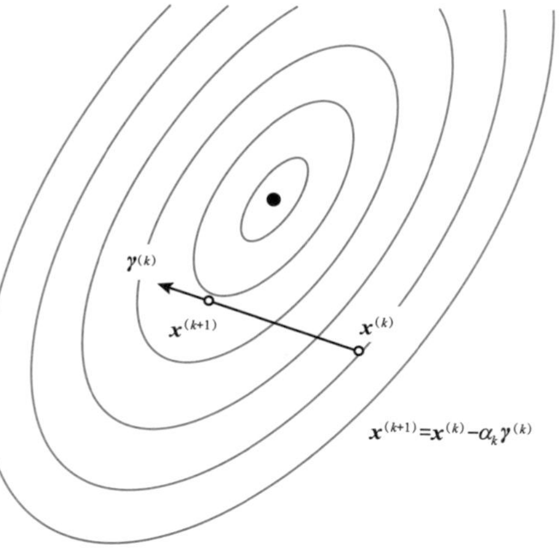

图 5.1　给定 $\boldsymbol{x}^{(k)}$处的梯度矢量 $\boldsymbol{\gamma}^{(k)}$，沿负梯度方向 $-\boldsymbol{\gamma}^{(k)}$搜索局部最小位置 $\boldsymbol{x}^{(k+1)}$。步长 α_k 取决于试验解 $\boldsymbol{x}^{(k)}$

5.1　步长

每次迭代过程将误差函数 $\phi(\boldsymbol{e})$定义为目标函数，其中 $\boldsymbol{e}$ 为给定试验解 $\boldsymbol{x}$ 的残差矢量，进而根据最小变分原理求解该反问题。

给定残差矢量 $\boldsymbol{e}=\boldsymbol{b}-\boldsymbol{Ax}$，其在变量 $\boldsymbol{x}$ 上的投影为 $\boldsymbol{A}^{-1}\boldsymbol{e}$。误差函数可定义为二者内积：

$$\phi(\boldsymbol{e})=\left(\boldsymbol{e},\boldsymbol{A}^{-1}\boldsymbol{e}\right) \tag{5.7}$$

地震反演中，$\boldsymbol{e}$ 是数据空间的残差向量，$\boldsymbol{A}^{-1}\boldsymbol{e}=\boldsymbol{A}^{-1}\boldsymbol{b}-\boldsymbol{x}$ 是模型空间的误差向量。最小化误差函数 $\phi(\boldsymbol{e})$将同时最小化数据残差与模型误差。

假设矩阵 $\boldsymbol{A}$ 对称，即 $\boldsymbol{A}^{\mathrm{T}}=\boldsymbol{A}$，则将 $\boldsymbol{e}=\boldsymbol{b}-\boldsymbol{Ax}$ 代入公式（5.7）所示的误差函数，可得

$$\phi(\boldsymbol{x})=(\boldsymbol{x},\boldsymbol{Ax})-2(\boldsymbol{b},\boldsymbol{x})+\left(\boldsymbol{b},\boldsymbol{A}^{-1}\boldsymbol{b}\right) \tag{5.8}$$

由于误差函数 $\phi(\boldsymbol{e})$为变量 $\boldsymbol{x}$ 的二次函数，若令 $\partial\phi(\boldsymbol{x})/\partial\boldsymbol{x}=\boldsymbol{0}$，则有线性方程组 $\boldsymbol{Ax}-\boldsymbol{b}=\boldsymbol{0}$。但需要迭代求解 $\boldsymbol{x}$，而非直接求解。

在第 k 次迭代中，估计解 $\boldsymbol{x}^{(k)}$代表 N 维空间的一个点，迭代方程 $\boldsymbol{x}^{(k+1)}=\boldsymbol{x}^{(k)}+\alpha_k\boldsymbol{v}^{(k)}$定义了点 $\boldsymbol{x}^{(k)}$和点 $\boldsymbol{x}^{(k+1)}$之间的连线。误差函数 $\phi(\boldsymbol{x}^{(k+1)})$表示为

$$\phi(\alpha_k)=\alpha_k^2\left(\boldsymbol{v}^{(k)},\boldsymbol{Av}^{(k)}\right)-2\alpha_k\left(\boldsymbol{v}^{(k)},\boldsymbol{e}^{(k)}\right)+\left(\boldsymbol{x}^{(k)},\boldsymbol{Ax}^{(k)}\right)+\left(\boldsymbol{b},\boldsymbol{A}^{-1}\boldsymbol{b}\right) \tag{5.9}$$

式（5.8）和式（5.9）的推导中利用了内积的以下特性：

（1）对称性 $(\boldsymbol{r}_1,\ \boldsymbol{r}_2)=(\boldsymbol{r}_2,\ \boldsymbol{r}_1)$；

（2）线性 $(\boldsymbol{r}_1,\ \boldsymbol{r}_2+\boldsymbol{r}_3)=(\boldsymbol{r}_1,\ \boldsymbol{r}_2)+(\boldsymbol{r}_1,\ \boldsymbol{r}_3)$；

（3）连续性 $c(\boldsymbol{r}_1,\ \boldsymbol{r}_2)=(c\boldsymbol{r}_1,\ \boldsymbol{r}_2)=(\boldsymbol{r}_1,\ c\boldsymbol{r}_2)$，其中 c 为常数。

另外，假设矩阵 $\boldsymbol{A}$ 对称，$\boldsymbol{A}^{\mathrm{T}}=\boldsymbol{A}$。对于地震反演中的一般矩阵 $\boldsymbol{G}$，左乘其转置可得对称矩阵 $\boldsymbol{A}=\boldsymbol{G}^{\mathrm{T}}\boldsymbol{G}$。

公式（5.9）表明，误差函数 $\phi(\alpha_k)$ 是 α_k 的二次函数。令

$$\frac{\partial\phi}{\partial\alpha_k}=2\alpha_k\left(\boldsymbol{v}^{(k)},\boldsymbol{A}\boldsymbol{v}^{(k)}\right)-2\left(\boldsymbol{v}^{(k)},\boldsymbol{e}^{(k)}\right)=0 \tag{5.10}$$

可得沿线 $\boldsymbol{x}^{(k)}\to\boldsymbol{x}^{(k+1)}$ 的局部最小值。

因此，迭代更新的步长为

$$\alpha_k=\frac{\left(\boldsymbol{v}^{(k)},\boldsymbol{e}^{(k)}\right)}{\left(\boldsymbol{v}^{(k)},\boldsymbol{A}\boldsymbol{v}^{(k)}\right)} \tag{5.11}$$

不同梯度法（如最速下降法和共轭梯度法）之间的区别在于更新方向 $\boldsymbol{v}^{(k)}$ 不同。

5.2 最速下降法

最速下降法将残差向量作为更新方向 $\boldsymbol{v}^{(k)}=\boldsymbol{e}^{(k)}$，如公式（5.4）所示。有关最速下降法，需要了解以下四方面内容：

（1）最速下降法属于梯度法。该方法的思想是沿残差向量 $\boldsymbol{e}^{(k)}$ 方向不断最小化 $\phi(\boldsymbol{x}^{(k)})$。根据公式（5.8）所示的误差函数，得到 k 次迭代后最速下降法的误差函数为

$$\phi\left(\boldsymbol{x}^{(k)}\right)=\left(\boldsymbol{x}^{(k)},\boldsymbol{A}\boldsymbol{x}^{(k)}\right)-2\left(\boldsymbol{b},\boldsymbol{x}^{(k)}\right)+\left(\boldsymbol{b},\boldsymbol{A}^{-1}\boldsymbol{b}\right) \tag{5.12}$$

其梯度为

$$\phi'\left(\boldsymbol{x}^{(k)}\right)=2\left(\boldsymbol{A}\boldsymbol{x}^{(k)}-\boldsymbol{b}\right) \tag{5.13}$$

残差向量 $\boldsymbol{e}^{(k)}$ 与梯度成比例，即

$$\boldsymbol{e}^{(k)}=\boldsymbol{b}-\boldsymbol{A}\boldsymbol{x}^{(k)}=-\frac{1}{2}\phi'\left(\boldsymbol{x}^{(k)}\right) \tag{5.14}$$

式中，负号“−”表明最速下降法沿负梯度方向更新估计解。

当 $\phi'(\boldsymbol{x}^{(k)})$ 消失，即 $\boldsymbol{e}^{(k)}=0$ 时，$\boldsymbol{x}^{(k)}$ 即为方程 $\boldsymbol{A}\boldsymbol{x}=\boldsymbol{b}$ 的解。

（2）将步长加倍为 $2\alpha_k$，即在点 $\boldsymbol{x}^{(k)}+2\alpha_k\boldsymbol{e}^{(k)}$ 处，若函数值与 $\phi(\boldsymbol{x}^{(k)})$ 相同，即

$$\phi\left(\boldsymbol{x}^{(k)}+2\alpha_k\boldsymbol{e}^{(k)}\right)=\phi\left(\boldsymbol{x}^{(k)}\right) \tag{5.15}$$

则说明点 $\boldsymbol{x}^{(k+1)}=\boldsymbol{x}^{(k)}+\alpha_k\boldsymbol{e}^{(k)}$ 恰好位于两个点 $\boldsymbol{x}^{(k)}$ 和 $\boldsymbol{x}^{(k)}+2\alpha_k\boldsymbol{e}^{(k)}$ 中间。

可通过调整松弛因子改变步长 α_k 从而减慢收敛速度，最终增加计算的稳定性。公式（5.15）表示松弛因子应在（0，2）范围内。当松弛因子大于 1 时，可能出现收敛速度过快或不稳定的问题。

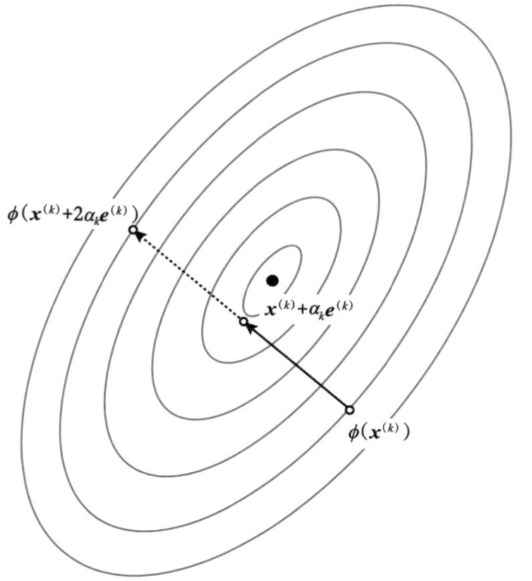

图 5.2　最速下降法：$\phi(\boldsymbol{x}^{(k)})$ 和 $\phi(\boldsymbol{x}^{(k)}+2\alpha_k\boldsymbol{e}^{(k)})$ 在误差函数的等值线上，最速下降算法搜索的是 $\boldsymbol{x}^{(k)}$ 和 $\boldsymbol{x}^{(k)}+\alpha_k\boldsymbol{e}^{(k)}$ 两者的中点

（3）残差矢量 $\{\boldsymbol{e}^{(k)}, k=1, 2, \cdots\}$ 两两正交。更新量 $\boldsymbol{e}^{(k+1)}$ 为

$$\begin{aligned}\boldsymbol{e}^{(k+1)}&=\boldsymbol{b}-\boldsymbol{A}\boldsymbol{x}^{(k+1)}=\boldsymbol{b}-\boldsymbol{A}\left(\boldsymbol{x}^{(k)}+\alpha_k\boldsymbol{e}^{(k)}\right)\\&=\boldsymbol{e}^{(k)}-\alpha_k\boldsymbol{A}\boldsymbol{e}^{(k)}\end{aligned}\tag{5.16}$$

内积（$\boldsymbol{e}^{(k)}, \boldsymbol{e}^{(k+1)}$）为

$$\begin{aligned}\left(\boldsymbol{e}^{(k)},\boldsymbol{e}^{(k+1)}\right)&=\left(\boldsymbol{e}^{(k)},\boldsymbol{e}^{(k)}\right)-\alpha_k\left(\boldsymbol{e}^{(k)},\boldsymbol{A}\boldsymbol{e}^{(k)}\right)\\&=\left(\boldsymbol{e}^{(k)},\boldsymbol{e}^{(k)}\right)-\frac{\left(\boldsymbol{e}^{(k)},\boldsymbol{e}^{(k)}\right)}{\left(\boldsymbol{e}^{(k)},\boldsymbol{A}\boldsymbol{e}^{(k)}\right)}\left(\boldsymbol{e}^{(k)},\boldsymbol{A}\boldsymbol{e}^{(k)}\right)\\&=0\end{aligned}\tag{5.17}$$

因此，最速下降法的每次迭代残差与其前、后一次迭代的残差正交。图 5.3 中，迭代的解向量叠加显示在了误差函数 $\phi(\boldsymbol{x})$ 等值线图上，最速下降方向 $\{\boldsymbol{e}^{(1)}, \boldsymbol{e}^{(2)}, \cdots\}$ 是两两正交的。

（4）最速下降法是收敛的。连续两次迭代误差函数之差为

$$\phi\left(\boldsymbol{x}^{(k+1)}\right)-\phi\left(\boldsymbol{x}^{(k)}\right)=\left(\boldsymbol{x}^{(k+1)},\boldsymbol{A}\boldsymbol{x}^{(k+1)}\right)-\left(\boldsymbol{x}^{(k)},\boldsymbol{A}\boldsymbol{x}^{(k)}\right)-2\left(\boldsymbol{b},\boldsymbol{x}^{(k+1)}-\boldsymbol{x}^{(k)}\right)\tag{5.18}$$

替换 $\boldsymbol{x}^{(k+1)}=\boldsymbol{x}^{(k)}+\alpha_k\boldsymbol{e}^{(k)}$，并假设 $\boldsymbol{A}$ 对称，式（5.18）转换为

$$\phi\left(\boldsymbol{x}^{(k+1)}\right)-\phi\left(\boldsymbol{x}^{(k)}\right)=\alpha_k^2\left(\boldsymbol{e}^{(k)},\boldsymbol{A}\boldsymbol{e}^{(k)}\right)-2\alpha_k\left(\boldsymbol{e}^{(k)},\boldsymbol{e}^{(k)}\right)\tag{5.19}$$

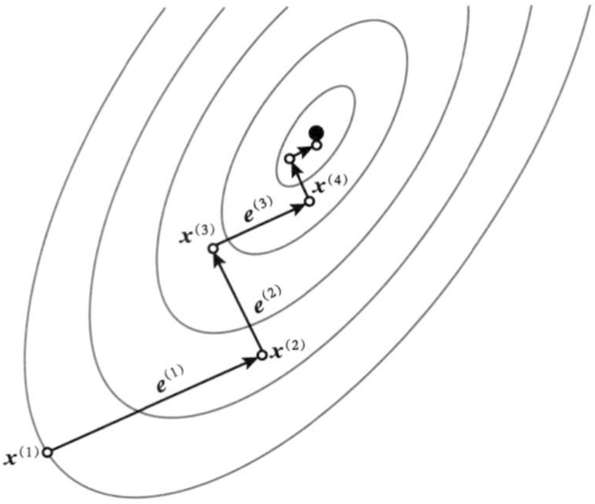

图 5.3　最速下降法的示意图：从试验解 $\boldsymbol{x}^{(1)}$ 开始，沿着最速下降方向 $\boldsymbol{e}^{(1)}$，$\boldsymbol{e}^{(2)}$，$\boldsymbol{e}^{(3)}$，…，进行迭代更新，并将更新方向叠加显示在等值线上

根据定义 $\alpha_k=(\boldsymbol{e}^{(k)},\ \boldsymbol{e}^{(k)})/(\boldsymbol{e}^{(k)},\ \boldsymbol{A}\boldsymbol{e}^{(k)})$，可得

$$\phi\left(\boldsymbol{x}^{(k+1)}\right)-\phi\left(\boldsymbol{x}^{(k)}\right)=-\frac{\left(\boldsymbol{e}^{(k)},\boldsymbol{e}^{(k)}\right)^2}{\left(\boldsymbol{e}^{(k)},\boldsymbol{A}\boldsymbol{e}^{(k)}\right)}\leqslant 0 \tag{5.20}$$

注意，此处假设对称矩阵 $\boldsymbol{A}$ 为正定，即对于所有非零实向量 $\boldsymbol{e}$ 有：$(\boldsymbol{e},\boldsymbol{A}\boldsymbol{e})=(\boldsymbol{A}\boldsymbol{e},\boldsymbol{e})>0$。由于对任一 $\boldsymbol{x}^{(k)}$，有 $\phi(\boldsymbol{x}^{(k+1)})\leqslant\phi(\boldsymbol{x}^{(k)})$，可知

$$\phi\left(\boldsymbol{x}^{(1)}\right)\geqslant\phi\left(\boldsymbol{x}^{(2)}\right)\geqslant\cdots\geqslant\phi\left(\boldsymbol{x}^{(k)}\right)\geqslant\phi\left(\boldsymbol{x}^{(k+1)}\right)\geqslant\cdots \tag{5.21}$$

是单调序列，因此一定收敛。

最速下降法的实现过程可以总结如下：

首先选择 $\boldsymbol{x}^{(1)}$，得到 $\boldsymbol{e}^{(1)}=\boldsymbol{b}-\boldsymbol{A}\boldsymbol{x}^{(1)}$；

然后，进行迭代 k=1，2，3，…：

$$\begin{cases}\alpha_k=\dfrac{\left(\boldsymbol{e}^{(k)},\boldsymbol{e}^{(k)}\right)}{\left(\boldsymbol{e}^{(k)},\boldsymbol{A}\boldsymbol{e}^{(k)}\right)}\\ \boldsymbol{x}^{(k+1)}=\boldsymbol{x}^{(k)}+\alpha_k\boldsymbol{e}^{(k)}\\ \boldsymbol{e}^{(k+1)}=\boldsymbol{e}^{(k)}-\alpha_k\boldsymbol{A}\boldsymbol{e}^{(k)}\end{cases} \tag{5.22}$$

每次迭代仅包括一个矩阵和向量的乘积运算：$\boldsymbol{A}\boldsymbol{e}^{(k)}$。因此，与任意需要矩阵求逆的直接求解法相比，最速下降法的计算效率更高，但收敛速度低。

5.3　共轭梯度法

共轭梯度法（Hestenes，Stiefel，1952）的更新方向 $\boldsymbol{v}$ 为辅助矢量 $\boldsymbol{p}$（接近残差向量 $\boldsymbol{e}$）

的方向，且具有以下共轭特性，即

$$\left(\boldsymbol{p}^{(i)},\boldsymbol{A}\boldsymbol{p}^{(j)}\right)=0,\quad i\neq j \tag{5.23}$$

注意，这里的共轭概念并不是指复共轭。如果两个非零向量 $\boldsymbol{p}^{(i)}$ 和 $\boldsymbol{p}^{(j)}$ 满足公式（5.23），则它们与矩阵 $\boldsymbol{A}$ 或 $\boldsymbol{A}$ 的正交矩阵共轭。假设 $\boldsymbol{A}$ 对称，如果 $\boldsymbol{p}^{(i)}$ 与 $\boldsymbol{p}^{(j)}$ 共轭，则 $\boldsymbol{p}^{(j)}$ 与 $\boldsymbol{A}^{\mathrm{T}}\boldsymbol{p}^{(i)}$ 和 $\boldsymbol{A}\boldsymbol{p}^{(i)}$ 也共轭，即

$$\left(\boldsymbol{p}^{(i)},\boldsymbol{A}\boldsymbol{p}^{(j)}\right)=\left(\boldsymbol{A}^{\mathrm{T}}\boldsymbol{p}^{(i)},\boldsymbol{p}^{(j)}\right)=\left(\boldsymbol{A}\boldsymbol{p}^{(i)},\boldsymbol{p}^{(j)}\right) \tag{5.24}$$

与最速下降法相反（更新方向 $\boldsymbol{v}^{(k)}\equiv\boldsymbol{e}^{(k)}$ 两两正交（$\boldsymbol{v}^{(k+1)}$，$\boldsymbol{v}^{(k)}$）=0，共轭梯度法无需满足两两正交的条件，只需满足更新方向 $\boldsymbol{v}^{(k)}\equiv\boldsymbol{p}^{(k)}$ 是共轭的或与矩阵 $\boldsymbol{A}$ 正交，即 $\left(\boldsymbol{v}^{(\bar{k}+1)},\ \boldsymbol{A}\bar{\boldsymbol{v}}^{(k)}\right)=0$。因此收敛更快。

共轭梯度法的更新方向为最接近向量 $\boldsymbol{e}^{(k+1)}$ 的方向 $\boldsymbol{p}^{(k+1)}$，即误差函数 ϕ（$\boldsymbol{x}^{(k+1)}$）的负梯度，并满足共轭约束（$\boldsymbol{p}^{(k+1)}$，$\boldsymbol{A}\boldsymbol{p}^{(k)}$）=0。

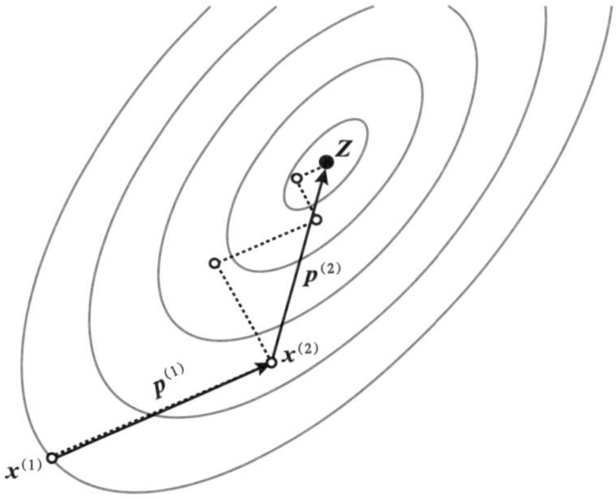

图 5.4　实线为共轭梯度法中的解的更新方向，虚线为最速下降法中的解的更新方向

定义更新方向 $\boldsymbol{p}^{(k+1)}$ 为

$$\boldsymbol{p}^{(k+1)}=\boldsymbol{e}^{(k+1)}+\beta_k\boldsymbol{p}^{(k)} \tag{5.25}$$

选择合适的系数 β_k，使得向量 $\boldsymbol{p}^{(k)}$ 与 $\boldsymbol{p}^{(k+1)}$ 满足 $\boldsymbol{A}$ 正交，可得

$$\left(\boldsymbol{p}^{(k+1)},\boldsymbol{A}\boldsymbol{p}^{(k)}\right)=\left(\boldsymbol{e}^{(k+1)},\boldsymbol{A}\boldsymbol{p}^{(k)}\right)+\beta_k\left(\boldsymbol{p}^{(k)},\boldsymbol{A}\boldsymbol{p}^{(k)}\right)=0 \tag{5.26}$$

经换算可得系数 β_k：

$$\beta_k=-\frac{\left(\boldsymbol{e}^{(k+1)},\boldsymbol{A}\boldsymbol{p}^{(k)}\right)}{\left(\boldsymbol{p}^{(k)},\boldsymbol{A}\boldsymbol{p}^{(k)}\right)} \tag{5.27}$$

将公式（5.11）中的向量 $\boldsymbol{v}^{(k)}$ 替换为 $\boldsymbol{p}^{(k)}$，则步长 α_k 表示为

$$\alpha_k = \frac{\left(\boldsymbol{p}^{(k)}, \boldsymbol{e}^{(k)}\right)}{\left(\boldsymbol{p}^{(k)}, \boldsymbol{A}\boldsymbol{p}^{(k)}\right)} \tag{5.28}$$

因此，估计解可更新为 $\boldsymbol{x}^{(k+1)}=\boldsymbol{x}^{(k)}+\alpha_k\boldsymbol{p}^{(k)}$。

由于 $\boldsymbol{A}$ 正交搜索向量 $\boldsymbol{p}^{(k)}$ 的计算是动态的，因此也可以通过以下方式递归计算残差，即

$$\begin{aligned}\boldsymbol{e}^{(k+1)} &= \boldsymbol{b}-\boldsymbol{A}\boldsymbol{x}^{(k+1)} = \boldsymbol{b}-\boldsymbol{A}\left(\boldsymbol{x}^{(k)}+\alpha_k\boldsymbol{p}^{(k)}\right)\\ &= \boldsymbol{e}^{(k)}-\alpha_k\boldsymbol{A}\boldsymbol{p}^{(k)}\end{aligned} \tag{5.29}$$

相比于公式（5.22）中的最速下降算法，共轭梯度算法需要估算公式（5.27）中的系数 β_k，并建立公式（5.25）中的共轭搜索方向 $\boldsymbol{p}^{(k+1)}$。

实际应用中，共轭梯度算法的步长 α_k 通常表示为另一种形式，即

$$\alpha_k = \frac{\left(\boldsymbol{e}^{(k)}, \boldsymbol{e}^{(k)}\right)}{\left(\boldsymbol{p}^{(k)}, \boldsymbol{A}\boldsymbol{p}^{(k)}\right)} \tag{5.30}$$

而共轭系数 β_k 的另一种形式为

$$\beta_k = \frac{\left(\boldsymbol{e}^{(k+1)}, \boldsymbol{e}^{(k+1)}\right)}{\left(\boldsymbol{e}^{(k)}, \boldsymbol{e}^{(k)}\right)} \tag{5.31}$$

以上两种形式可被理论证明。共轭梯度算法的实现过程可总结如下：

首先，选择 $\boldsymbol{x}^{(1)}$，得到 $\boldsymbol{e}^{(1)}=\boldsymbol{b}-\boldsymbol{A}\boldsymbol{x}^{(1)}$，并令 $\boldsymbol{p}^{(1)}=\boldsymbol{e}^{(1)}$；

然后，进行迭代 k=1，2，3，⋯：

$$\begin{cases}\alpha_k = \dfrac{\left(\boldsymbol{e}^{(k)}, \boldsymbol{e}^{(k)}\right)}{\left(\boldsymbol{p}^{(k)}, \boldsymbol{A}\boldsymbol{p}^{(k)}\right)}\\ \boldsymbol{x}^{(k+1)} = \boldsymbol{x}^{(k)}+\alpha_k\boldsymbol{p}^{(k)}\\ \boldsymbol{e}^{(k+1)} = \boldsymbol{e}^{(k)}-\alpha_k\boldsymbol{A}\boldsymbol{p}^{(k)}\\ \beta_k = \dfrac{\left(\boldsymbol{e}^{(k+1)}, \boldsymbol{e}^{(k+1)}\right)}{\left(\boldsymbol{e}^{(k)}, \boldsymbol{e}^{(k)}\right)}\\ \boldsymbol{p}^{(k+1)} = \boldsymbol{e}^{(k+1)}+\beta_k\boldsymbol{p}^{(k)}\end{cases} \tag{5.32}$$

注意：共轭梯度法的计算量相对较小，仅涉及：

（1）一次迭代只进行一次矩阵与向量的内积计算，并保存 $\boldsymbol{A}\boldsymbol{p}^{(k)}$ 计算结果；

（2）两个向量的内积；

（3）向量的求和。

弱非线性问题的目标函数为非二次形式，但在最小值周围近似二次形式（Fletcher，Reeves，1964），因此共轭梯度法也适用于弱非线性问题。根据当前的估计解重新计算梯

度。非二次函数最小化的收敛速度比纯二次函数慢。二者均可通过不断调整搜索方向（为最速下降方向，负梯度矢量）来提高效率。换言之，达到一定迭代次数后将 β_k 置零并继续计算。

5.4　双共轭梯度法

在前两节中，$\boldsymbol{A}=\boldsymbol{G}^{\mathrm{T}}\boldsymbol{G}$ 是 $N\times N$ 的对称矩阵。当该方阵 $\boldsymbol{A}$ 趋于零时，内积 $(\boldsymbol{p}^{(k)}, \boldsymbol{A}\boldsymbol{p}^{(k)})=(\boldsymbol{G}\boldsymbol{p}^{(k)}, \boldsymbol{G}\boldsymbol{p}^{(k)})$ 趋于零，因此，计算 α_k，以及 $\boldsymbol{x}^{(k+1)}$，$\boldsymbol{e}^{(k+1)}$ 和 $\boldsymbol{p}^{(k+1)}$ 时将产生明显的舍入误差。通常，$\boldsymbol{G}$ 近似为奇异矩阵时，$\boldsymbol{A}=\boldsymbol{G}^{\mathrm{T}}\boldsymbol{G}$ 将出现严重病态。以下面的 2×2 矩阵为例：

$$\boldsymbol{G}=\begin{bmatrix} 1 & 1 \\ 1-\varepsilon & 1 \end{bmatrix} \tag{5.33}$$

其中，$\varepsilon=0.01$。该矩阵条件数（两个特征值之比）约为 400，但方阵 $\boldsymbol{A}=\boldsymbol{G}^{\mathrm{T}}\boldsymbol{G}$ 的条件数约为 160000。对于大型方程组，其收敛速度极可能很低。

双共轭梯度法（Lanczos，1950；Fletcher，1976）的收敛速度与 $\boldsymbol{G}$ 的特征值相关，而与 $\boldsymbol{A}=\boldsymbol{G}^{\mathrm{T}}\boldsymbol{G}$ 无关。该方法同时求解以下两个反问题：

$$\boldsymbol{G}\boldsymbol{x}=\boldsymbol{d} \text{ 和 } \boldsymbol{G}^{\mathrm{T}}\hat{\boldsymbol{x}}=\hat{\boldsymbol{d}} \tag{5.34}$$

待优化的目标函数为

$$\phi(\boldsymbol{e},\hat{\boldsymbol{e}})=\left(\hat{\boldsymbol{e}},\boldsymbol{G}^{-1}\boldsymbol{e}\right) \tag{5.35}$$

式中，$\boldsymbol{e}=\boldsymbol{d}-\boldsymbol{G}\boldsymbol{x}$，$\hat{\boldsymbol{e}}=\hat{\boldsymbol{d}}-\boldsymbol{G}^{\mathrm{T}}\hat{\boldsymbol{x}}$。

以 $\boldsymbol{p}^{(1)}=\boldsymbol{e}^{(1)}$ 和 $\hat{\boldsymbol{p}}^{(1)}=\hat{\boldsymbol{e}}^{(1)}$ 为初始解，进行以下迭代：

$$\begin{cases} \alpha_k=\dfrac{\left(\hat{\boldsymbol{e}}^{(k)},\boldsymbol{e}^{(k)}\right)}{\left(\hat{\boldsymbol{p}}^{(k)},\boldsymbol{G}\boldsymbol{p}^{(k)}\right)} \\ \boldsymbol{x}^{(k+1)}=\boldsymbol{x}^{(k)}+\alpha_k\boldsymbol{p}^{(k)} \\ \boldsymbol{e}^{(k+1)}=\boldsymbol{e}^{(k)}-\alpha_k\boldsymbol{G}\boldsymbol{p}^{(k)} \\ \hat{\boldsymbol{e}}^{(k+1)}=\hat{\boldsymbol{e}}^{(k)}-\alpha_k\boldsymbol{G}\hat{\boldsymbol{p}}^{(k)} \end{cases} \tag{5.36}$$

注意，迭代中不需要更新解 $\hat{\boldsymbol{x}}^{(k+1)}=\hat{\boldsymbol{x}}^{(k)}+\alpha_k\hat{\boldsymbol{p}}^{(k)}$。

每次迭代的更新方向为

$$\begin{cases} \beta_k=\dfrac{\left(\hat{\boldsymbol{e}}^{(k+1)},\boldsymbol{e}^{(k+1)}\right)}{\left(\hat{\boldsymbol{e}}^{(k)},\boldsymbol{e}^{(k)}\right)} \\ \boldsymbol{p}^{(k+1)}=\boldsymbol{e}^{(k+1)}+\beta_k\boldsymbol{p}^{(k)} \\ \hat{\boldsymbol{p}}^{(k+1)}=\hat{\boldsymbol{e}}^{(k+1)}+\beta_k\hat{\boldsymbol{p}}^{(k)} \end{cases} \tag{5.37}$$

公式（5.36）中，选择合适的标量 α_k 使得以下双正交性条件成立：

$$\left(\hat{\boldsymbol{e}}^{(k+1)},\boldsymbol{e}^{(k)}\right)=\left(\boldsymbol{e}^{(k+1)},\hat{\boldsymbol{e}}^{(k)}\right)=0 \tag{5.38}$$

同时，选择合适的标量 β_k，使得以下双共轭条件成立：

$$\left(\hat{\boldsymbol{p}}^{(k+1)},\boldsymbol{G}\boldsymbol{p}^{(k)}\right)=\left(\boldsymbol{p}^{(k+1)},\boldsymbol{G}\hat{\boldsymbol{p}}^{(k)}\right)=0 \tag{5.39}$$

通常，双共轭梯度算法具有以下特性：

$$\begin{cases}\left(\hat{\boldsymbol{p}}^{(i)},\boldsymbol{G}\boldsymbol{p}^{(j)}\right)=0, & i\neq j\\ \left(\hat{\boldsymbol{e}}^{(i)},\boldsymbol{e}^{(j)}\right)=0, & i\neq j\\ \left(\hat{\boldsymbol{e}}^{(i)},\boldsymbol{p}^{(j)}\right)=\left(\boldsymbol{e}^{(i)},\hat{\boldsymbol{p}}^{(j)}\right)=0, & i>j\end{cases} \tag{5.40}$$

双共轭梯度法也可以用来求解复数方程组（附录 C）。但是，由于在迭代过程中没有最小化误差函数，因此该方法收敛通常不稳定。某些情况下，舍入误差甚至可能导致解中出现严重抵消效应。在每次迭代中进行误差函数的最小化，可使得该方法收敛稳定（Van der Vorst，1992），具体实现过程如下。

首先，给定一个初始解 $\boldsymbol{x}^{(1)}$，计算初始残差 $\boldsymbol{e}^{(1)}=\boldsymbol{d}-\boldsymbol{G}\boldsymbol{x}^{(1)}$；令 $\hat{\boldsymbol{e}}^{(1)}=\boldsymbol{e}^{(1)}$，使得 $\left(\hat{\boldsymbol{e}}^{(1)},\boldsymbol{e}^{(1)}\right)\neq 0$；设置初始搜索方向 $\boldsymbol{p}^{(1)}=\boldsymbol{e}^{(1)}$。

进行迭代 k=1，2，3，…：

（1）计算前半步长参数：

$$\alpha_k=\frac{\left(\hat{\boldsymbol{e}}^{(1)},\boldsymbol{e}^{(k)}\right)}{\left(\hat{\boldsymbol{e}}^{(1)},\boldsymbol{G}\boldsymbol{p}^{(k)}\right)} \tag{5.41}$$

并计算当前解和残差：

$$\begin{cases}\boldsymbol{x}^{(k+1/2)}=\boldsymbol{x}^{(k)}+\alpha_k\boldsymbol{p}^{(k)}\\ \boldsymbol{e}^{(k+1/2)}=\boldsymbol{e}^{(k)}-\alpha_k\boldsymbol{G}\boldsymbol{p}^{(k)}\end{cases} \tag{5.42}$$

（2）计算后半步长参数：

$$\omega_k=\frac{\left(\boldsymbol{G}\boldsymbol{e}^{(k+1/2)},\boldsymbol{e}^{(k+1/2)}\right)}{\left(\boldsymbol{G}\boldsymbol{e}^{(k+1/2)},\boldsymbol{G}\boldsymbol{e}^{(k+1/2)}\right)} \tag{5.43}$$

更新解和残差为

$$\begin{cases}\boldsymbol{x}^{(k+1)}=\boldsymbol{x}^{(k+1/2)}+\omega_k\boldsymbol{e}^{(k+1/2)}\\ \boldsymbol{e}^{(k+1)}=\left(\boldsymbol{I}-\omega_k\boldsymbol{G}\right)\boldsymbol{e}^{(k+1/2)}\end{cases} \tag{5.44}$$

（3）计算双共轭系数：

$$\beta_k=\frac{\alpha_k}{\omega_k}\frac{\left(\hat{\boldsymbol{e}}^{(1)},\boldsymbol{e}^{(k+1)}\right)}{\left(\hat{\boldsymbol{e}}^{(1)},\boldsymbol{e}^{(k)}\right)} \tag{5.45}$$

并计算搜索方向：

$$\boldsymbol{p}^{(k+1)}=\boldsymbol{e}^{(k+1)}+\beta_k(\boldsymbol{I}-\omega_k\boldsymbol{G})\boldsymbol{p}^{(k)} \tag{5.46}$$

每次迭代中，根据 $\hat{\boldsymbol{e}}^{(1)}=\boldsymbol{e}^{(1)}$ 与更新后的残差 $\boldsymbol{e}^{(k+1/2)}$ 之间的正交性获得前半步长参数 α_k，容易验证内积 $\left(\hat{\boldsymbol{e}}^{(1)},\boldsymbol{e}^{(k+1/2)}\right)=0$。通过最小化残差 $\min\left\|\boldsymbol{e}^{(k+1)}(\omega_k)\right\|^2=\min\left\|(\boldsymbol{I}-\omega_k\boldsymbol{G})\boldsymbol{e}^{(k+1/2)}\right\|^2$ 来获得后半步长参数 ω_k。由于迭代中利用最小二乘法对残差进行最小化，因此相比于标准双共轭梯度法，该方法能够更平滑、更快速地收敛。

5.5　子空间梯度法

最速下降法和共轭梯度法都忽略了不同类型参数间的差异。如果模型中包含不同维度的参数，则对所有参数应用同样的步长将严重降低收敛速度。子空间方法（Kennett et al., 1988）非常适合解决模型空间包含不同维度参数的问题，例如地震波速度与反射界面深度的反演。

根据数据误差，定义目标函数为

$$\phi(\boldsymbol{x})=[\boldsymbol{d}-G(\boldsymbol{x})]^{\mathrm{T}}\boldsymbol{C}_{\mathrm{d}}^{-1}[\boldsymbol{d}-G(\boldsymbol{x})] \tag{5.47}$$

式中，向量 $\boldsymbol{d}$ 为观测数据；$G(\boldsymbol{x})$ 为正演结果；未知参数向量 $\boldsymbol{x}=\boldsymbol{m}$ 代表地下介质特征；$\boldsymbol{C}_{\mathrm{d}}$ 为数据的协方差矩阵。

假设 $\phi(\boldsymbol{x})$ 为一个光滑函数，可利用 $\phi(\boldsymbol{x})$ 的截断泰勒级数对当前解 $\boldsymbol{x}$ 进行局部二次近似：

$$\phi(\boldsymbol{x}+\Delta\boldsymbol{x})\approx\phi(\boldsymbol{x})+\Delta\boldsymbol{x}^{\mathrm{T}}\gamma+\frac{1}{2}\Delta\boldsymbol{x}^{\mathrm{T}}\boldsymbol{H}\Delta\boldsymbol{x} \tag{5.48}$$

式中，$\boldsymbol{\gamma}$ 为梯度向量；$\boldsymbol{H}$ 为 Hessian 矩阵。

目标函数的梯度定义为

$$\gamma=\nabla_{\mathrm{x}}\phi(\boldsymbol{x})=-2\boldsymbol{F}^{\mathrm{T}}\boldsymbol{C}_{\mathrm{d}}^{-1}[\boldsymbol{d}-G(\boldsymbol{x})] \tag{5.49}$$

其中，

$$\boldsymbol{F}=\nabla_{\mathrm{x}}G(\boldsymbol{x}) \tag{5.50}$$

为观测数据 $G(\boldsymbol{x})$ 的 Fréchet 导数，与参数 $\boldsymbol{x}$ 有关。

目标函数的 Hessian 矩阵 $\boldsymbol{H}$ 可以通过式（5.51）计算：

$$\boldsymbol{H}\equiv\nabla_{\mathrm{x}}\nabla_{\mathrm{x}}\phi(\boldsymbol{x})=2\boldsymbol{F}^{\mathrm{T}}\boldsymbol{C}_{\mathrm{d}}^{-1}\boldsymbol{F}+2\nabla_{\mathrm{x}}\boldsymbol{F}^{\mathrm{T}}\boldsymbol{C}_{\mathrm{d}}^{-1}[\boldsymbol{d}-G(\boldsymbol{x})] \tag{5.51}$$

由于最后一项 $\nabla_{\mathrm{x}}\boldsymbol{F}=\nabla_{\mathrm{x}}\nabla_{\mathrm{x}}\phi(\boldsymbol{x})$ 为数据误差，最小化后应趋于零，因此可忽略。

引入模型协方差矩阵 $\boldsymbol{C}_{\mathrm{x}}$，单位为（模型参数）^{2}，得到模型空间中的最速上升矢量 $\boldsymbol{\gamma}$，

即梯度向量：

$$\hat{\boldsymbol{\gamma}} = \boldsymbol{C}_{\mathrm{x}}\boldsymbol{\gamma} \tag{5.52}$$

最速下降法沿最速下降方向 $\hat{\boldsymbol{\gamma}}$ 更新估计解 $\boldsymbol{x}$，步长由最小化 $\phi(\boldsymbol{x})$ 决定。而子空间方法将最速上升向量 $\hat{\boldsymbol{\gamma}}$ 划分为几个独立的子向量，每个子向量具有相应的最佳步长。

引入 q 个基向量 $\{a^{(j)}\}$，其中 q 是相对较小的子空间，可构造投影矩阵 $\boldsymbol{A}$：

$$A_{ij} = a_i^{(j)}, \quad \begin{cases} i = 1, \cdots, N \\ j = 1, \cdots, q \end{cases} \tag{5.53}$$

式中，N 为基向量长度，等于模型向量 $\boldsymbol{x}$ 的长度。在空间 $\{\boldsymbol{a}^{(j)}\}$ 中对当前模型施加以下扰动：

$$\Delta\boldsymbol{x} = \sum_{j=1}^{q} \alpha_j \boldsymbol{a}^{(j)} \equiv \boldsymbol{A\alpha} \tag{5.54}$$

对于此类扰动，系数 $\{\alpha_j,\ j=1,\ \cdots,\ q\}$ 通过最小化 $\phi(\boldsymbol{x})$ 来确定。用系数向量 $\boldsymbol{\alpha}$ 来表示公式（5.48）中的 $\phi(\boldsymbol{x})$，即

$$\phi(\boldsymbol{x} + \boldsymbol{A\alpha}) \approx \phi(\boldsymbol{x}) + \boldsymbol{\alpha}^{\mathrm{T}}\boldsymbol{A}^{\mathrm{T}}\boldsymbol{\gamma} + \frac{1}{2}\boldsymbol{\alpha}^{\mathrm{T}}\boldsymbol{A}^{\mathrm{T}}\boldsymbol{HA\alpha} \tag{5.55}$$

令 $\partial\phi/\partial\boldsymbol{\alpha}=0$，确定系数向量为

$$\boldsymbol{\alpha} = -\left[\boldsymbol{A}^{\mathrm{T}}\boldsymbol{HA} + \mu\boldsymbol{I}\right]^{-1}\boldsymbol{A}^{\mathrm{T}}\boldsymbol{\gamma} \tag{5.56}$$

其中，$\boldsymbol{\mu}$ 为稳定因子，则模型更新量为

$$\Delta\boldsymbol{x} = -\boldsymbol{A}\left[\boldsymbol{A}^{\mathrm{T}}\boldsymbol{HA} + \mu\boldsymbol{I}\right]^{-1}\boldsymbol{A}^{\mathrm{T}}\boldsymbol{\gamma} \tag{5.57}$$

子空间方法是一种非常有效的方法，计算时仅需转置 $q \times q$ 矩阵 $[\boldsymbol{A}^{\mathrm{T}}\boldsymbol{HA}+\mu\boldsymbol{I}]$。只要选择合适的基础向量 $[a^{(j)}]$，该 $q \times q$ 投影的 Hessian 矩阵通常是良态的。

基向量与最速上升向量 $\hat{\boldsymbol{\gamma}}$ 相关。假设模型参数分别为 $I=A$，B，…几种不同参数类型，为 $\boldsymbol{x}_I$。其中某一类模型参数的梯度分量为

$$\boldsymbol{\gamma}_I = \nabla_{\mathbf{x}_I}\phi(\boldsymbol{x}), \quad I = A, B, \cdots \tag{5.58}$$

在完整模型空间中构造相应的最速上升向量：

$$\hat{\boldsymbol{\gamma}}_{\boldsymbol{A}} = \boldsymbol{C}_{\mathrm{x}}\begin{bmatrix} \boldsymbol{\gamma}_{\boldsymbol{A}} \\ 0 \\ \vdots \\ \vdots \\ 0 \end{bmatrix}, \quad \hat{\boldsymbol{\gamma}}_{\boldsymbol{B}} = \boldsymbol{C}_{\mathrm{x}}\begin{bmatrix} 0 \\ \boldsymbol{\gamma}_{\boldsymbol{B}} \\ 0 \\ \vdots \\ 0 \end{bmatrix}, \quad \cdots \tag{5.59}$$

对于每一种参数类型，$\hat{\boldsymbol{\gamma}}_I$ 为梯度分量 $\boldsymbol{\gamma}_I$ 的投影向量。构建基向量 $\{\boldsymbol{a}^{(j)}\}$ 为

$$\boldsymbol{a}^{(1)} = \frac{1}{\|\hat{\boldsymbol{\gamma}}_A\|}\hat{\boldsymbol{\gamma}}_A, \quad \boldsymbol{a}^{(2)} = \frac{1}{\|\hat{\boldsymbol{\gamma}}_B\|}\hat{\boldsymbol{\gamma}}_B, \quad \cdots \tag{5.60}$$

如果忽略投影矩阵 $\boldsymbol{A}$，则方程（5.57）变为

$$\Delta\boldsymbol{x} = -[\boldsymbol{H} + \mu\boldsymbol{I}]^{-1}\boldsymbol{\gamma} \tag{5.61}$$

注意，此处的步长由 Hessian 矩阵的逆确定，下一章将讨论此问题。

第 6 章　正则化

在反问题中，可用 χ^2（卡方）来检验模型与数据之间的拟合程度。最小化数据误差等价于最大化似然函数（即数据概率）。

地震反演本身是不适定问题，需要引入合适的正则化方法才可求解。从统计学角度出发，给定实测数据、结合模型约束的最小化问题等同于最大化条件概率。换言之，任何可以有效描述期望模型的概率函数都可用于反演的正则化。

6.1　正则化与条件概率

假设有一组实测数据向量 $\tilde{\boldsymbol{d}}$。每个测量值 $\tilde{\boldsymbol{d}}_i$ 都包含误差 e_i。假设误差 $\{e_i\}$ 之间不相关，且均值为零，则 χ^2 定义为

$$\chi^2 = \sum_{i=1}^{M} \frac{e_i^2}{\sigma_i^2} \tag{6.1}$$

式中，M 为数据采样总数；σ_i^2 为第 i 个采样的方差。

地震反演中，χ^2 可用于衡量估计模型 $\boldsymbol{x}$ 与观测数据 $\tilde{\boldsymbol{d}}$ 之间的吻合度。由于离散模型 $\boldsymbol{x}$ 对应的数据残差为 $\boldsymbol{e} = \tilde{\boldsymbol{d}} - G(\boldsymbol{x})$，则 χ^2 可以表示为

$$\chi^2 = \left[\tilde{\boldsymbol{d}} - G(\boldsymbol{x})\right]^{\mathrm{T}} \boldsymbol{C}_{\mathrm{d}}^{-1} \left[\tilde{\boldsymbol{d}} - G(\boldsymbol{x})\right] \tag{6.2}$$

式中，$\boldsymbol{C}_{\mathrm{d}}$ 为数据的协方差矩阵，其非零主对角元素为 $C_{ij}=\sigma_i^2$。

协方差矩阵的非对角元素可以是非零值，因此公式（6.2）是 χ^2 的广义形式。数据拟合即最小化数据残差的 χ^2 分布，以得到 χ^2 拟解：$\phi(\boldsymbol{x}) = \chi^2$。

χ^2 与数据误差的高斯分布有关。独立的数据误差变量 e_i 的高斯分布定义为

$$p(e_i) = \frac{1}{\sqrt{2\pi}\sigma_i} \exp\left(-\frac{e_i^2}{2\sigma_i^2}\right) \tag{6.3}$$

如果 $\{e_i\}$ 是独立的标准正态变量，且概率函数为 $\{p(e_i)\}$，则联合概率即为不同单变量分布的乘积：

$$p(\boldsymbol{e}) = p(e_1)p(e_2)\cdots p(e_M) \tag{6.4}$$

由于 $\{e_i\}$ 具有 χ^2 分布，因此联合概率分布为

$$p(\boldsymbol{e})=\frac{1}{(2\pi)^{M/2}\prod_{i=1}^{M}\sigma_i}\exp\left(-\frac{1}{2}\chi^2\right) \tag{6.5}$$

因此，最小化 χ^2 等同于最大化概率 $p(\boldsymbol{e})$。

该概率函数中，数据向量 $\tilde{\boldsymbol{d}}$ 为固定参数，模型向量 $\boldsymbol{x}$ 可以自由变化。因此，分布函数也称为似然函数：

$$\ell\left(\boldsymbol{x}|\tilde{\boldsymbol{d}}\right)=p\left(\tilde{\boldsymbol{d}}|\boldsymbol{x}\right) \tag{6.6}$$

式中，$p\left(\tilde{\boldsymbol{d}}|\boldsymbol{x}\right)=p(\boldsymbol{e})$，$\boldsymbol{e}=\tilde{\boldsymbol{d}}-G(\boldsymbol{x})$。最大化似然函数通过重建模型 $\boldsymbol{x}$，即约束模型参数的分布，使得数据误差 $\tilde{\boldsymbol{d}}-G(\boldsymbol{x})$ 具有最大概率。

因此，以下 3 种说法具有完全相同的含义：最大化模型分布的可能性，最大化数据误差的分布，以及最小化数据误差的 χ^2。

在公式（6.2）的 χ^2 拟解中，忽略非对角元素的协方差可得

$$\phi(\boldsymbol{x})=\left[\tilde{\boldsymbol{d}}-G(\boldsymbol{x})\right]^{\mathrm{T}}\boldsymbol{W}\left[\tilde{\boldsymbol{d}}-G(\boldsymbol{x})\right] \tag{6.7}$$

其中，$\boldsymbol{W}$ 是权重为 $w_{ii}=\sigma_i^{-2}$ 的对角线加权矩阵。该问题为一个加权最小二乘法问题。实际上，对角线加权矩阵取决于实测数据的可信度。对于方差较小的准确数据，对其在目标函数中的预测误差 e_i 分配较大的权重。对于方差较大的不准确数据，则分配较小的权重。

对于具有相同方差的不相关数据（$\boldsymbol{W}=\sigma^{-2}\boldsymbol{I}$），则公式（6.7）简化为最小二乘法问题，$\phi(\boldsymbol{x})=\left\|\tilde{\boldsymbol{d}}-G(\boldsymbol{x})\right\|^2$。因此，可以得出结论，最小二乘法问题的求解即最大化似然函数（定义为高斯概率）。

最小二乘法意义上的数据拟合问题可能需要正则化约束，即将先验信息加入解的计算中。例如，计算光滑解时引入 L_2 范数约束，脉冲反演中引入 L_1 范数约束，锐化图像时引入最大熵约束，稀疏反演中引入柯西约束等。

正则化约束作为模型 $\boldsymbol{x}$ 的先验概率，与数据概率共同应用于最小二乘数据拟合问题，等同于条件概率的最大化。

对于给定的数据向量 $\tilde{\boldsymbol{d}}$，模型向量 $\boldsymbol{x}$ 的期望条件概率为

$$p\left(\boldsymbol{x}|\tilde{\boldsymbol{d}}\right)=\frac{p\left(\tilde{\boldsymbol{d}}|\boldsymbol{x}\right)p(\boldsymbol{x})}{p\left(\tilde{\boldsymbol{d}}\right)} \tag{6.8}$$

式中，$p\left(\tilde{\boldsymbol{d}}|\boldsymbol{x}\right)$ 为含参数 $\boldsymbol{x}$ 的实测数据 $\tilde{\boldsymbol{d}}$ 的条件概率；$p(\boldsymbol{x})$ 为模型 $\boldsymbol{x}$ 的先验概率；$p\left(\tilde{\boldsymbol{d}}\right)$ 为实测数据概率。式（6.8）就是贝叶斯定理。

根据贝叶斯定理，条件概率 $p\left(\boldsymbol{x}|\tilde{\boldsymbol{d}}\right)$ 等于联合概率 $p\left(\tilde{\boldsymbol{d}}|\boldsymbol{x}\right)p(\boldsymbol{x})$ 除以边缘概率 $p\left(\tilde{\boldsymbol{d}}\right)$。边缘概率为常数：

$$p\left(\tilde{\boldsymbol{d}}\right)=\int p\left(\tilde{\boldsymbol{d}}|\boldsymbol{x}\right)p(\boldsymbol{x})\mathrm{d}\boldsymbol{x} \tag{6.9}$$

因此，可得

$$\max p\left(\boldsymbol{x}\middle|\tilde{\boldsymbol{d}}\right)=\frac{1}{p\left(\tilde{\boldsymbol{d}}\right)}\max p\left(\tilde{\boldsymbol{d}}\middle|\boldsymbol{x}\right)p(\boldsymbol{x}) \tag{6.10}$$

注意，$p\left(\boldsymbol{x}\middle|\tilde{\boldsymbol{d}}\right)$仅代表模型$\boldsymbol{x}$的概率，数据$\tilde{\boldsymbol{d}}$仅提供辅助信息。这种最大化后验分布的方法称为最大后验概率（MAP）估计。

最大后验概率与最大化似然不同。根据式（6.6），最大化似然$\max \ell\left(\boldsymbol{x}\middle|\tilde{\boldsymbol{d}}\right)$相当于最大化似然$p\left(\tilde{\boldsymbol{d}}\middle|\boldsymbol{x}\right)$。公式（6.9）中的最大后验概率，即$\max p\left(\boldsymbol{x}\middle|\tilde{\boldsymbol{d}}\right)$，指最大化似然$p\left(\tilde{\boldsymbol{d}}\middle|\boldsymbol{x}\right)p(\boldsymbol{x})$，其中包括具有先验分布$p(\boldsymbol{x})$的$p\left(\tilde{\boldsymbol{d}}\middle|\boldsymbol{x}\right)$。由于$p(\boldsymbol{x})$与正则化密切相关，因此最大后验概率可以通过最大化似然避免过度拟合。最大后验概率与最大化似然密切相关，可认为等同于最大化似然。

总而言之，数据拟合的最小二乘反演可理解为：最大化似然具有数据概率或误差的高斯分布，而结合各种正则化方法可最大化似然模型解的后验分布。

6.2 L_p 范数约束

在地震反演中，通常使用L_p（$0<p\leqslant 2$）范数来进行模型约束。向量的L_p范数定义为

$$L_p=\|\boldsymbol{x}\|_p=\left(\sum_k |x_k|^p\right)^{1/p} \tag{6.11}$$

其中，“L”是以法国数学家 Henri Léon Lebesgue 的名字命名而来。

向量范数的物理意义是距离的测度。以下三种常见范数，其物理意义分别为：

（1）L_1范数$\|\boldsymbol{x}\|_1$是其分量的绝对值之和。用于度量例如出租车几何[①]中的距离，或是矩形街道网格中的城市模块距离等。

（2）L_2范数$\|\boldsymbol{x}\|_2$是其分量平方和的平方根。它表示从原点到某x点的欧几里得距离。

（3）L_∞范数$\|\boldsymbol{x}\|_\infty$是分量绝对值中的最大值。它可以表示出租车经过的最长的街道。

如果$\boldsymbol{x}$为复数向量，则公式（6.11）中的$|x_k|$定义为复数x_k的模，以确保向量$\boldsymbol{x}$的范数为非负实数。

地震反演中，通常不使用公式（6.11）所示的L_p范数，而用$\|\boldsymbol{x}\|_p^p$作为约束条件：

$$\|\boldsymbol{x}\|_p^p=\sum |x_k|^p \tag{6.12}$$

因此，目标函数为

$$\phi(\boldsymbol{x})=\left\|\tilde{\boldsymbol{d}}-G(\boldsymbol{x})\right\|_2^2+\mu\|\boldsymbol{x}-\boldsymbol{x}_{\text{ref}}\|_p^p \tag{6.13}$$

① 出租车几何，又叫曼哈顿距离，是由19世纪的德国数学家赫尔曼·闵可夫斯基所创，是使用在几何度量空间的几何学用语，用以标明两个点在标准坐标系上的绝对轴距总和。

理论上，也可使用 L_p 范数（如 p=1）来衡量数据拟合的吻合程度（Crase et al.，1990；Brossier et al.，2010）。此处将重点讨论 L_p 范数模型约束。

首先，比较 L_1 范数与 L_2 范数。由于 L_1 范数是数据绝对值之和，而 L_2 范数是数据的平方和。由于平方运算结果值更大，因此 L_1 范数对质量较差数据（异常值）的权重小于 L_2 范数。换句话说，L_1 范数约束的反演解向量 $\boldsymbol{x}$ 中允许存在一些异常值，而 L_2 范数约束的反演结果受异常值影响较大。L_∞ 范数受异常值影响最大，可见范数约束的反演对数据质量要求与 p 值成正比。

随后，最小化过程需要计算 L_p 范数项的一阶导数：

$$\frac{\partial\|\boldsymbol{x}\|_p^p}{\partial x_k}=px_k\left|x_k\right|^{p-2} \tag{6.14}$$

其中，x_k 为向量 $\boldsymbol{x}$ 的元素。p=1 和 p=2 对应的一阶导数分别为

$$\frac{\partial\|\boldsymbol{x}\|_{p=1}}{\partial x_k}=\operatorname{sgn}(x_k),\quad \frac{\partial\|\boldsymbol{x}\|_{p=2}^2}{\partial x_k}=2x_k \tag{6.15}$$

式中，$\operatorname{sgn}(x_k)$ 代表 x_k 的符号。

上述均是梯度向量 $\boldsymbol{\gamma}$ 的附加部分。模型更新量 $\Delta\boldsymbol{x}$ 沿着（负）梯度方向，步长为常数 α。通过以下方式对梯度分量 $\partial\phi/\partial x_k$ 进行约束：对 x_k 的符号加以 L_1 范数约束，即 +1 或 −1；对当前模型 x_k 加以 L_2 范数约束。由于 L_1 范数约束只改变符号，而不改变大小，相比 L_2 范数约束，L_1 范数约束的解更脉冲化。

最后，计算 L_p 范数反演的解。假设 $G(\boldsymbol{x})=\boldsymbol{Gx}$ 且 $\boldsymbol{x}_{\text{ref}}=0$，则目标函数定义为

$$\phi(\boldsymbol{x})=\left(\tilde{\boldsymbol{d}}-\boldsymbol{Gx}\right)^{\mathrm{T}}\boldsymbol{C}_d^{-1}\left(\tilde{\boldsymbol{d}}-\boldsymbol{Gx}\right)+\mu\|\boldsymbol{x}\|_p^p \tag{6.16}$$

令 $\partial\phi/\partial\boldsymbol{x}=\boldsymbol{0}$，其解为

$$\boldsymbol{x}=\left[\boldsymbol{G}^{\mathrm{T}}\boldsymbol{C}_d^{-1}\boldsymbol{G}+\mu\boldsymbol{D}\right]^{-1}\boldsymbol{G}^{\mathrm{T}}\boldsymbol{C}_d^{-1}\tilde{\boldsymbol{d}} \tag{6.17}$$

式中，$\boldsymbol{D}$ 为与当前估计解相关的对角矩阵：

$$\boldsymbol{D}=\frac{p}{2}\operatorname{diag}\left\{\left|x_1\right|^{p-2},\left|x_2\right|^{p-2|},\cdots,\left|x_N\right|^{p-2}\right\} \tag{6.18}$$

计算该对角矩阵时，建议按式（6.19）进行稳定性处理：

$$\left|x_k\right|^{p-2}\approx\frac{\left|x_k\right|^p+\sigma^2}{x_k^2+\sigma^2} \tag{6.19}$$

式中，σ^2 为稳定因子（较小的正数）。

与传统稳定化方法相比，这里的 σ^2 同时作用于分母和分子（Wang，2004a，2006）。当 $x_k^2\to0$ 时，传统方法使 $\left|x_k\right|^{p-2}\to0$，而公式（6.19）使得 $\left|x_k\right|^{p-2}\to1$。这种稳定性处理适用于 $0<p\leqslant2$ 的情况，因此，公式（6.19）为最小二乘法解（L_1 范数和 L_p 范数解，其中 p 小于 2）的统一形式。

6.3 最大熵约束

物理学中，熵是对混乱系统的度量；信息论中，熵是对随机变量不确定性的度量（Jaynes，1968）。地球物理反演理论中，最大熵准则与物理意义上的熵无关，而只是一个正则化术语，用于约束反问题求解。通过反演中模型变量熵的最大化，可从含误差数据中提取尽可能多的信息。

一组离散模型样本 $\{x_1, x_2, \cdots, x_N\}$ 的熵定义为

$$E(\boldsymbol{x})=-\sum_{k=1}^{N}|x_k|\ln|x_k| \tag{6.20}$$

最大化 $E(\boldsymbol{x})$ 得到广义解 $\boldsymbol{x}$，等效于最小化负熵 $-E(\boldsymbol{x})$。负熵是 $\boldsymbol{x}$ 中随机变量的确定性度量。因此，定义目标函数为

$$\phi(\boldsymbol{x})=\left[\tilde{\boldsymbol{d}}-G(\boldsymbol{x})\right]^{\mathrm{T}}\boldsymbol{C}_{\mathrm{d}}^{-1}\left[\tilde{\boldsymbol{d}}-G(\boldsymbol{x})\right]+\mu\sum_{k=1}^{N}|x_k|\ln|x_k| \tag{6.21}$$

式中，μ 为平衡因子，平衡了数据拟合与最小负熵正则化。

由于负熵的最小化等价于熵的最大化，因此该方法常被称为极大熵法。

与 L_2 范数约束 $(\boldsymbol{x},\boldsymbol{x})=\sum_k x_k^2$ 相比，极大熵约束中，$\sum_k|x_k|\ln|x_k|$ 对数运算突出了弱信号的细节。最小化问题中，引入对数权重将压制弱干扰信号、突出有效信号。因此，在某些情况下，最大熵方法可以提高图像分辨率。

最大熵约束，$\min\sum_k|x_k|\ln|x_k|$，并不是 $\boldsymbol{x}$ 的二次函数。假设 $G(\boldsymbol{x})=\boldsymbol{Gx}$，目标函数可以表示为

$$\phi(\boldsymbol{x})=\left(\tilde{\boldsymbol{d}}-\boldsymbol{Gx}\right)^{\mathrm{T}}\boldsymbol{C}_{\mathrm{d}}^{-1}\left(\tilde{\boldsymbol{d}}-\boldsymbol{Gx}\right)+\mu\sum_{k=1}^{N}|x_k|\ln|x_k| \tag{6.22}$$

基于最小变分原理求解该目标函数，式（6.22）将变为非线性系统，可采用梯度法求解。

目标函数关于变量 x_k 的二阶导数可近似为

$$\frac{\partial^2\phi}{\partial x_k^2}=\frac{1}{\Delta x_k}\left(\left.\frac{\partial\phi}{\partial x}\right|_{x_k+\Delta x_k}-\left.\frac{\partial\phi}{\partial x}\right|_{x_k}\right) \tag{6.23}$$

最小化使得梯度 $\partial\phi/\partial x$ 在 $x_k+\Delta x_k$ 处为零。因此，可得稳定后的模型更新量为

$$\Delta\boldsymbol{x}=-\left(\frac{\partial^2\phi}{\partial\boldsymbol{x}^2}+\mu\boldsymbol{I}\right)^{-1}\frac{\partial\phi}{\partial\boldsymbol{x}} \tag{6.24}$$

式中，μ 为稳定因子。

可沿负梯度方向（步长与二阶导数成反比）更新模型。式（6.24）可表示为向量—矩阵

形式

$$\Delta \boldsymbol{x} = -\left[\boldsymbol{H} + \mu \boldsymbol{I}\right]^{-1} \boldsymbol{\gamma} \tag{6.25}$$

式中，$\boldsymbol{\gamma} \equiv \partial\phi/\partial\boldsymbol{x}$ 为梯度，$\boldsymbol{H} \equiv \partial^2\phi/\partial\boldsymbol{x}^2$ 为目标函数二阶导数的 Hessian 矩阵。

可见，式（6.25）等价于式（5.61）。

为更好地理解式（6.25），仍以最小化问题 $\phi(\boldsymbol{x}) = \|\boldsymbol{d} - \boldsymbol{G}\boldsymbol{x}\|^2$ 为例，其梯度向量为

$$\boldsymbol{\gamma} \equiv \frac{\partial\phi}{\partial\boldsymbol{x}} = -2\boldsymbol{G}^{\mathrm{T}}(\boldsymbol{d} - \boldsymbol{G}\boldsymbol{x}) = -2\boldsymbol{G}^{\mathrm{T}}\boldsymbol{e} \tag{6.26}$$

且 Hessian 矩阵为

$$\boldsymbol{H} \equiv \frac{\partial^2\phi}{\partial\boldsymbol{x}^2} \approx 2\boldsymbol{G}^{\mathrm{T}}\boldsymbol{G} \tag{6.27}$$

因此，该问题的解为

$$\Delta \boldsymbol{x} = \left[\boldsymbol{G}^{\mathrm{T}}\boldsymbol{G} + \mu \boldsymbol{I}\right]^{-1} \boldsymbol{G}^{\mathrm{T}}\boldsymbol{e} \tag{6.28}$$

当逆矩阵 $[\boldsymbol{G}^{\mathrm{T}}\boldsymbol{G}+\mu\boldsymbol{I}]^{-1}$ 难以计算时，可将其近似为 $[\boldsymbol{G}^{\mathrm{T}}\boldsymbol{G}]$。最简单的近似是由 $[\boldsymbol{G}^{\mathrm{T}}\boldsymbol{G}]$ 的对角元素组成的对角矩阵，即经典的 Jacobi 方法。本书采用该方法求解最大熵问题。

定义目标函数［式（6.22）］中的残差项与正则化项为

$$\boldsymbol{Q} = \left(\tilde{\boldsymbol{d}} - \boldsymbol{G}\boldsymbol{x}\right)^{\mathrm{T}} \boldsymbol{C}_{\mathrm{d}}^{-1} \left(\tilde{\boldsymbol{d}} - \boldsymbol{G}\boldsymbol{x}\right) \tag{6.29}$$

$$\boldsymbol{R} = \sum_{k=1}^{N} |x_k| \ln |x_k| = f(\boldsymbol{x}) \tag{6.30}$$

计算可得梯度与二阶偏导数矩阵：

$$\frac{\partial\boldsymbol{Q}}{\partial\boldsymbol{x}} = -2\boldsymbol{G}^{\mathrm{T}}\boldsymbol{C}_{\mathrm{d}}^{-1}(\boldsymbol{d} - \boldsymbol{G}\boldsymbol{x}),\quad \frac{\partial^2\boldsymbol{Q}}{\partial\boldsymbol{x}^2} = 2\boldsymbol{G}^{\mathrm{T}}\boldsymbol{C}_{\mathrm{d}}^{-1}\boldsymbol{G} \tag{6.31}$$

且：

$$\frac{\partial\boldsymbol{R}}{\partial\boldsymbol{x}} = f'(\boldsymbol{x}),\quad \frac{\partial^2\boldsymbol{R}}{\partial\boldsymbol{x}^2} = f''(\boldsymbol{x}) \tag{6.32}$$

注意，$\boldsymbol{R}$ 的二阶导数为对角矩阵。迭代过程中，$\boldsymbol{Q}$ 的二阶导数也可近似为对角矩阵。因此，Hessian 矩阵可近似表示为对角矩阵 $\boldsymbol{D}$，其元素为

$$D_{kk} = \left(2\boldsymbol{G}^{\mathrm{T}}\boldsymbol{C}_d^{-1}\boldsymbol{G} + \frac{\partial^2\boldsymbol{R}}{\partial\boldsymbol{x}^2}\right)_{kk} \tag{6.33}$$

式中，$(\boldsymbol{G}^{\mathrm{T}}\boldsymbol{G})_{kk}$ 为矩阵 $\boldsymbol{G}$ 的第 k 列元素的平方和。

解（6.25）变为

$$\Delta\boldsymbol{x} = -[\boldsymbol{D} + \mu\boldsymbol{I}]^{-1}\left(\frac{\partial\boldsymbol{Q}}{\partial\boldsymbol{x}} + \mu\frac{\partial\boldsymbol{R}}{\partial\boldsymbol{x}}\right) \tag{6.34}$$

更新 $\boldsymbol{x}$ 后，返回式（6.22）中定义的目标函数，进行迭代计算。

6.4 柯西约束

统计学中，柯西分布描述随机角度的分布。图 6.1 中，如果高度 λ 固定，即线段的旋转点固定，则倾斜的线段与水平轴在 x 处相交。柯西分布描述了水平距离 x 的连续分布（对应于随机角度 θ）。

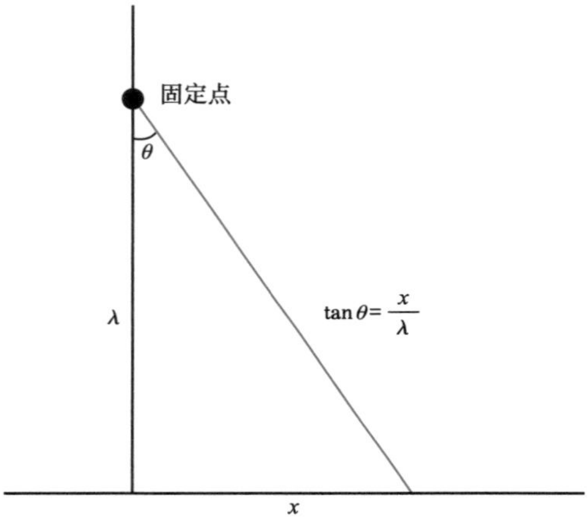

图 6.1 柯西分布描述了随机角 θ（线段与纵轴的夹角）对应的 x 分布。高度固定为 λ，即线段的旋转点固定，倾斜的线段在距离 x 处切割水平轴

倾斜线段的随机角为 $\theta=\arctan(x/\lambda)$，水平距离 x 扰动量对应的角度 θ 扰动量为

$$\mathrm{d}\theta = \frac{\mathrm{d}x}{\lambda\left(1 + x^2/\lambda^2\right)} \tag{6.35}$$

因此，角度 θ 的分布为

$$\frac{\mathrm{d}\theta}{\pi} = \frac{1}{\pi}\frac{\lambda}{\lambda^2 + x^2}\mathrm{d}x \tag{6.36}$$

由于：

$$\int_{-\pi/2}^{\pi/2}\frac{\mathrm{d}\theta}{\pi} = 1 \tag{6.37}$$

$$\int_{-\infty}^{\infty}\frac{\lambda}{\pi\left(\lambda^{2}+x^{2}\right)}\mathrm{d}x=\frac{1}{\pi}\left[\arctan\left(\frac{x}{\lambda}\right)\right]_{-\infty}^{\infty}=1 \tag{6.38}$$

这里所有角度均已标准化。因此，根据公式（6.36），柯西概率密度函数定义为

$$p\left(x_{k}\right)=\frac{1}{\pi}\frac{\lambda}{\lambda^{2}+x_{k}^{2}} \tag{6.39}$$

其中，λ 是半幅值宽度的一半，并且，上式假设 x_k 的均值为零。

N 维彼此独立事件 $\boldsymbol{x}=\{x_1, x_2, \cdots, x_N\}$ 的联合概率为

$$p(\boldsymbol{x})=p\left(x_{1}\right)p\left(x_{2}\right)\cdots p\left(x_{N}\right)=\prod_{k=1}^{N}\frac{1}{\pi}\frac{\lambda}{\lambda^{2}+x_{k}^{2}} \tag{6.40}$$

基于指数和对数运算，将式（6.40）中的乘积运算转换为求和运算：

$$p(\boldsymbol{x})=\exp\left[-N\ln(\pi\lambda)-\sum_{k=1}^{N}\ln\left(1+\frac{x_{k}^{2}}{\lambda^{2}}\right)\right] \tag{6.41}$$

因此，最大化概率 $p(\boldsymbol{x})$ 等价于最小化以下函数：

$$\sum_{k=1}^{N}\ln\left(1+\frac{x_{k}^{2}}{\lambda^{2}}\right) \tag{6.42}$$

式（6.42）即为反问题中常用的柯西约束。

结合柯西约束和最小二乘数据拟合，将目标函数转化为

$$\phi(\boldsymbol{x})=(\boldsymbol{d}-\boldsymbol{G}\boldsymbol{x})^{\mathrm{T}}\boldsymbol{C}_{\mathrm{d}}^{-1}(\boldsymbol{d}-\boldsymbol{G}\boldsymbol{x})+\mu\sum_{k=1}^{N}\ln\left(1+\frac{x_{k}^{2}}{\lambda^{2}}\right) \tag{6.43}$$

令 $\partial\phi/\partial\boldsymbol{x}=0$，得到解：

$$\boldsymbol{x}=\left(\boldsymbol{G}^{\mathrm{T}}\boldsymbol{C}_{\mathrm{d}}^{-1}\boldsymbol{G}+\frac{\mu}{\lambda^{2}}\boldsymbol{D}\right)^{-1}\boldsymbol{G}^{\mathrm{T}}\boldsymbol{C}_{\mathrm{d}}^{-1}\boldsymbol{d} \tag{6.44}$$

其中，$\boldsymbol{D}$ 为对角矩阵（Wang，2003a）：

$$\boldsymbol{D}=\operatorname{diag}\left\{\left(1+\frac{x_{1}^{2}}{\lambda^{2}}\right)^{-1},\left(1+\frac{x_{2}^{2}}{\lambda^{2}}\right)^{-1},\cdots,\left(1+\frac{x_{N}^{2}}{\lambda^{2}}\right)^{-1}\right\} \tag{6.45}$$

注意，解（6.44）与最小二乘法解 $\boldsymbol{x}=[\boldsymbol{G}^{\mathrm{T}}\boldsymbol{C}_{\mathrm{d}}^{-1}\boldsymbol{G}+\mu\boldsymbol{I}]^{-1}\boldsymbol{G}^{\mathrm{T}}\boldsymbol{C}_{\mathrm{d}}^{-1}\boldsymbol{d}$ 具有相同形式，但其中单位矩阵 $\boldsymbol{I}$ 被替换为 $\lambda^2\boldsymbol{D}$。

柯西约束反演中，柯西参数 λ 对于控制反演结果稀疏性有关键作用。前文提到柯西约束与公式（6.41）中的联合概率有关，$p(\boldsymbol{x})=\exp[-R(\lambda)]$，$R(\lambda)$ 是正则化项：

$$R(\lambda)=N\ln(\pi\lambda)+\sum_{k=1}^{N}\ln\left(1+\frac{x_k^2}{\lambda^2}\right) \tag{6.46}$$

令 $\partial R/\partial\lambda=0$，即 $R(\lambda)$ 最小，可得

$$\sum_{k=1}^{N}\frac{x_k^2}{\lambda^2+x_k^2}=\frac{N}{2} \tag{6.47}$$

求解式（6.47）可得柯西约束的最佳 λ 值。

由于反演是迭代过程，因此基于当前反演模型中的统计信息，可用公式（6.47）估算此稀疏参数。图 6.2 显示了样本 $R(\lambda)$ 的曲线，最小值为 λ=0.0033。

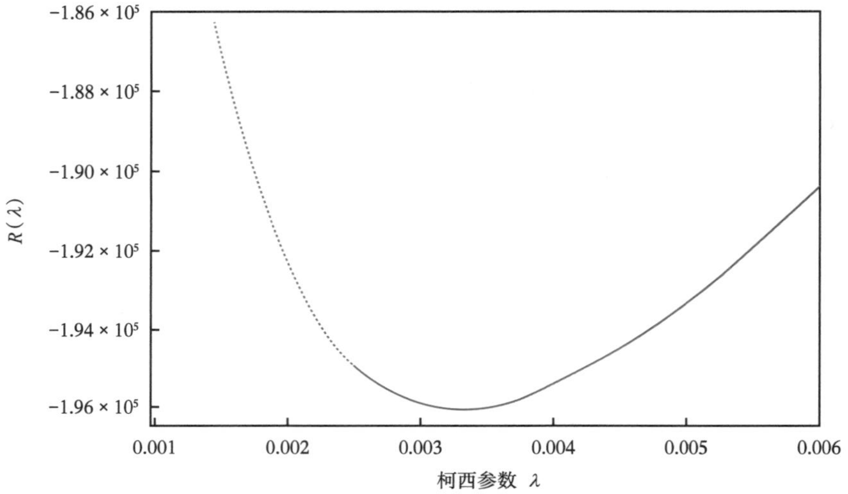

图 6.2 正则化函数 $R(\lambda)$ 与柯西参数 λ 的关系。最小化 R 得到的 λ 值为 λ=0.0033

地震反演涉及从地震数据中估计反射系数序列的问题。由于地下反射系数模型与不同沉积层序之间的垂直变化直接相关，因此反射系数反演是地震反演中的关键步骤。要求反演模型有稀疏性，且反演解包含一系列非零值（反射界面）。但是，若直接在柯西反演中代入估计的 λ 值，则反演结果将过于稀疏，且幅值较小的反射系数损失严重，而小反射系数反映了地质构造的细节特征。因此，估计的柯西参数 λ 不是完全合适的，且反射率序列不严格满足柯西分布。

柯西参数 λ 的估计可以起到很好的指示作用，避免了参数的盲目猜测。通过调整权重因子 μ 来调整柯西约束对目标函数的影响，从而权衡反演结果的稀疏项和残差项。

6.5 各种正则化方法的比较

6.5.1 L_1 范数约束与 L_2 范数约束

最小化 L_2 范数模型约束：$\min\|\boldsymbol{x}\|_{p=2}^2$，等价于最大化高斯密度分布。后者可以定义为

$$p(x)=\frac{1}{\sqrt{2\pi}\sigma}\exp\left(-\frac{x^2}{2\sigma^2}\right) \tag{6.48}$$

式中，σ^2 是统一模型方差。

相似地，最小化 L_1 范数约束 $\min\|\boldsymbol{x}\|_{p-1}$，等价于于最大化指数概率密度分布：

$$p(x)=\frac{1}{2\sqrt{2}\sigma}\exp\left(-\frac{|x|}{\sqrt{2}\sigma}\right) \tag{6.49}$$

图 6.3 对比了高斯分布与方差 $\sigma^2=1$ 的指数分布。图中所示，指数概率密度函数（实线）比高斯函数（虚线）有更长的“尾巴”。

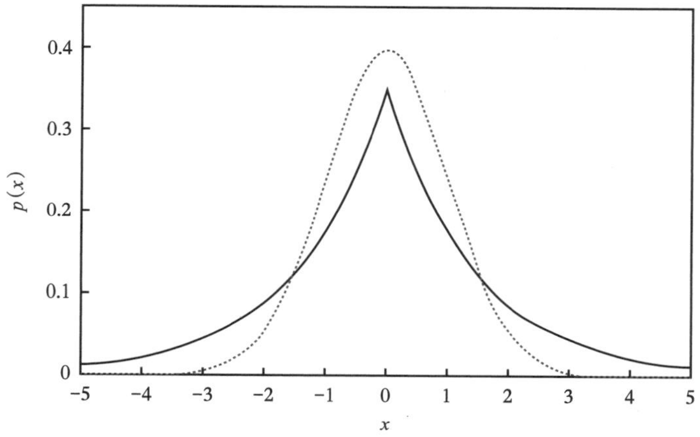

图 6.3　指数概率密度函数（实线）和高斯概率密度函数（虚线）对比图。指数概率密度函数比高斯函数的“尾巴”更长

6.5.2　最大熵约束与 L^2 范数约束

最大熵约束 $\max E(\boldsymbol{x})$ 等同于最大化 $\max\exp\left(-\sum_k|x_k|\ln|x_k|\right)$。因此，将高斯函数与如下指数函数进行比较：

$$p(x)=\frac{1}{4}\exp(-|x|\ln|x|) \tag{6.50}$$

注意，熵 $E(\boldsymbol{x})=-\sum_k|x_k|\ln|x_k|$ 本身即可描述概率密度函数。式（6.50）可转化为联合概率函数：

$$p(\boldsymbol{x})=\frac{1}{4}\exp\left(-\sum_{k=1}^{N}|x_k|\ln|x_k|\right) \tag{6.51}$$

然而按照惯例，式（6.51）仍然被称为最大熵方法。

图 6.4 中，最大熵约束（实线）压制了低幅值的随机量，使得随机值出现非零均值。除了低幅值部分之外，最大熵曲线近似于有 $\sigma^2=1$ 的高斯分布曲线（虚线）。

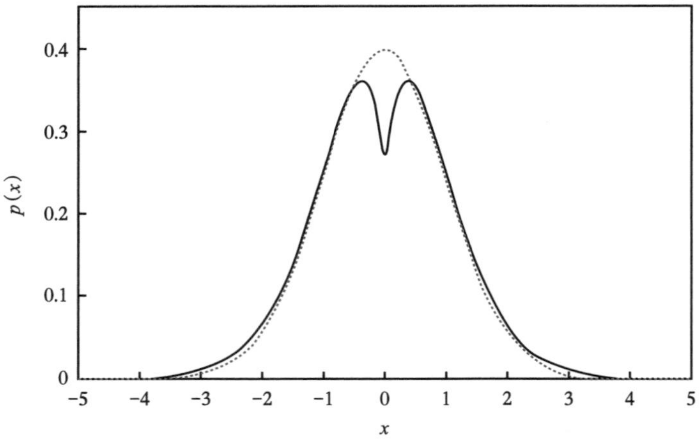

图 6.4　最大熵概率函数（实线）和高斯概率函数（点线）对比图。最大熵约束压制低幅值的随机量，并改变随机值的均值为非零

6.5.3　柯西约束与 L_2 范数约束

柯西概率密度函数定义为

$$p(x)=\frac{1}{\pi}\frac{\lambda}{\lambda^2+x^2} \tag{6.52}$$

图 6.5 对比了高斯分布与柯西分布的概率密度函数。为方便比较，令柯西参数 λ 为

$$\lambda=\sqrt{\frac{2}{\pi}}\sigma\approx 0.8\sigma \tag{6.53}$$

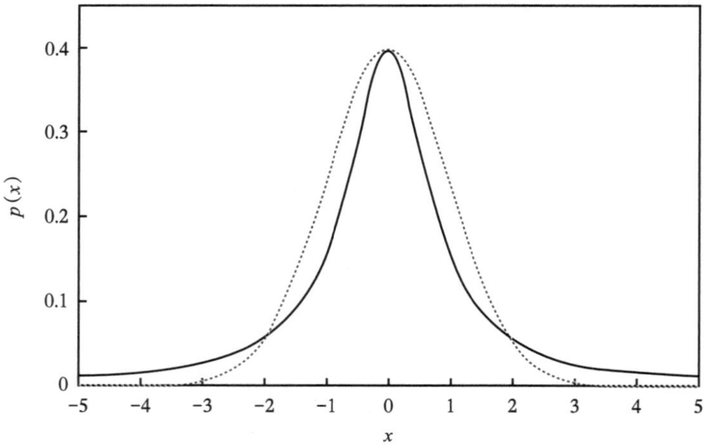

图 6.5　柯西概率密度函数（实线）和高斯概率密度函数（点线）对比图

因此两者的最大值相同。图 6.5 中，参数为 $\sigma=1$，$\lambda=0.8$。可以看出，柯西概率密度函数（实线）具有对称的“钟形”分布，与正态高斯概率密度函数（点线）相比，其波峰更尖锐，且具有更长、更胖的“尾巴”。从形态上看，柯西约束和 L_1 范数约束非常相似，因为二者都具有“厚尾”特征。将二者用作模型约束时，反演结果将存在大幅值变量。

总之，正则化可以作为模型约束，与数据拟合项结合，构成目标函数。也可以直接应用于地球物理算子中，具体内容见下一章。

第 7 章　局部均值解

在前面的章节中，由不同的模型约束定义了正则化方法，并应用于数据拟合中。本章将介绍另一种正则化方法，可直接作用于地球物理算子 $\boldsymbol{G}$，进而得到稳定解，这种正则化方法被称为 Backus-Gilbert 方法，以其发现者 George E. Backus 和 James Freeman Gilbert 两位地球物理学家的名字命名（Backus，Gilbert，1968，1970）。

对于地球物理反演问题来说，若给定一个有限的数据集，将存在无穷多个解，这种强非唯一性，使地球物理学家尝试采用多种方法计算其广义解，而非精确解。例如，在线性反演的问题中：

$$\int_{\Omega} G_k(r)x(r)\mathrm{d}r = d_k \tag{7.1}$$

式中，r 为模型空间中的位置变量；k 为数据采样，k=1，2，…，M；$G_k(r)$ 为地球物理算子，当其作用于模型 $x(r)$ 时，生成数据样本 d_k。

实际上，地球物理数据采样是有限的，即 $M < \infty$，上述问题是不适定的，无唯一解或精确解，因此只能在一些特定标准下找到一个近似解来拟合这个问题。

Backus-Gilbert 正则化方法可对不适定反问题进行求解。由于可能得到无限多个解，所以不应满足于求出一个特定的解，而应该尝试找到更多的估计值并进行分析，从中找到最优的“最终解”。Backus-Gilbert 方法通过有限而又包含误差的观测数据分析地球物理反问题，并找到唯一的均值解，因此该方法也称为最优局部均值法。

7.1　均值解

采用式（7.2）可得到均值解：

$$\overline{x}(r_0) = \int_{\Omega} A(r,r_0)x(r)\mathrm{d}r \tag{7.2}$$

式中，$\overline{x}(r_0)$ 为 r_0 处的解的平均值；$A(r, r_0)$ 为平均核函数，具有单位模：

$$\int_{\Omega} A(r,r_0)\mathrm{d}r = 1 \tag{7.3}$$

Backus-Gilbert 方法将平均核函数 $A(r, r_0)$ 表示为已知数据核函数 $\{G_k(r)\}$ 的线性组合，即

$$A(r,r_0) = \sum_{k=1}^{M} \alpha_k(r_0)G_k(r) \tag{7.4}$$

式中，α_k 是未知的加权常数。将式（7.4）代入式（7.2）中的积分方程，可得

$$\bar{x}(r_0)=\sum_{k=1}^{M}\alpha_k(r_0)[G_k(r),x(r)]=\sum_{k=1}^{M}\alpha_k(r_0)d_k \tag{7.5}$$

式（7.5）表明，解 $\bar{x}(r_0)$ 是观测数据 $\{d_k\}$ 的平均值。

由于数据集 $\{d_k\}$ 有限，所以从方程（7.1）所示的反问题中找到模型的唯一解是不可能的。但只要平均核函数 A 可表示为数据核函数 G_k 的线性组合，方程（7.5）中的平均解即可由有限的观测数据 $\{d_k\}$ 唯一确定。

7.2 “Deltaness”

平均核函数直接影响广义解的精度，分辨当 $A(r, r_0)\to\delta(r-r_0)$ 时，即平均核函数趋近于狄拉克 δ 函数时，则 $\bar{x}(r_0)\to x(r_0)$。

平均核函数 $A(r, r_0)$ 在接近位置 r_0 处具有较大的权重。“Deltaness”是任意单位模函数 $A(r, r_0)$ 偏离理论函数 $\delta(r-r_0)$ 的定量表征。

为了使平均核函数和狄拉克 δ 函数之间的差异最小化，可利用 L_2 范数将目标函数定义为

$$\phi_1(A,r_0)=\int_{\Omega}[A(r,r_0)-\delta(r-r_0)]^2\mathrm{d}r \tag{7.6}$$

由方程（7.4）中的定义，有：

$$\phi_1(\{\alpha_k\},r_0)=\int_{\Omega}\left(\sum_{k=1}^{M}\alpha_k(r_0)G_k(r)-\delta(r-r_0)\right)^2\mathrm{d}r \tag{7.7}$$

其中，$\{\alpha_k\}$ 代表 α_k 的数据集，k=1，2，…，M。

将目标函数最小化：

$$\frac{\partial\phi_1}{\partial\alpha_k}=2\int_{\Omega}G_k(r)\left(\sum_{i=1}^{M}\alpha_i(r_0)G_i(r)-\delta(r-r_0)\right)\mathrm{d}r=0 \tag{7.8}$$

得到如下线性方程组：

$$\sum_{i=1}^{M}\alpha_i(r_0)\int_{\Omega}G_i(r)G_k(r)\mathrm{d}r=G_k(r_0) \tag{7.9}$$

式中，k=1，2，…，M，求解 $\{\alpha_i(r_0)\}$ 并将其代入方程（7.5）中，得到估计解 $\bar{x}(r_0)$。

7.3 扩散准则

在方程（7.6）中，令 $R(r)=A(r, r_0)-\delta(r-r_0)$，则方程（7.6）变为 $R(r)$ 关于均值 0 的方差。小方差表明 $R(r)$ 趋于均值，彼此非常接近，而大方差则表明 $R(r)$ 与均值有差

异。然而，这种统计测量反映的是样本值的信息，并不能反映样本的空间分布。

图 7.1 给出了两个具有相同方差的空间序列，但其中之一的聚焦性更好，可通过宽度或延展进行定量评价。

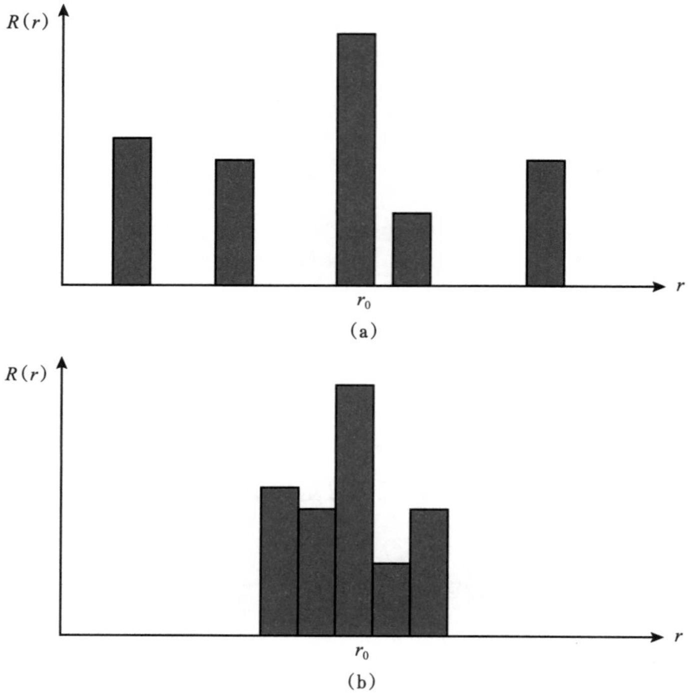

图 7.1　两个空间序列 $R(r)$ 具有相同的方差，其中 r 是空间坐标，(b) 图在 r_0 处的聚焦更好，可通过关于 r_0 的延展长度进行定量评价

$R(r)$ 沿空间坐标 r 的宽度或延展长度可通过加权方差计算：

$$s(R)=\int_{\Omega} w(r)R^2(r)\mathrm{d}r \tag{7.10}$$

Backus 和 Gilbert（1968）采用距离的平方定义权重，即 $w(r)=(r-r_0)^2$，并将延展量表示为

$$s(A,r_0)=\int_{\Omega}(r-r_0)^2[A(r,r_0)-\delta(r-r_0)]^2\mathrm{d}r \tag{7.11}$$

由于 $w(r_0)$ 为零，对于 $r=r_0$，有

$$s(A,r_0)=\int_{\Omega}(r-r_0)^2A^2(r,r_0)\mathrm{d}r \tag{7.12}$$

因此，当 $A(r, r_0)$ 近似于 $\delta(r-r_0)$ 时，该测量值是从 r_0 开始的 A 延展。

容易验证，如果 $A^2(r, r_0)$ 是高斯函数：

$$A^2(r,r_0)=\frac{1}{\sqrt{2\pi}\sigma}\exp\left(-\frac{(r-r_0)^2}{2\sigma^2}\right) \quad (7.13)$$

则 $s(A, r_0)=\sigma^2$，也就是说，$s(A, r_0)$是 $A^2(r, r_0)$的方差。

为使延展最小，从而使分辨率最高，在方程（7.3）给出的单位模条件下，建立如下目标函数：

$$\phi_2(A,r_0)=\frac{1}{2}s(A,r_0)+\mu\left(1-\int_\Omega A(r,r_0)\mathrm{d}r\right) \quad (7.14)$$

根据方程（7.4）的定义，可得

$$\begin{aligned}\phi_2(\{\alpha_k\},r_0)&=\frac{1}{2}\int_\Omega(r-r_0)^2\left(\sum_{k=1}^M\alpha_k G_k(r)\right)^2\mathrm{d}r+\mu\left(1-\int_\Omega\sum_{k=1}^M\alpha_k G_k(r)\mathrm{d}r\right)\\&=\frac{1}{2}\sum_{k=1}^M\sum_{i=1}^M\alpha_k(r_0)\alpha_i(r_0)H_{ki}(r_0)+\mu\left(1-\sum_{k=1}^M\alpha_k(r_0)u_k\right)\end{aligned} \quad (7.15)$$

其中，

$$H_{ki}=H_{ik}=\int_\Omega(r-r_0)^2G_k(r)G_i(r)\mathrm{d}r \quad (7.16)$$

以及，

$$u_k=\int_\Omega G_k(r)\mathrm{d}r \quad (7.17)$$

可将延展 $s(A, r_0)$写成矩阵向量形式 $s=\boldsymbol{\alpha}^{\mathrm{T}}\boldsymbol{H}\boldsymbol{\alpha}$，单位模约束写成 $1-\boldsymbol{\alpha}^{\mathrm{T}}\boldsymbol{u}$，则方程（7.15）的目标函数可以写成：

$$\phi_2(\boldsymbol{\alpha},r_0)=\frac{1}{2}\boldsymbol{\alpha}^{\mathrm{T}}\boldsymbol{H}\boldsymbol{\alpha}+\mu\left(1-\boldsymbol{\alpha}^{\mathrm{T}}\boldsymbol{u}\right) \quad (7.18)$$

令 $\partial\phi_2/\partial\boldsymbol{\alpha}=0$，使目标函数最小化，得到线性方程组：

$$\boldsymbol{H}\boldsymbol{\alpha}=\mu\boldsymbol{u} \quad (7.19)$$

将

$$\boldsymbol{\alpha}=\mu\boldsymbol{H}^{-1}\boldsymbol{u} \quad (7.20)$$

代入单位模约束 $\boldsymbol{u}^{\mathrm{T}}\boldsymbol{\alpha}=1$ 中，得到

$$\mu=\frac{1}{\boldsymbol{u}^{\mathrm{T}}\boldsymbol{H}^{-1}\boldsymbol{u}} \quad (7.21)$$

因此，可以通过式（7.22）来计算权重常数：

$$\boldsymbol{\alpha}(r_0)=\frac{\boldsymbol{H}^{-1}\boldsymbol{u}}{\boldsymbol{u}^{\mathrm{T}}\boldsymbol{H}^{-1}\boldsymbol{u}} \tag{7.22}$$

计算出 $\boldsymbol{\alpha}(r_0)$ 后，利用方程（7.5）可直接估算平均解 $\bar{x}(r_0)$，$\bar{x}(r_0)=(\boldsymbol{\alpha}(r_0),\boldsymbol{d})$，其中 $\boldsymbol{d}$ 是数据向量，（$\boldsymbol{\alpha}$，$\boldsymbol{d}$）$=\boldsymbol{\alpha}^{\mathrm{T}}\boldsymbol{d}$ 是两个向量的内积。

7.4 Backus-Gilbert 稳定解

在前面的内容中，方程（7.1）给出的线性反演问题假定观测数据 $\boldsymbol{d}$ 具有有限长度，并假设其没有观测误差。但对于实际的地球物理反演问题来说，既应该考虑地球物理数据是有限长度，同时也应该考虑误差：

$$\tilde{\boldsymbol{d}}=\boldsymbol{d}+\boldsymbol{e} \tag{7.23}$$

在这种情况下，解为

$$\tilde{x}(r_0)=\left(\boldsymbol{\alpha}(r_0),\tilde{\boldsymbol{d}}\right)=\bar{x}(r_0)+\delta x(r_0) \tag{7.24}$$

其中，

$$\delta x(r_0)=(\boldsymbol{\alpha}(r_0),\boldsymbol{e}) \tag{7.25}$$

当然，误差 $\boldsymbol{e}$ 是未知的（如果误差已知，就不会存在误差，可以对其进行消除），但正如任何误差分析，可通过重复测量掌握误差的统计规律。假设误差呈高斯分布，即彼此独立且均值为零，同时假设测量误差的方差矩阵 $\boldsymbol{E}$ 是对称的、半正定的。

$\tilde{x}(r_0)$ 的期望是 $\bar{x}(r_0)$，对解进行分析，其误差的方差为

$$\mathrm{var}[\tilde{x}(r_0)]=\mathrm{var}[\delta x(r_0)]=\mathrm{var}[(\boldsymbol{\alpha}(r_0),\boldsymbol{e})]=\boldsymbol{\alpha}^{\mathrm{T}}\boldsymbol{E}\boldsymbol{\alpha} \tag{7.26}$$

其中，$\boldsymbol{E}=\boldsymbol{e}\boldsymbol{e}^{\mathrm{T}}=\tilde{\boldsymbol{d}}\tilde{\boldsymbol{d}}^{\mathrm{T}}$ 是方差矩阵。这个方差 $\mathrm{var}[\tilde{x}(r_0)]$ 不是 $\tilde{x}(r_0)$ 与真实解 $x(r_0)$ 的期望偏差，而是多次重复测量中测量结果之间的离散程度。

已知数据方差矩阵 $\boldsymbol{E}$，其解的方差完全由系数 α 决定。如果不满足如下条件，可以选择一个正数 ε，并忽略任何平均核函数。

$$\boldsymbol{\alpha}^{\mathrm{T}}\boldsymbol{E}\boldsymbol{\alpha}<\varepsilon^2 \tag{7.27}$$

应尽量使解的方差最小。

结合方差、延展，以及模约束，建立如下目标函数：

$$\phi_3(\boldsymbol{\alpha})=\frac{1}{2}\left(\boldsymbol{\alpha}^{\mathrm{T}}\boldsymbol{H}\boldsymbol{\alpha}+\lambda\boldsymbol{\alpha}^{\mathrm{T}}\hat{\boldsymbol{E}}\boldsymbol{\alpha}\right)+\mu\left(\mathbf{1}-\boldsymbol{\alpha}^{\mathrm{T}}\boldsymbol{u}\right) \tag{7.28}$$

式中，$\hat{\boldsymbol{E}}=c\boldsymbol{E}$ 是含常数 c 的方差矩阵 $\boldsymbol{E}$，因此 $\boldsymbol{H}$ 和 $\hat{\boldsymbol{E}}$ 数值大小相近，而 λ 是 $\boldsymbol{H}$ 和 $\hat{\boldsymbol{E}}$ 之间的折中参数。

延展的最小化与解方差的最小化是矛盾的，因此应对二者进行权衡考虑。Backus 和 Gilbert（1970）用 $\tan\theta$ 代替 λ，并将目标函数改写为

$$\phi_3(\boldsymbol{\alpha})=\frac{1}{2}\left(\boldsymbol{\alpha}^{\mathrm{T}}\boldsymbol{H}\boldsymbol{\alpha}\cos\theta+\boldsymbol{\alpha}^{\mathrm{T}}\hat{\boldsymbol{E}}\boldsymbol{\alpha}\sin\theta\right)+\mu\left(1-\boldsymbol{\alpha}^{\mathrm{T}}\boldsymbol{u}\right) \tag{7.29}$$

其中，$\theta\in\left[0,\frac{1}{2}\pi\right]$是一个新的折中参数。

首先，通过最小化 $\phi_3(\boldsymbol{\alpha})$ 找到未知权 $\boldsymbol{\alpha}$。令 $\partial\phi_3/\partial\boldsymbol{\alpha}=\mathbf{0}$，可得

$$\boldsymbol{\alpha}=\mu\left(\boldsymbol{H}\cos\theta+\hat{\boldsymbol{E}}\sin\theta\right)^{-1}\boldsymbol{u} \tag{7.30}$$

根据模型约束 $\boldsymbol{u}^{\mathrm{T}}\boldsymbol{\alpha}=1$，得到：

$$\mu=\frac{1}{\boldsymbol{u}^{\mathrm{T}}\left(\boldsymbol{H}\cos\theta+\hat{\boldsymbol{E}}\sin\theta\right)^{-1}\boldsymbol{u}} \tag{7.31}$$

则权为

$$\boldsymbol{\alpha}=\frac{\left(\boldsymbol{H}\cos\theta+\hat{\boldsymbol{E}}\sin\theta\right)^{-1}\boldsymbol{u}}{\boldsymbol{u}^{\mathrm{T}}\left(\boldsymbol{H}\cos\theta+\hat{\boldsymbol{E}}\sin\theta\right)^{-1}\boldsymbol{u}} \tag{7.32}$$

当 $\theta\neq0$ 时，对 μ 和 α 来说，式（7.31）和式（7.32）分别是式（7.21）和式（7.22）的扩展。

下一步是找到最佳的折中参数 θ。给定不同的折中参数 $\theta\in\left[0,\frac{1}{2}\pi\right]$，可以利用式（7.32）计算系数 $\boldsymbol{\alpha}(\theta)$。

对于每个系数 $\boldsymbol{\alpha}(\theta)$，可以根据式（7.5）得出解 $\tilde{x}(r_0,\theta)=\left(\boldsymbol{\alpha}(r_0,\theta),\tilde{\boldsymbol{d}}\right)$。理论上，所有这些解都可能存在，也反映了实际反演问题存在解的非唯一性，因此有必要从含误差的有限数据中获取这些解 $\tilde{x}(r_0,\theta)$ 的主要特征。

依据折中参数 $\theta\in\left[0,\frac{1}{2}\pi\right]$所对应的不同 $\boldsymbol{\alpha}(\theta)$值，可得延展为

$$s(\theta)=\boldsymbol{\alpha}^{\mathrm{T}}(\theta)\boldsymbol{H}\boldsymbol{\alpha}(\theta) \tag{7.33}$$

方差为

$$\varepsilon^2(\theta)=\boldsymbol{\alpha}^{\mathrm{T}}(\theta)\boldsymbol{E}\boldsymbol{\alpha}(\theta) \tag{7.34}$$

分辨宽度 $s(\theta)$ 和解的方差 $\varepsilon^2(\theta)$ 之间的关系如图 7.2 所示。

（1）当 $\theta=0$ 时，延展最小化；

（2）当 $\theta=\frac{1}{2}\pi$ 时，解的方差最小化；

在原点处，分辨宽度为零表示分辨率最高，零方差表示最优解；

最佳权衡点出现在曲线中离原点最近的点，对应最佳权衡参数 $\theta=\theta_0$。

确定最佳权衡参数 θ_0 后，估算 $\boldsymbol{\alpha}(r_0, \theta_0)$ 并在 r_0 处得到平均解：

$$\tilde{x}(r_0)=\left(\boldsymbol{\alpha}(r_0,\theta_0),\tilde{\boldsymbol{d}}\right) \tag{7.35}$$

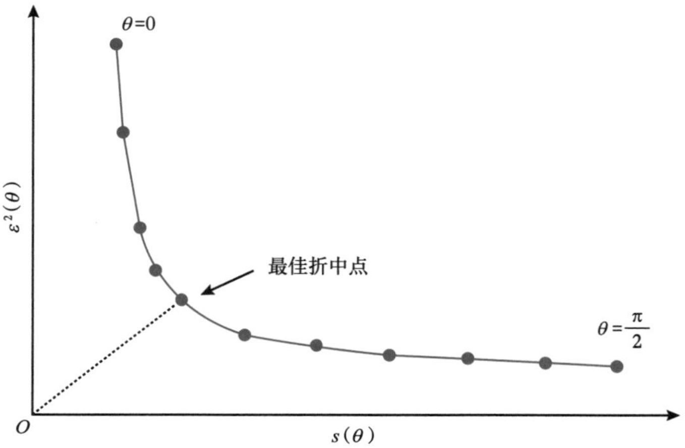

图 7.2　用于估计解的折中曲线。横轴是延展（或分辨宽度），纵轴是解的方差。最佳折中点位于曲线中距原点最近的点，对应 $\theta=\theta_0$

Backus-Gilbert 方法增加了目标函数的稳定性。该方法能够最大限度地提高解的稳定性，对于多次采样数据，其解之间的差异将变得非常小。其他正则化方法有所不同，如 Tikhonov 正则化是对解进行平滑约束。而稳定的解通常都趋于平滑。在实际应用中，Backus-Gilbert 方法也会得到平滑解，即所谓的平均解。

第 8 章　地震子波估计

为深入理解反演问题基本理论与概念，本章将着重阐述线性化反演的物理意义，及其在地震反演中的实际应用。地震反演问题系统地分为两类：基于褶积模型与波动方程的反演方法。这两类反演问题都需要了解地震波形特征，包括震源特征、接收响应、检波器效应，以及地震波在地下介质中传播引起的相位畸变等。褶积模型中，地震道 $d(t)$ 表示为

$$d(t)=w(t) * r(t) \tag{8.1}$$

式中，$w(t)$ 为地震子波；$r(t)$ 为反射系数序列。

若结合测井信息，则可通过井旁地震道与测井合成反射系数序列之间的相关性估算子波。若无测井资料，则需利用反演手段估计子波和反射系数序列两个未知量。实际应用中，反演反射系数序列之前，通常先估算地震子波。

假定反射系数序列具有平坦的功率谱，则可利用地震数据的功率谱近似表示子波的功率谱。本章将介绍一种基于功率谱统计特性的子波构建方法，以及针对恒定相位和混合相位子波的两种反演方法。

8.1　井—震标定提取子波

野外记录的地震信号含有噪声，因此其计算的反射系数序列也将包含一定误差：

$$\begin{cases} \tilde{d}(t)=d(t)+e(t) \\ \tilde{r}(t)=r(t)+\varepsilon(t) \end{cases} \tag{8.2}$$

式中，$e(t)$ 为观测数据中的噪声；$\varepsilon(t)$ 为估算反射系数序列的误差。

$\tilde{r}(t)$ 和 $\tilde{d}(t)$ 之间的互协方差序列为

$$\tilde{\phi}_{\mathrm{rd}}(\tau)=\operatorname{cov}\left\{\tilde{r}(t),\tilde{d}(t+\tau)\right\}=\frac{1}{M}\sum_{t}\tilde{r}_{t}\tilde{d}_{t+\tau} \tag{8.3}$$

式中，M 为时间采样点数；τ 为时移量。

$\tilde{d}(t)$ 和 $\tilde{r}(t)$ 的自协方差序列分别为

$$\tilde{\phi}_{\mathrm{dd}}(\tau)=\operatorname{cov}\left\{\tilde{d}(t),\tilde{d}(t+\tau)\right\}=\frac{1}{M}\sum_{t}\tilde{d}_{t}\tilde{d}_{t+\tau} \tag{8.4}$$

$$\tilde{\phi}_{\mathrm{rr}}(\tau)=\operatorname{cov}\left\{\tilde{r}(t),\tilde{r}(t+\tau)\right\}=\frac{1}{M}\sum_{t}\tilde{r}_{t}\tilde{r}_{t+\tau} \tag{8.5}$$

对 $\tilde{\phi}_{\mathrm{rd}}(\tau)$、$\tilde{\phi}_{\mathrm{dd}}(\tau)$ 和 $\tilde{\phi}_{\mathrm{rr}}(\tau)$ 进行傅里叶变换，得到 $\tilde{\Phi}_{\mathrm{rd}}(\omega)$、$\tilde{\Phi}_{\mathrm{rr}}(\omega)$ 和 $\tilde{\Phi}_{\mathrm{dd}}(\omega)$。

对于无噪模型 $d(t)=w(t)*r(t)$，则 $\Phi_{\mathrm{rd}}(\omega)$、$\Phi_{\mathrm{dd}}(\omega)$ 和 $\Phi_{\mathrm{rr}}(\omega)$ 遵循以下关系：

$$\begin{cases}\Phi_{\mathrm{rd}}(\omega)=W(\omega)\Phi_{\mathrm{rr}}(\omega)\\ \Phi_{\mathrm{dd}}(\omega)=|W(\omega)|^2\,\Phi_{\mathrm{rr}}(\omega)\\ \Phi_{\mathrm{rd}}(\omega)|^2=\Phi_{\mathrm{dd}}(\omega)\Phi_{\mathrm{rr}}(\omega)\end{cases} \tag{8.6}$$

其中，$W(\omega)$ 是小波 $W(t)$ 的频谱。

含噪与无噪数据频谱之间的关系为

$$\begin{cases}\tilde{\Phi}_{\mathrm{rd}}(\omega)=\Phi_{\mathrm{rd}}(\omega)\\ \tilde{\Phi}_{\mathrm{dd}}(\omega)=\Phi_{\mathrm{dd}}(\omega)+\Phi_{\mathrm{ee}}(\omega)\\ \tilde{\Phi}_{\mathrm{rr}}(\omega)=\Phi_{\mathrm{rr}}(\omega)+\Phi_{\varepsilon\varepsilon}(\omega)\end{cases} \tag{8.7}$$

根据式（8.6）和式（8.7）可得频域子波 $W(\omega)$。互协方差和自协方差比值为

$$\frac{\tilde{\Phi}_{\mathrm{rd}}}{\tilde{\Phi}_{\mathrm{rr}}}=\frac{W\Phi_{\mathrm{rr}}}{\Phi_{\mathrm{rr}}+\Phi_{\varepsilon\varepsilon}} \tag{8.8}$$

即

$$W=\left(\frac{\Phi_{\mathrm{rr}}}{\Phi_{\mathrm{rr}}+\Phi_{\varepsilon\varepsilon}}\right)^{-1}\frac{\tilde{\Phi}_{\mathrm{rd}}}{\tilde{\Phi}_{\mathrm{rr}}} \tag{8.9}$$

$\tilde{r}(t)$ 和 $\tilde{d}(t)$ 之间的线性相关性定义为

$$\rho^2=\frac{\left|\tilde{\Phi}_{\mathrm{rd}}\right|^2}{\tilde{\Phi}_{\mathrm{rr}}\tilde{\Phi}_{\mathrm{dd}}} \tag{8.10}$$

式（8.10）可扩展为

$$\rho^2=\frac{\Phi_{\mathrm{rr}}}{\Phi_{\mathrm{rr}}+\Phi_{\varepsilon\varepsilon}}\frac{\Phi_{\mathrm{dd}}}{\Phi_{\mathrm{dd}}+\Phi_{\mathrm{ee}}} \tag{8.11}$$

比较式（8.10）和式（8.11），可得

$$\left(\frac{\Phi_{\mathrm{rr}}}{\Phi_{\mathrm{rr}}+\Phi_{\varepsilon\varepsilon}}\right)^{-1}=\frac{1}{1+\mu}\frac{\tilde{\Phi}_{\mathrm{rr}}\tilde{\Phi}_{\mathrm{dd}}}{\left|\tilde{\Phi}_{\mathrm{rd}}\right|^2} \tag{8.12}$$

式中，$\mu=\Phi_{\mathrm{ee}}/\Phi_{\mathrm{dd}}$ 为地震数据信噪比，可通过多道相干分析得到（White，1984）。随后可得估算子波：

$$W=\frac{1}{1+\mu}\frac{\tilde{\Phi}_{\mathrm{dd}}}{\tilde{\Phi}_{\mathrm{rd}}} \tag{8.13}$$

对 $W(\omega)$ 进行反傅里叶变换得到 $w(t)$。变换中对数据进行划时窗处理，建议窗口函数设置如下：

$$g(\tau)=\exp\left[-\frac{1}{2}\left(\frac{\pi\tau}{T}\right)^2\right] \tag{8.14}$$

式中，T 为期望子波长度的一半。该连续高斯窗口函数（图 8.1 中的实曲线）的标准差为 $\sigma=T/\pi$，且接近于 Parzen 函数（图 8.1 中的虚线曲线）。Parzen 函数定义为

$$p(\tau)=\begin{cases}1-6\left(\dfrac{\tau}{T}\right)^2\left(1-\dfrac{|\tau|}{T}\right), & |\tau|\leqslant\dfrac{1}{2}T\\ 2\left(1-\dfrac{|\tau|}{T}\right)^3, & \dfrac{1}{2}T<|\tau|\leqslant T\\ 0, & |\tau|>T\end{cases} \tag{8.15}$$

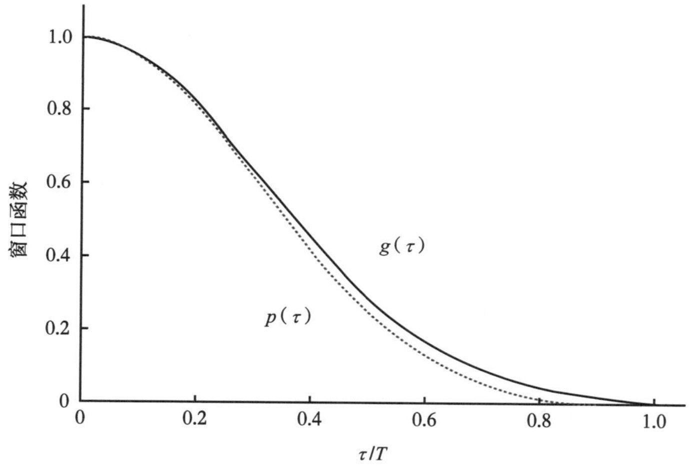

图 8.1　两个窗口函数，包括具有标准差 $\sigma=T/\pi$ 的高斯函数 $g(\tau)$（实曲线），其中 T 是期望子波长度的一半，以及 Parzen 函数 $p(\tau)$（虚线曲线）

图 8.2 显示了一道井旁地震数据、基于测井信息计算的反射系数序列，以及利用方程（8.13）在井震标定中提取的子波。

实际应用中，钻井位置可能不是提取子波的最佳位置。需在指定井位附近搜索最佳井震标定位置（White et al.，1998；White，Simm，2003）。井震标定包括以下步骤：

（1）对反射系数序列进行带通滤波，$\hat{r}(t)=b(t)*\tilde{r}(t)$，其中 $b(t)$ 是滤波器，$\tilde{r}(t)$ 是声波和密度测井曲线乘积得到的反射系数序列。滤波后的反射系数序列 $\hat{r}(t)$ 的长度应与地震道大致相同。

（2）对谱相干函数进行反傅里叶变换，找出每道数据的最佳时移量。并在井位附近选择最佳空间位置。

根据所选具有最佳空间位置的地震道 $\tilde{d}(t)$ 和具有最佳时移的反射系数序列 $\tilde{r}(t)$，利用上述方法可估算最优子波。

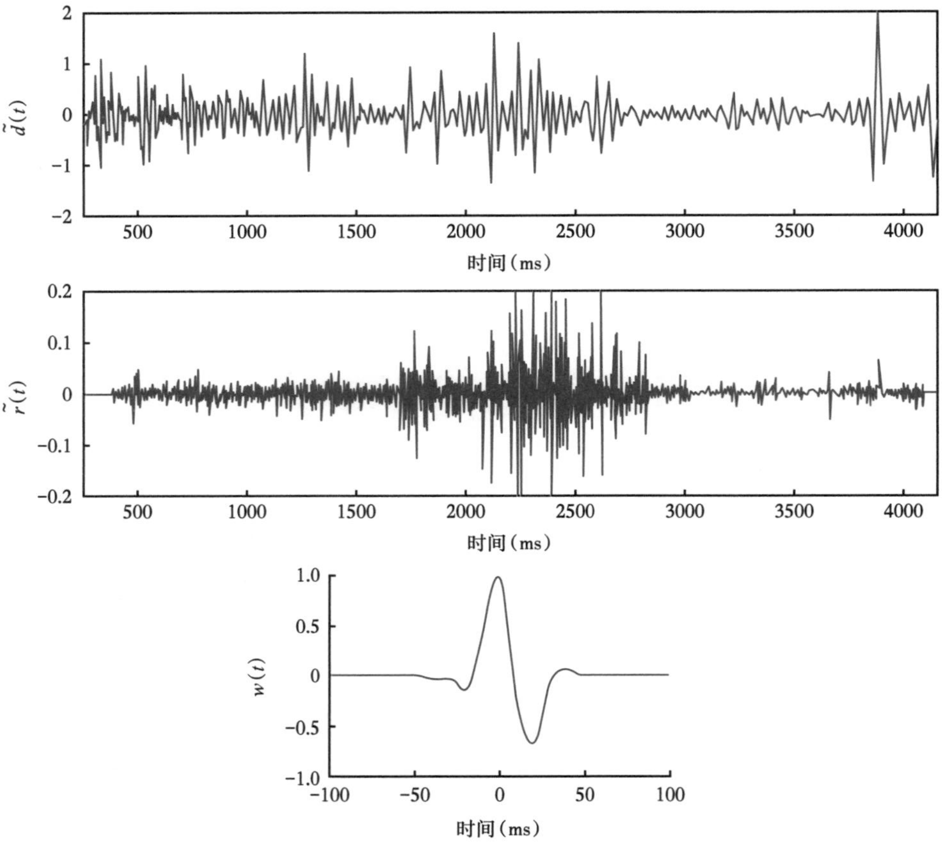

图 8.2　井位置处的地震道（顶部）、基于测井信息计算的反射系数序列（中间）和从井震标定中提取的子波（底部）

8.2　功率谱构建广义子波

没有测井资料的情况下进行子波估算，通常假定反射系数序列是一系列不相关的、具有零均值和有限方差的随机变量序列。随机变量在固定带宽（任意中心频率）内具有相同的功率。换言之，反射系数系列通常被假设为白噪或接近白噪，且具有平坦的功率谱密度。

子波的功率谱近似等于地震道的功率谱：

$$|W(\omega)|^2 = \frac{1}{\gamma^2}|D(\omega)|^2 \tag{8.16}$$

式中，$\gamma^2 = |R(\omega)|^2$ 为反射系数序列的功率谱。

图 8.3 表明，地震数据$|D(\omega)|$与估算子波$|W(\omega)|$的频谱非常接近。地震道和子波如图 8.2 所示。

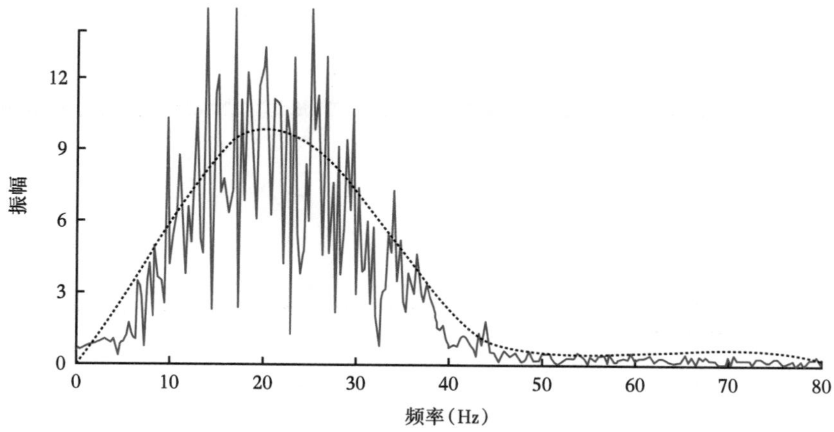

图 8.3　地震道的振幅谱（实线）和子波的振幅谱（点线）。地震道和估算子波如图 8.2 所示

将地震道的功率谱视为其子波的谱，利用广义子波的概念，可以从野外记录的地震资料功率谱中稳定地提取子波。

时间域内广义地震子波的表达形式较简单，如雷克子波在时间域为对称波形（Ricker，1953）。然而，由于实际观测到的地震信号十分复杂，因此，Wang（2015b）将对称雷克子波扩展为非对称形式，以便更好地描述实际地震信号。

数学上，广义子波定义为高斯函数的分数阶导数。将势能函数设为（负）高斯函数：

$$g(t)=-\sqrt{\pi}\omega_0\exp\left[-\frac{\omega_0^2}{4}(t-\tau_0)^2\right] \tag{8.17}$$

式中，τ_0 为对称中心的时间位置；ω_0 为参考频率，vad/s。

子波被定义为该势函数的分数阶导数：

$$w(t)\equiv\frac{\mathrm{d}^u g(t)}{\mathrm{d}t^u} \tag{8.18}$$

式中，u 为时间域导数的阶数，可以是分数或整数。

雷克子波是二阶整数导数的一个特例。将势函数设置为负高斯函数，可以对雷克子波进行极性约束。

广义子波中，分数阶数值和参考频率是两个关键参数。参考频率 ω_0 是定义势函数［式（8.17）］所需的参数，分数阶数值 u 是式（8.18）中的导数阶数。实际应用中，给定离散的傅里叶频谱，可计算得到平均频率和标准差。从野外地震资料中统计得到这两个量后，即可确定唯一的分数阶数值和参考频率，进而解析出地震子波。

将二维地震剖面［图 8.4（a）］视为单一时间序列的连续排列，则反射系数序列可近似为一系列随机数值的组合。因此，频谱 $A(\omega)$［图 8.4（b）中的波动曲线］反映了子波的性质。

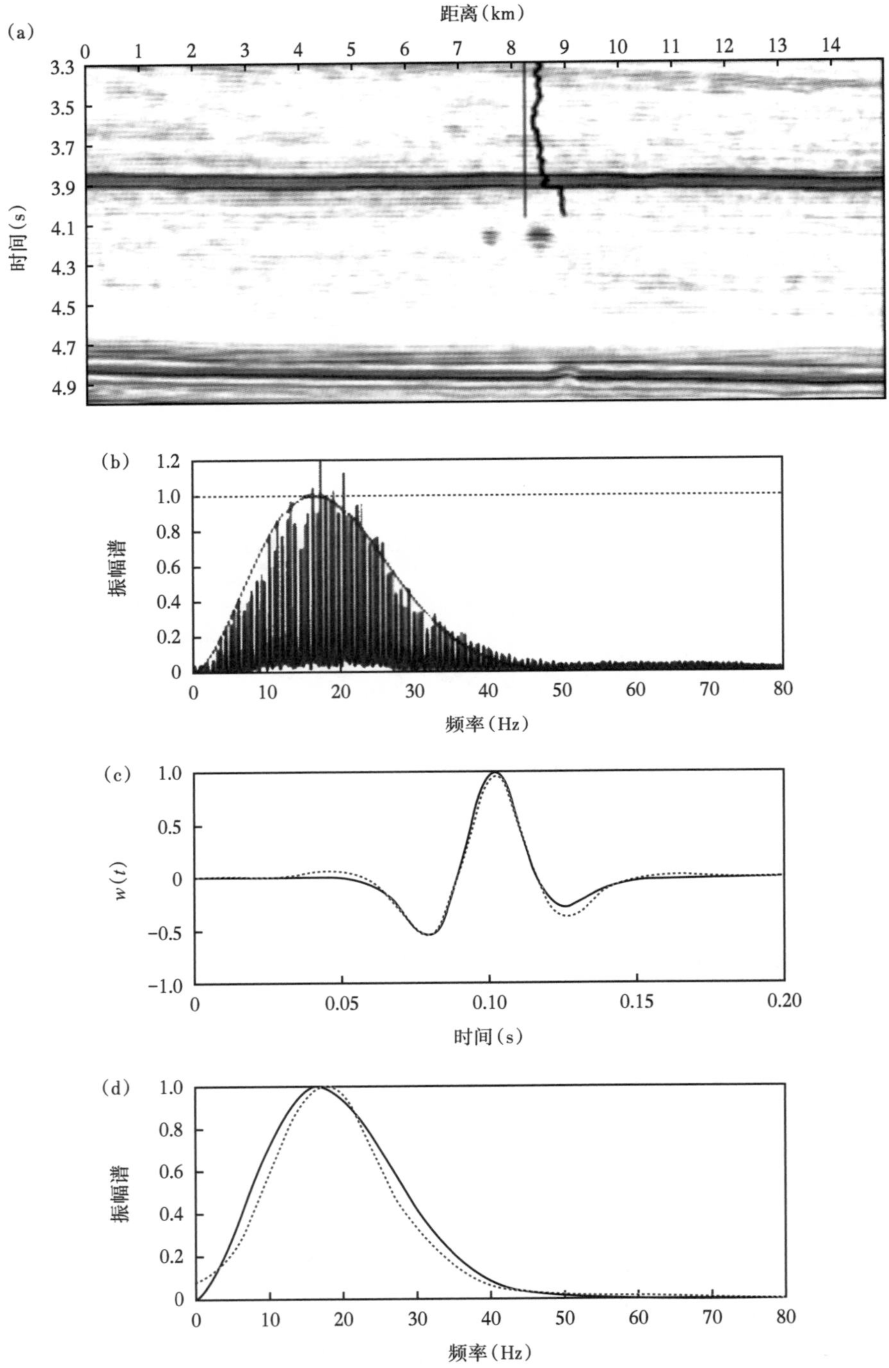

图 8.4 (a)野外地震剖面，包含 600 条地震道。垂线表示垂直钻孔，黑色曲线表示根据测井信息计算的声阻抗；(b)地震剖面的振幅谱(波动曲线)和广义子波的频谱(光滑曲线)；(c)用广义子波方法提取的子波(实曲线)和从井震标定中提取的等相位子波(虚线曲线)；(d)广义子波(实曲线)和常相位子波(虚线)的频谱

对于任何地震信号，频谱 $A(\omega)$ 只需考虑 $\omega \geqslant 0$。基于功率谱 $|A(\omega)|^2$，平均频率和标准差可用以下方程计算（Berkhout，1984；Cohen，Lee，1989）：

$$\omega_{\mathrm{m}} = \frac{\sum_{\omega} \omega |A(\omega)|^2}{\sum_{\omega} |A(\omega)|^2} \tag{8.19}$$

$$\omega_{\sigma} = \left(\frac{\sum_{\omega} (\omega - \omega_{\mathrm{m}})^2 |A(\omega)|^2}{\sum_{\omega} |A(\omega)|^2} \right)^{1/2} \tag{8.20}$$

u 的分数值可通过标准差与平均频率比值确定：

$$\left(\frac{1}{2u} + 1 \right) \left(\frac{\Gamma\left(u + \frac{1}{2} \right)}{\sqrt{u}\,\Gamma(u)} \right)^2 - 1 = \frac{\omega_{\sigma}^2}{\omega_{\mathrm{m}}^2} \tag{8.21}$$

式中，$\Gamma(s)$ 为伽马函数。

对于该单变量的非线性方程，与伽马函数比值相关的因子可表示为一个渐近级数（Graham et al.，1994）：

$$\frac{\Gamma\left(u + \frac{1}{2} \right)}{\sqrt{u}\,\Gamma(u)} = 1 - \frac{1}{8u} + \frac{1}{128u^2} + \frac{5}{1024u^3} - \frac{21}{32768u^4} + \cdots \tag{8.22}$$

之后，通过简单的搜索即可找到 u 的最优值。

式（8.21）中，标准偏差与平均频率的比值与参数 u 之间的关系可按这种方式理解。即势函数的频谱也是高斯形式，位函数的分数或整数阶导数的频谱可以表示为该高斯谱与频率因子 $(\mathrm{i}\omega)^u$ 乘积。乘法运算将频谱从高斯形式变为非高斯形式。

确定分数 u 后，可根据 ω_{m}^2 和 ω_{σ}^2 之和确定参考频率 ω_0：

$$\omega_0 = 2\sqrt{\frac{\omega_{\mathrm{m}}^2 + \omega_{\sigma}^2}{1 + 2u}} \tag{8.23}$$

式（8.23）使用参数 ω_{m} 和 ω_{σ} 估算参考频率 ω_0，而非单独使用 ω_{m} 或 ω_{σ} 估算参考频率 ω_0。这样有利于降低 ω_{m} 或 ω_{σ} 的误差对参考频率计算的影响，两参数是从离散傅里叶频谱中计算得到的。

得到分式值 u 和参考频率 ω_0 后，解析广义小波的频谱为（Wang，2015b）：

$$W(\omega) = \left(\frac{u}{2} \right)^{-u/2} \frac{\omega^u}{\omega_0^u} \exp\left(-\frac{\omega^2}{\omega_0^2} + \frac{u}{2} \right) \exp\left[-\mathrm{i}\omega\tau_0 + \mathrm{i}\pi\left(1 + \frac{u}{2} \right) \right] \tag{8.24}$$

对 $W(\omega)$ 进行反傅里叶变换，可得时域子波 $w(t)$。

广义子波［图 8.4（c）中的实线曲线］类似于地震记录中提取的等相位子波［图 8.4（c）

中的虚线］的形式。使用峰度匹配法（下一节介绍）估算调整后的恒定相位为 θ_0=−18°。需要注意：两子波之间的振幅谱［图 8.4（d）］很接近，但不完全相同。

参考频率 ω_0 与高斯分布的偏差成反比，但与峰值频率 ω_p 不同，二者之间的关系为

$$\omega_\mathrm{p}=\omega_0\sqrt{\frac{u}{2}} \tag{8.25}$$

仅当 u=2 时，雷克子波的参考频率 ω_0 等于峰值频率 ω_p（Wang，2015a，2015c）。实际上，地震信号往往是不对称的（Hosken，1988），而是类似于高斯分布的分数阶导数。

8.3 等相位子波的峰度匹配

如前一节所述，相位是子波估算中最重要的因素。根据方程（8.24），广义子波具有恒定相位（与频率无关）。相位可通过反演有效估算。

相位估算需要地震资料中的某些统计特性。本节将介绍基于峰度匹配方法估算子波的恒定相位；下一节，将介绍针对混合相位子波的累积量匹配方法。

如果样本序列是有零均值的正态分布，则这个序列被称为高斯白噪声。相比于高斯分布，地震反射系数序列的聚焦性稍差，具有更宽的旁瓣。将白噪反射系数序列与任意子波褶积，可以降低地震道的白化程度，使其更趋近于高斯分布。统计学中，峰度可以衡量数据与高斯分布之间的偏差。最大化峰度意味着恢复原始反射系数序列的聚焦性，而不改变序列峰值大小。

对于零均值地震道，其峰度定义为

$$K_\mathrm{d}=\frac{E\left\{d_t^4\right\}}{\left(\mathrm{var}\left\{d_t\right\}\right)^2} \tag{8.26}$$

式中，$E\{\cdot\}$ 为期望值；$\mathrm{var}\{d_t\}=E\{d_t^2\}$ 为 d_t 的方差。

因此，峰度是概率分布的标准化四阶矩，即平均值除以方差平方的第四阶矩。式（8.26）中定义的峰度 K_d 为总值。可通过以下方法从地震道中估计样本值：

$$\hat{K}_\mathrm{d}=\frac{\sum d_t^4/M}{\left(\sum d_t^2/M\right)^2} \tag{8.27}$$

式中，$\hat{K}_\mathrm{d}$ 为计算的峰度；M 为 d_t 的样本总数。

图 8.5 中地震反射系数的峰值为 23.3，将其与地震子波褶积得到合成地震记录，如图 8.5（b）所示。褶积后峰度降低至 5.9。可见，峰度值越大，$\{d_t\}$ 序列越聚焦，分辨率越高。

图 8.6 显示了具有不同相位角的恒定相位子波，以及由这些子波生成的地震剖面相应的峰度值。零相位子波合成地震剖面的峰度值最大。因此，如果将相位旋转 θ 应用于任何地震剖面，并计算相应的 $\hat{K}_\mathrm{d}(\theta)$，则可找到最佳相位旋转角 $\hat{\theta}$，使得对应最大峰度的相移剖面更聚焦，且旋转子波接近于零相位。

将原始地震数据 $d(t)$ 归一化为单位方差和零均值地震数据 $x(t)$，经希尔伯特变换后得到 $y(t)=H[x(t)]$。希尔伯特变换在频率域是乘法运算：

$$Y(\omega)=-\mathrm{i}\,\mathrm{sgn}(\omega)X(\omega) \tag{8.28}$$

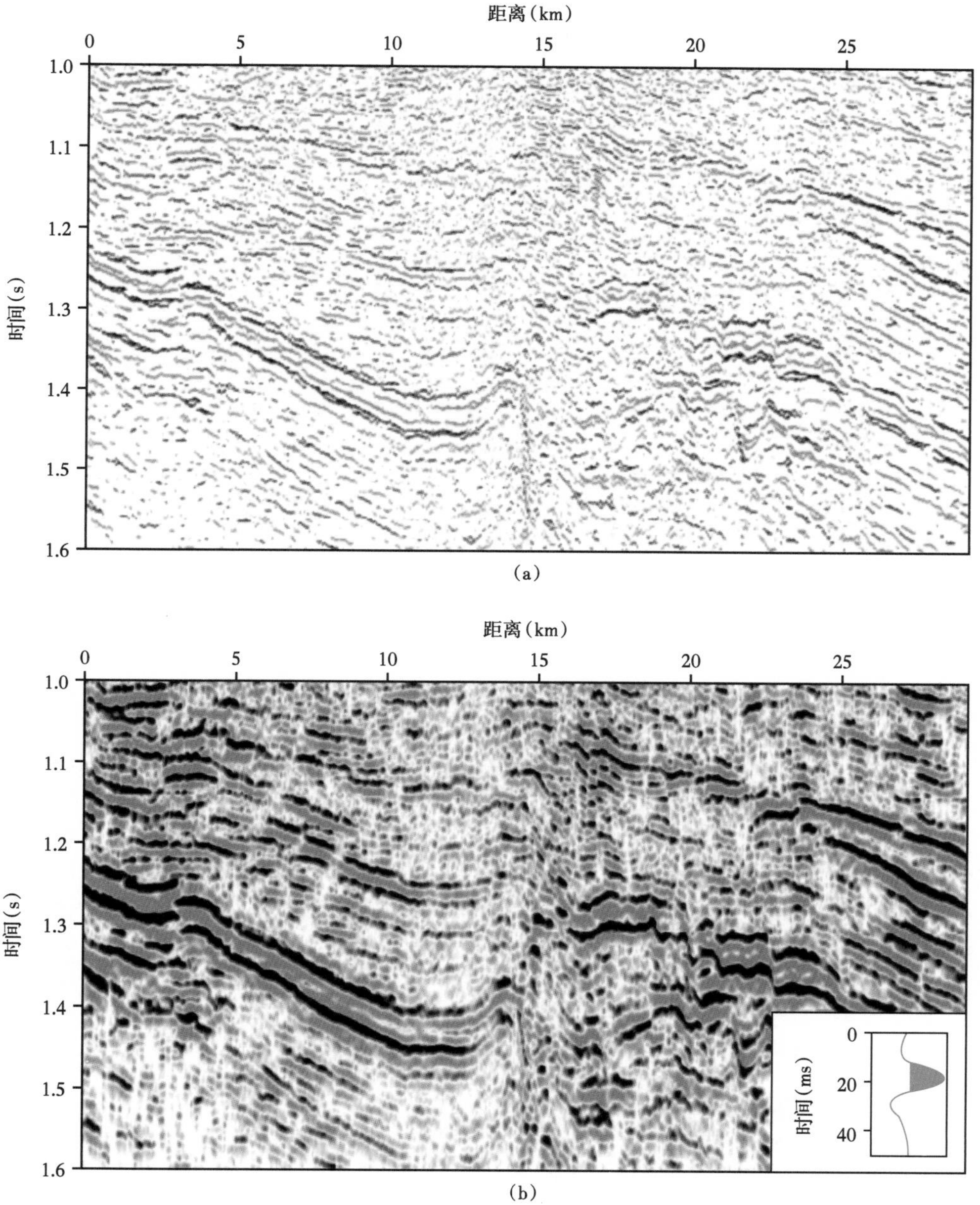

图 8.5　（a）反射波地震剖面。该反射系数剖面的峰度非常高 $\left(\hat{K}_{\mathrm{d}}=23.3\right)$，因此界面更聚焦。（b）反射系数剖面与子波（在右下角）褶积生成的地震剖面。褶积运算后，峰度急剧减小 $\left(\hat{K}_{\mathrm{d}}=5.9\right)$

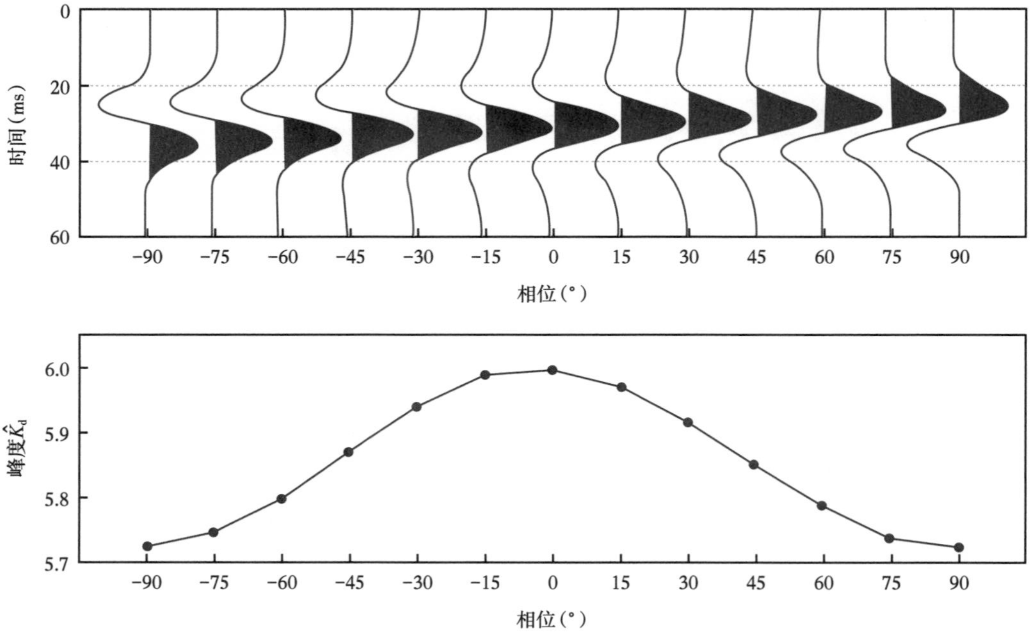

图 8.6　不同相位角的等相位子波，以及相应地震剖面的峰度值。零相位子波的地震剖面峰度值最大

式中，$X(\omega)$ 和 $Y(\omega)$ 为 $x(t)$ 和 $y(t)$ 的傅里叶变换；sgn 为符号函数，当分别取 $\omega<0$，$\omega=0$，$\omega>0$ 时，$\text{sgn}(\omega)=-1$，0，1。

由于地震道 $x(t)$ 为实数，其傅里叶变换为 $X(-\omega)=\bar{X}(\omega)$ 和 $X(\omega=0)=0$。希尔伯特变换后有 $Y(-\omega)=\bar{Y}(\omega)$ 和 $Y(\omega=0)=0$，因此时间域数据 $y(t)$ 也为实数。

$\omega>0$ 对应的希尔伯特算子为

$$-\text{i}\,\text{sgn}(\omega)=-\text{i}=\text{e}^{-\text{i}\pi/2} \tag{8.29}$$

这表明，变换后的 $y(t)$ 与地震道 $x(t)$ 呈 –90° 相位旋转（90° 相位滞后）。

利用 $x_t=x(t)$ 和 $y_t=y(t)$ 合成地震记录：

$$z_t(\theta)=x_t\cos\theta-y_t\sin\theta \tag{8.30}$$

式中，θ 是相对于 x_t 的相移。由于 $\sum x_t^2/M=1$，且希尔伯特变换算子的幂次为 1，因此 $\sum y_t^2/M=1$。零延迟时间时，x_t 和 y_t 不相关，$\sum z_t^2/M=1$。因此，合成记录道的峰度为

$$\hat{K}_z(\theta)=\frac{1}{M}\sum z_t^4(\theta) \tag{8.31}$$

最大峰度相位估计法（White，1988；Longbotter et al.，1988）可计算一系列与不同相位角有关的峰度值，并确定一个恒定的、最大化地震道非高斯性的相位旋转 $\hat{\theta}$。

如果 u_t 是零相位地震道，而 v_t 是 u_t 的希尔伯特变换（−90° 相移），则输入道 x_t 和输出道 y_t 可表示为

$$\begin{cases} x_t = u_t \cos\theta_0 - v_t \sin\theta_0 \\ y_t = u_t \sin\theta_0 + v_t \cos\theta_0 \end{cases} \tag{8.32}$$

式中，θ_0 是现有信号的恒定相位。则相移 θ 的合成地震记录 $z_t=x_t\cos\theta-y_t\sin\theta$ 为

$$z_t = u_t \cos(\theta+\theta_0) - v_t \sin(\theta+\theta_0) \tag{8.33}$$

如果 $\theta+\theta_0=0$，那么 $z_t=u_t$。因此，相位 θ_0 对应最大峰度相位 $\hat{\theta}$ 的负值：

$$\theta_0 = -\hat{\theta} \tag{8.34}$$

图 8.7 显示了合成地震剖面［图 8.5（b）］中峰度随旋转角的变化。最大峰度出现在 $\hat{\theta}=-30°$ 处，子波的估算相位为 $\theta_0=30°$。

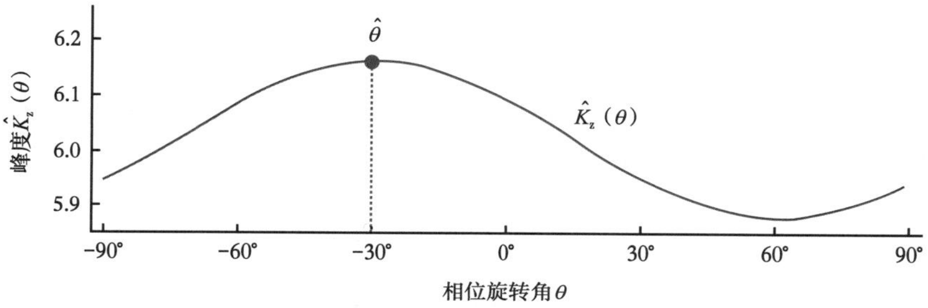

图 8.7　地震剖面的峰度 $\hat{K}_z(\theta)$ 与旋转角 θ 之间的关系。最大峰度出现在 $\hat{\theta}$ 处，对应于子波相位角 θ_0 的负值

8.4　混合相位子波的累积量匹配

累积量也是一个统计概念。第 k 阶累积量函数由以下方程给出：

$$c_k^x(\tau_1,\tau_2,\cdots,\tau_{k-1}) = m_k^x(\tau_1,\tau_2,\cdots,\tau_{k-1}) - m_k^g(\tau_1,\tau_2,\cdots,\tau_{k-1}) \tag{8.35}$$

式中，m_k^x 为零均值地震道 x_t 的第 k 阶矩函数：

$$m_k^x(\tau_1,\tau_2,\cdots,\tau_{k-1}) = E\left\{x_t x_{t+\tau_1}\cdots x_{t+\tau_{k-1}}\right\} \tag{8.36}$$

m_k^g 是等效高斯过程 g_t 的矩函数，具有与 x_t 相同的二阶统计量：

$$m_k^g(\tau_1,\tau_2,\cdots,\tau_{k-1}) = E\left\{g_t g_{t+\tau_1}\cdots g_{t+\tau_{k-1}}\right\} \tag{8.37}$$

因此，累积量不仅代表高阶相关的大小（等式右侧第一项），也度量了该随机过程的高斯化程度。

显然，零均值过程的二阶累积量等价于自相关：

$$c_2^x(\tau)=\frac{1}{M}\sum_t x_t x_{t+\tau} \tag{8.38}$$

这是一个无相函数。三阶累积量为

$$c_3^x(\tau_1,\tau_2)=\frac{1}{M}\sum_t x_t x_{t+\tau_1} x_{t+\tau_2} \tag{8.39}$$

若自变量为对称分布的随机过程，则其对应的二维函数将为零，多数地震反射系数序列均是如此。因此，难以利用褶积恢复二阶和三阶累积量的非最小相位。

但当反射过程非高斯时，四阶累积量所包含的信息足以确定极性反转和时移内的子波。四阶累积量函数为

$$\begin{aligned}c_4^x(\tau_1,\tau_2,\tau_3)=&\frac{1}{M}\sum_t x_t x_{t+\tau_1} x_{t+\tau_2} x_{t+\tau_3}-c_2^x(\tau_1)c_2^x(\tau_2-\tau_3)\\&-c_2^x(\tau_2)c_2^x(\tau_3-\tau_1)-c_2^x(\tau_3)c_2^x(\tau_1-\tau_2)\end{aligned} \tag{8.40}$$

以褶积模型 $x_t=w_t*r_t+e_t$ 为例，其中 e_t 是一个加性误差序列，褶积模型（Mendel，1991）的四阶统计量之间的关系为

$$c_4^x(\tau_1,\tau_2,\tau_3)=c_4^r(\tau_1,\tau_2,\tau_3)*m_4^w(\tau_1,\tau_2,\tau_3)+c_4^e(\tau_1,\tau_2,\tau_3) \tag{8.41}$$

式中，$c_4^r(\tau_1,\tau_2,\tau_3)$ 和 $c_4^e(\tau_1,\tau_2,\tau_3)$ 分别为反射系数序列和误差序列的四阶累积量；$m_4^w(\tau_1,\tau_2,\tau_3)$ 为子波的四阶矩。

假设 r_t 服从独立、均匀分布但非高斯分布，而误差 e_t 服从高斯分布（但不要求是高斯白噪），则可以将其改写为

$$c_4^x(\tau_1,\tau_2,\tau_3)=\gamma_4^r m_4^w(\tau_1,\tau_2,\tau_3) \tag{8.42}$$

其中，$\gamma_4^r=c_4^x(0,0,0)$ 是反射系数序列的峰度。

式（8.42）说明：子波的四阶矩等于地震数据的四阶累积量。

实际上，c_4^e 和 c_4^r 均非零延迟峰值。应用三维平滑渐变窗可提高累积量的计算精度，特别在缺乏 c_4^x 数据量的情况下。子波 $\hat{m}_4^w$ 的四阶累积量估计为

$$\hat{m}_4^w(\tau_1,\tau_2,\tau_3)=\frac{1}{\gamma_4^r}a(\tau_1,\tau_2,\tau_3)c_4^x(\tau_1,\tau_2,\tau_3) \tag{8.43}$$

其中，$a(\tau_1,\tau_2,\tau_3)$ 为平滑窗函数。

三维窗函数可表示为

$$a(\tau_1,\tau_2,\tau_3)=g(\tau_1)g(\tau_2)g(\tau_3)g(\tau_2-\tau_1)g(\tau_3-\tau_2)g(\tau_3-\tau_1) \tag{8.44}$$

其中，$g(\tau)$ 为高斯函数［式（8.14）］。

尽管高斯窗函数与 Parzen 窗函数［式（8.15）］存在一定差别，但仍能给出满意的近似结果 $\hat{m}_4^w(\tau_1,\tau_2,\tau_3)$。

现在可将子波“模型”的矩与从来自地震数据的子波 $\hat{m}_4^w$ 的矩相匹配，从而估算子波。此反问题的目标函数是：

$$\phi=\sum_{\tau_1,\tau_2,\tau_3}\left\|\hat{m}_4^w(\tau_1,\tau_2,\tau_3)-m_4^w(\tau_1,\tau_2,\tau_3)\right\|^2 \tag{8.45}$$

式（8.43）中需注意：γ_4^r 为标量，$a(\tau_1,\tau_2,\tau_3)$ 为预先设计的窗。因此，该反问题的求法属于累积量匹配法。

图 8.8 显示了 $\tau_3=0$ 处的四个二维切片：第四阶累积量 $c_4^x(\tau_1,\tau_2,\tau_3=0)$ 切片；三维高斯窗 $a(\tau_1,\tau_2,\tau_3=0)$ 切片；子波的近似四阶矩 $\hat{m}_4^w(\tau_1,\tau_2,\tau_3=0)$ 切片，也是地震数据加窗四阶累积量；子波的四阶矩切片 $m_4^w(\tau_1,\tau_2,\tau_3=0)$。

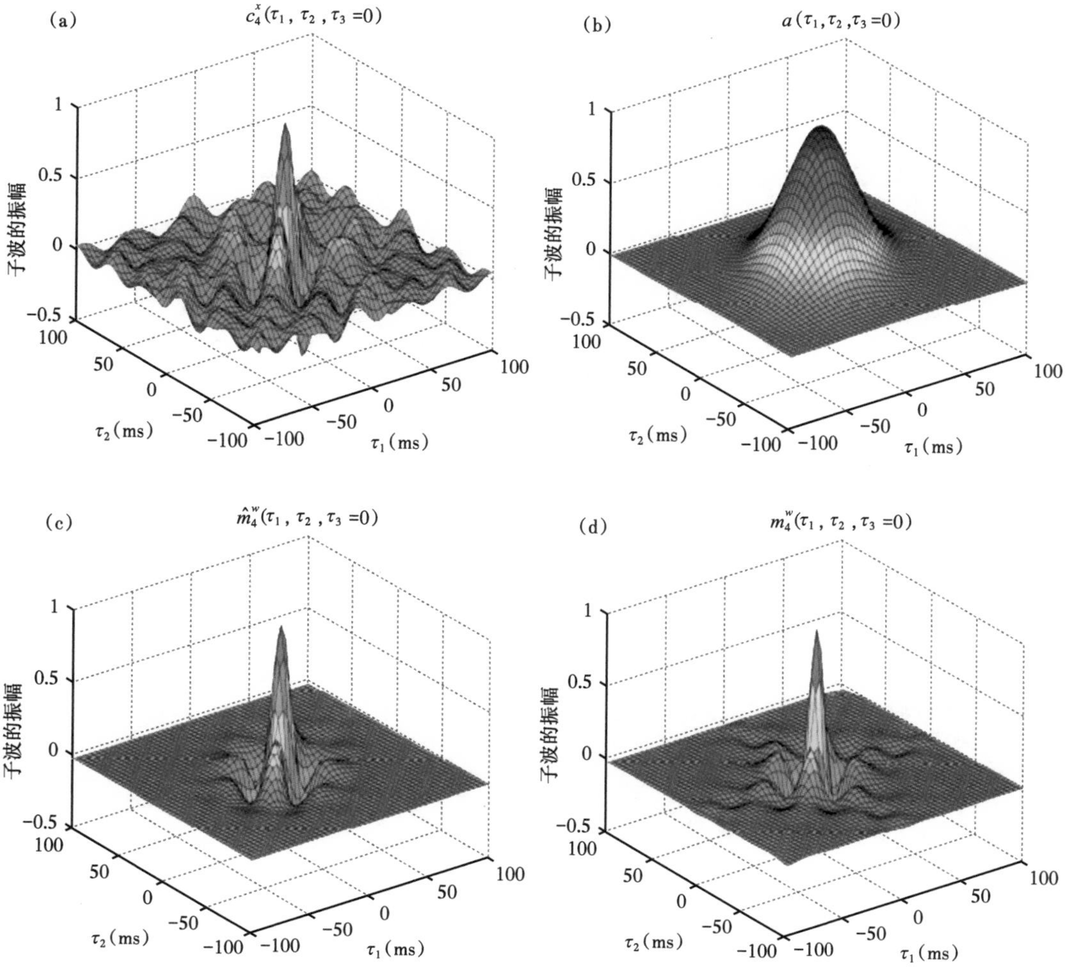

图 8.8　（a）四阶累积量 $c_4^x(\tau_1,\tau_2,\tau_3=0)$ 的切片；（b）三维高斯窗的一个切片 $a(\tau_1,\tau_2,\tau_3=0)$；（c）子波的近似四阶矩 $\hat{m}_4^w(\tau_1,\tau_2,\tau_3=0)$ 的切片，是地震道的加窗四阶累积量；（d）子波 $m_4^w(\tau_1,\tau_2,\tau_3=0)$ 的四阶矩切片

图 8.9 显示了由五条地震道组成的一组道集与三个估算子波，分别为基于振幅谱的零相位子波、峰度匹配方法获取的恒相位子波和累积量匹配获取的混合相位子波。

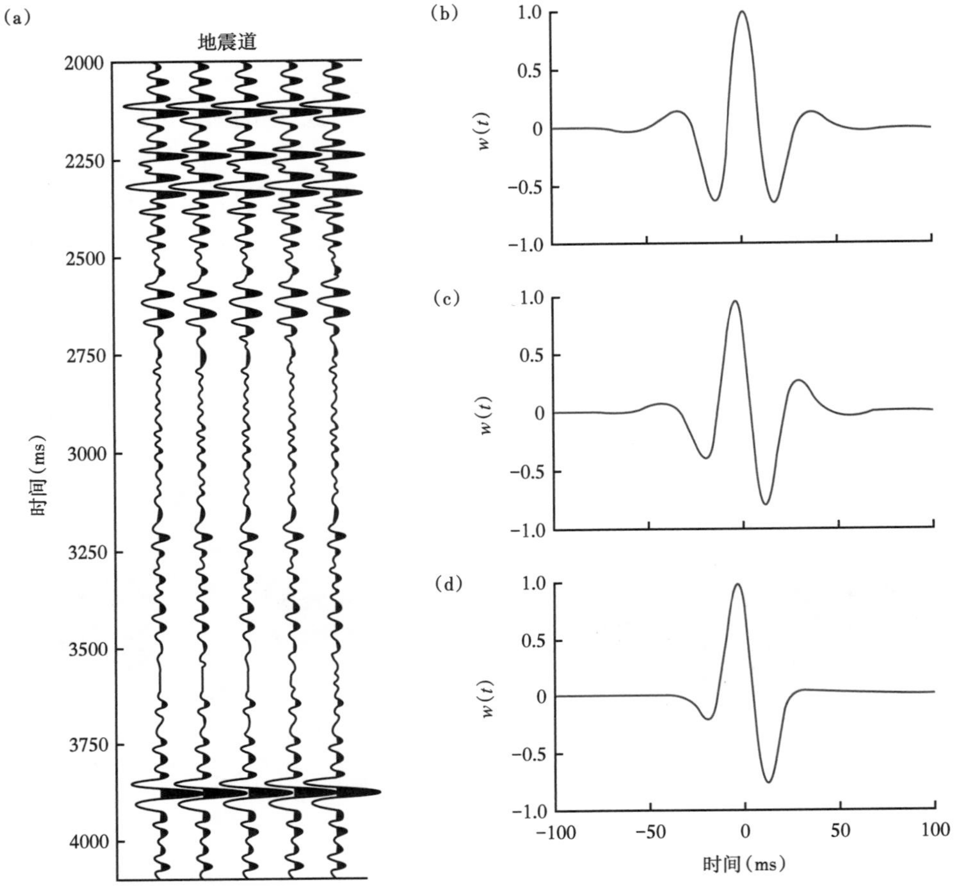

图 8.9 (a)由五条地震道组成的一组地震道(零均值);(b)估算的零相位子波;(c)估算的等相位子波;(d)利用累积量匹配反演方法估算的混合相位子波

累积量匹配法的可靠性取决于源于噪声记录道的累积量 c_4^x、近似矩 $\hat{m}_4^w$，以及多维和非线性目标函数最小化等输入的可靠性。

第 9 章　地震反射系数反演

反射系数序列可直接反映不同沉积层序的垂向变化。地震反射系数反演是从含噪地震数据中恢复反射系数序列和消除子波影响的反演方法。目前，此类反演存在以下两个问题：

（1）各地震道反射系数序列是否为稀疏的脉冲形式；

（2）反射系数在一定空间范围内是否具有横向相干性。

“稀疏”指反演解中包含少量非零值（反射轴），“脉冲”表示时间域内的尖峰，其频率域内能量谱较宽。

反射系数反演稀疏性要求为：模型解由尽可能少的同相轴构成。基于该稀疏性约束，可得未知反射系数的脉冲解。反射系数反演通常采用正则化方法求解，如 L_1 范数与柯西准则等。且实际求解时，通常采用多道反演以提高反射系数剖面的空间连续性。

9.1　高斯约束下的最小二乘问题

基于褶积模型的一道地震数据 $\tilde{\boldsymbol{d}}=\left\{\tilde{\boldsymbol{d}}_t\right\}$ 可表示为

$$\tilde{\boldsymbol{d}}=\boldsymbol{Gm}+\boldsymbol{e} \tag{9.1}$$

式中，t 为时间采样点；$\tilde{\boldsymbol{d}}$ 为数据矢量；矩阵 $\boldsymbol{G}$ 中每一列均包含子波 $\boldsymbol{W}_t$，对子波尾部充零以实现离散褶积运算，向量 $\boldsymbol{m}=\{r_t\}$ 为反射系数序列，$\boldsymbol{e}=\{e_t\}$ 为数据误差。

假设已知子波 W_t（上一章已介绍子波估算方法），本节将从观测地震数据 $\tilde{\boldsymbol{d}}_t$ 中恢复反射系数序列 r_t，目标函数为

$$\phi(\boldsymbol{m})=\left(\tilde{\boldsymbol{d}}-\boldsymbol{Gm}\right)^{\mathrm{T}}\boldsymbol{C}_{\mathrm{d}}^{-1}\left(\tilde{\boldsymbol{d}}-\boldsymbol{Gm}\right)+\mu\boldsymbol{m}^{\mathrm{T}}\boldsymbol{C}_{\mathrm{m}}^{-1}\boldsymbol{m} \tag{9.2}$$

式中，$\boldsymbol{C}_{\mathrm{d}}$ 为数据协方差矩阵；$\boldsymbol{C}_{\mathrm{m}}$ 为模型协方差矩阵；μ 为数据拟合和模型约束之间的平衡因子。

最小二乘解为

$$\boldsymbol{m}=\left[\boldsymbol{G}^{\mathrm{T}}\boldsymbol{C}_{\mathrm{d}}^{-1}\boldsymbol{G}+\mu\boldsymbol{C}_{\mathrm{m}}^{-1}\right]^{-1}\boldsymbol{G}^{\mathrm{T}}\boldsymbol{C}_{\mathrm{d}}^{-1}\boldsymbol{d} \tag{9.3}$$

式（9.3）为经典反褶积方法。其中，稳定因子 μ 为预白化因子，表示数据中白噪声占比，相比 $\boldsymbol{G}^{\mathrm{T}}\boldsymbol{G}$ 中最大对角线元素，μ 相对较小（Robinson，Treitel，1980）。实际应用中，μ 被定义为阻尼参数，可通过 ad-hoc 方法调整。因此，该式也被称为阻尼最小二乘法。

如第六章所述，在式（9.2）中目标函数最小化等价于条件概率密度函数最大化，假设数据误差和模型参数均服从高斯分布：

$$p(\boldsymbol{d}|\boldsymbol{m})=\frac{1}{(2\pi)^{M/2}\sqrt{|\boldsymbol{C}_{\mathrm{d}}|}}\exp\left(-\frac{1}{2}\boldsymbol{e}^{\mathrm{T}}\boldsymbol{C}_{\mathrm{d}}^{-1}\boldsymbol{e}^{\mathrm{T}}\right) \tag{9.4}$$

$$p(\boldsymbol{m})=\frac{1}{(2\pi)^{N/2}\sqrt{|\boldsymbol{C}_{\mathrm{m}}|}}\exp\left(-\frac{1}{2}\boldsymbol{m}^{\mathrm{T}}\boldsymbol{C}_{\mathrm{m}}^{-1}\boldsymbol{m}\right) \tag{9.5}$$

式中，$|\boldsymbol{C}_{\mathrm{d}}|$ 为数据协方差矩阵 $\boldsymbol{C}_{\mathrm{d}}$ 的行列式；$|\boldsymbol{C}_{\mathrm{m}}|$ 为模型协方差矩阵的行列式；M 为数据样本数；N 为随机变量数。

由于左乘因子的归一化作用，概率分布的积分为 1。

式（9.4）假设误差序列 $\boldsymbol{e}$ 通常服从高斯分布，符合地震反演的实际情况。

式（9.5）中高斯模型约束的物理意义为：反演过程中，有效值域范围之外的“异常值”可得到较大程度的压制。异常值通常远离均值且标准差较大。式（9.5）表示：m_k 偏离均值几倍于标准偏差时，对应高斯分布值几乎为零。

图 9.1 展示了高斯分布约束（L_2 范数）在地震反射系数反演中的作用。图 9.1（a）为原始地震剖面，图 9.1（b）显示了 L_2 范数约束的反演结果，没有出现稀疏或脉冲现象。因此可推断，对于地震反射系数反演，“重尾”分布的概率密度函数可能为更适合的约束条件。

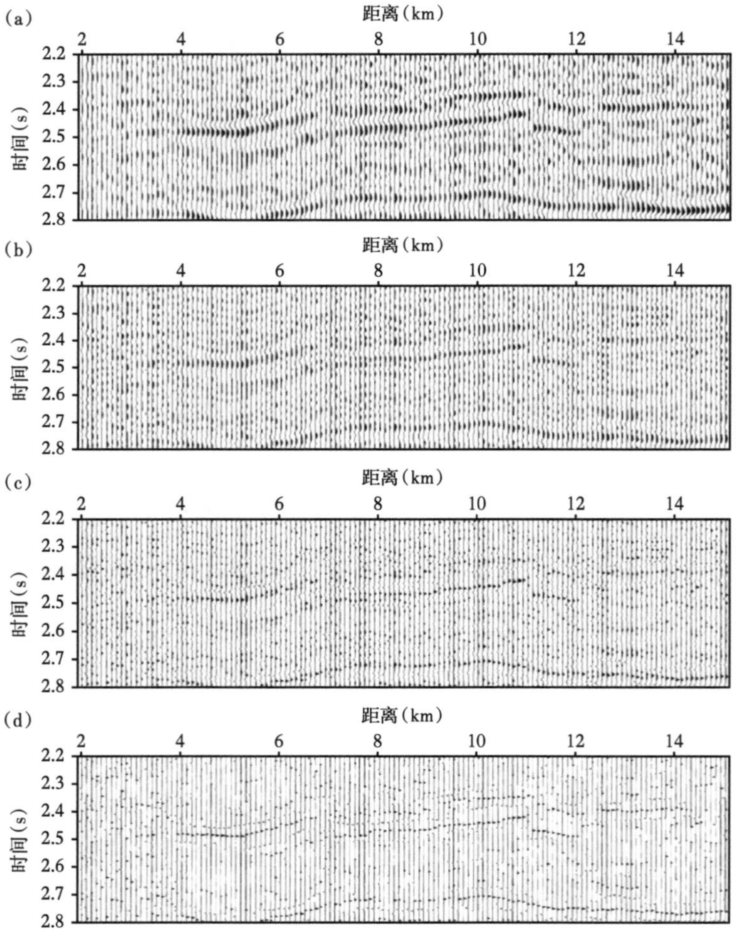

图 9.1 （a）地震剖面；（b）L_2 范数约束下的反射系数估计解；（c）L_1 范数约束下的反射系数估计解；（d）p=0.1 的 L_p 范数约束下的反射系数估计解，此时解具有稀疏性和脉冲性，可认为是反射系数序列

9.2　L_p 范数约束的反射系数反演

为求解稀疏的反射系数序列，可用 $p \leqslant 1$ 的 L_p 范数取代 L_2 范数作为模型约束。此时，相应目标函数定义为

$$\phi(\boldsymbol{m})=\left(\tilde{\boldsymbol{d}}-\boldsymbol{G}\boldsymbol{m}\right)^{\mathrm{T}}\boldsymbol{C}_{\mathrm{d}}^{-1}\left(\tilde{\boldsymbol{d}}-\boldsymbol{G}\boldsymbol{m}\right)+\mu\left(\hat{\boldsymbol{m}}^{p/2}\right)^{\mathrm{T}}\boldsymbol{C}_{\mathrm{m}}^{-1}\hat{\boldsymbol{m}}^{p/2} \tag{9.6}$$

式中，向量 $\hat{\boldsymbol{m}}^{p/2}$ 中包含元素 $|\hat{m}_k|^{p/2}$，对于 $\hat{\boldsymbol{m}}^{p/2}$ 有 $\left(\hat{\boldsymbol{m}}^{p/2}\right)^{\mathrm{T}}\hat{\boldsymbol{m}}^{p/2}=\|\boldsymbol{m}\|_p^p$。

因此，式（9.6）与 L_2 范数约束的目标函数［式（9.2）］有相似形式。即式（9.6）中 L_p 范数约束等价于概率密度函数：

$$p(\boldsymbol{m})\propto \exp\left[-\frac{1}{2}\left(\hat{\boldsymbol{m}}^{p/2}\right)^{\mathrm{T}}\boldsymbol{C}_{\mathrm{m}}^{-1}\hat{\boldsymbol{m}}^{p/2}\right] \tag{9.7}$$

注意，仅当 $p=2$ 时，$\boldsymbol{C}_{\mathrm{m}}$ 有明确物理意义（Johnson, Kotz，1972）。此处将 $\boldsymbol{C}_{\mathrm{m}}$ 视为加权矩阵，与 $\|\boldsymbol{m}\|_p^p$ 具有相同的单位。

p 为变量时，L_p 范数函数具有不同的统计含义。p 等于 ∞、2 和 1 时的 L_p 范数分别对应于均匀分布、高斯分布与指数分布的概率密度函数约束。p 值接近零时，概率密度函数近似于脉冲函数。

以 $p \leqslant 1$ 的 L_p 范数，最小化方程（9.6）所示的目标函数，可得独立分布的脉冲解（Levy，Fullagar，1981；Debeye，van Riel，1990）。图 9.1 分别对比了 $p=1$ 和 $p=0.1$ 的 L_p 范数模型约束与 L_2 范数约束的反演结果。$p=0.1$ 对应的结果具有稀疏脉冲性，可看作反射系数序列。

p 值从 1 减小到 0.1 后，部分弱反射能量减弱（稀疏性），而强反射能量增强（脉冲性）。因此，原始地震资料与反演结果差异增大。本例中，p 等于 2、1 和 0.1 的数据差异分别为 1.6%、1.4% 和 11%。$p=2$ 对应的反演结果作为初始模型，减小 p 值（$p<2$）进行迭代反演，$p=1$ 和 $p=2$ 对应的数据残差几乎相同。但当 $p=0.1$ 时，残差反而增大。因此，需要适当调节 p 值（$0.1<p<1$）来权衡解的稀疏性和准确性。

9.3　柯西约束的反射系数反演

柯西分布比高斯分布（L_2 范数模型约束）有更宽的“旁瓣”。结合高斯分布的残差项与柯西模型约束建立如下目标函数：

$$\phi(\boldsymbol{m})=\frac{1}{2}\left(\tilde{\boldsymbol{d}}-\boldsymbol{G}\boldsymbol{m}\right)^{\mathrm{T}}\boldsymbol{C}_{\mathrm{d}}^{-1}\left(\tilde{\boldsymbol{d}}-\boldsymbol{G}\boldsymbol{m}\right)+\mu\sum_{k=1}^{N}\ln\left(1+\frac{m_k^2}{\lambda^2}\right) \tag{9.8}$$

柯西参数 λ 控制反射系数解的稀疏性。第 6 章对柯西参数 λ 最优化进行了定量评价。与之前的方法相同，需要调整因子 μ 以权衡反演稀疏项和数据残差项，即需要削弱柯

西正则化对目标函数的影响；否则，反演结果将由于弱反射被压制而过于稀疏。尽管缺失弱反射系数的反演结果仍可保留地下介质的主要形态，但无法恢复地质特征的细节。

图 9.2（a）显示了原始地震剖面，图 9.2（b）显示了第一次迭代的最小二乘反演结果，该结果用于后续的柯西参数定量估计。从第二次迭代开始，进行柯西模型约束的反射系数反演，反演结果的脉冲度和稀疏度逐渐提高。

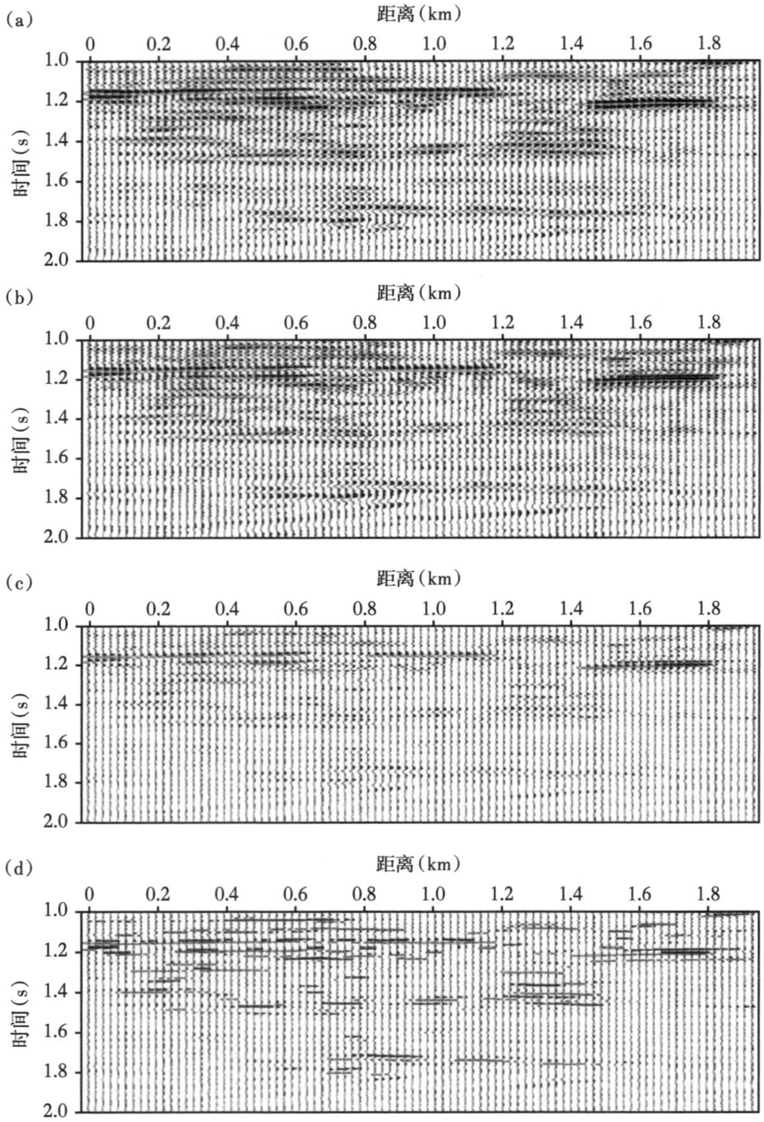

图 9.2 柯西约束的地震反射系数反演：（a）原始地震剖面；（b）第一次迭代反演的最小二乘结果；（c）第二次迭代的反演结果；（d）第八次迭代的反演结果

所得反射系数序列的振幅谱（图 9.3）清晰显示了迭代中频谱逐渐白化的过程。其中，“迭代 =1”的曲线代表没有稀疏约束的反演结果频谱，随着迭代次数增加，反射系数频谱中高频成分逐渐趋于平滑。

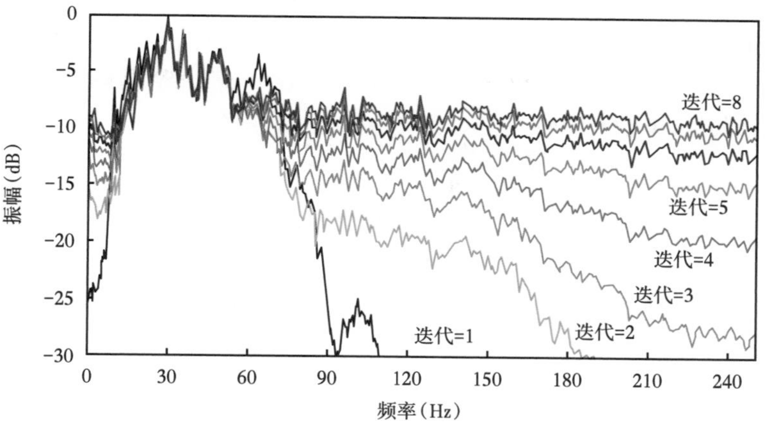

图 9.3　反射系数序列反演结果的振幅谱：第一次迭代（迭代 =1）的曲线是没有稀疏约束的频谱结果，随着迭代次数的增加，反射系数的频谱中的高频成分逐渐趋于平滑

不同迭代次数的反射系数序列统计结果（图 9.4）表明，传统最小二乘法反演结果服从高斯分布，而其他方法的结果更接近于柯西分布。第二次迭代中（首次使用柯西约束），反射系数分布表现为柯西分布［图 9.4（b）］，可由包含柯西参数 $\lambda=1.74\times10^{-3}$ 的连续曲线拟合。

然而，经进一步迭代，结果逐渐转变为高斯分布。第八次迭代［图 9.4（c）］中，反射系数序列由标准偏差为 $\sigma=2.24\times10^{-3}$ 的高斯函数拟合（实心曲线）。图中虚线为柯西分布。

此示例表明，柯西正则化约束下的最小二乘法解服从高斯分布，但是十分接近柯西分布。

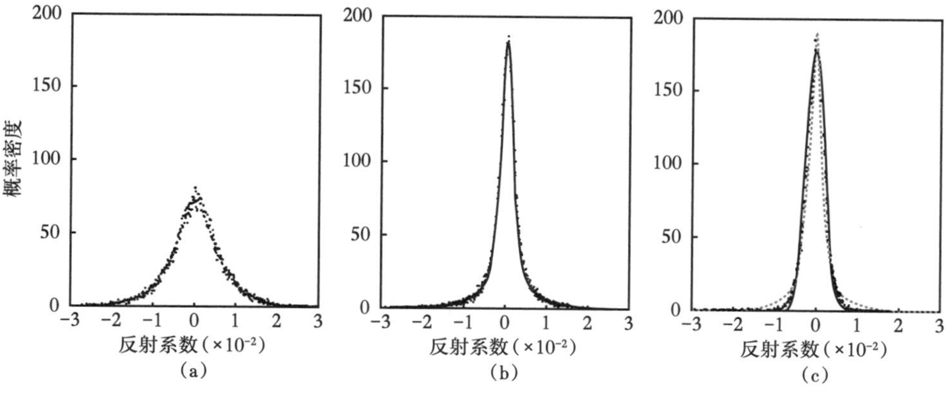

图 9.4　不同迭代次数的地震反射系数反演结果的统计信息：（a）第一次迭代后的反射系数分布为高斯分布；（b）第二次迭代后反射系数分布的柯西拟合（第一次柯西约束反演）；（c）第八次迭代后，反射系数分布变为高斯分布（实线）而非柯西分布（虚线）

9.4　多道反射系数反演

L_p 范数（$p\leqslant1$）与柯西约束的地震反射系数反演均基于逐道计算的方式，信噪比较

低且构造复杂的情况下，其反演的反射系数剖面可能出现的横向不连续问题。因此，此处提出一种多道反演方案，以提高反射系数剖面的横向一致性，进而获得清晰的反射结构特征。

多道反演过程中，每次迭代均需通过空间预测以融合相邻道的信息。假设地震反射系数序列在频率域是空间可预测的：

$$\tilde{r}_k(\omega)=\frac{1}{2}\left(\sum_{j=1}^{J}p_j(\omega)r_{k-j}(\omega)+\sum_{j=1}^{J}\overline{p}_j(\omega)r_{k+j}(\omega)\right) \tag{9.9}$$

式中，ω 为频率；k 为地震道索引；r_k 为空间预测前的反射系数；$\tilde{r}_k$ 为预测后的反射系数；$\overline{p}_j$ 为 p_j 的复共轭。

上述 ω—x 预测的表达式中，频率 ω 的空间预测滤波器可表示为

$$p_J,\cdots,p_2,p_1,-2,\overline{p}_1,\overline{p}_2,\cdots,\overline{p}_J \tag{9.10}$$

式中，−2 为预测道 $\tilde{r}_k$ 的系数；$\{p_J,\ \cdots,\ p_2,\ p_1,\ -1\}$ 为正向预测滤波器，$\{-1,\overline{p}_1,\overline{p}_2,\cdots\overline{p}_J\}$ 为反传预测滤波器。

对于二维数据切片（来自三维地震数据），预测滤波器可表示为

$$\begin{bmatrix} p_{2,2} & p_{2,1} & p_{2,0} \\ p_{1,2} & p_{1,1} & p_{1,0} \\ p_{0,2} & p_{0,1} & -1 \\ p_{-1,2} & p_{-1,1} & \\ p_{-2,2} & p_{-2,1} & \end{bmatrix} \text{和} \begin{bmatrix} & \overline{p}_{-2,1} & \overline{p}_{-2,2} \\ & \overline{p}_{-1,1} & \overline{p}_{-1,2} \\ -1 & \overline{p}_{0,1} & \overline{p}_{0,2} \\ \overline{p}_{1,0} & \overline{p}_{1,1} & \overline{p}_{1,2} \\ \overline{p}_{2,0} & \overline{p}_{2,1} & \overline{p}_{2,2} \end{bmatrix} \tag{9.11}$$

公式（9.11）分别用于正传与反传预测（Wang，1999b，2002）。此时，预测算子大小为 5×5，输出位置在正传与反传预测系数 −1 之下。

寻找预测滤波器本身就是一个反问题。如对于一维数据序列（来自二维地震数据），将公式（9.9）重写为正传与反传预测形式：

$$\begin{cases} r_k(\omega)=\sum_{j=1}^{J}p_j(\omega)r_{k-j}(\omega) \\ \overline{r}_k(\omega)=\sum_{j=1}^{J}p_j(\omega)\overline{r}_{k+j}(\omega) \end{cases} \tag{9.12}$$

式（9.12）所列的两个方程是给定频率 ω 的空间褶积。因此，预测过程通常称为空间反褶积。将式（9.12）表示为矩阵矢量形式：$\boldsymbol{Ap}=\boldsymbol{b}$，其中矩阵 $\boldsymbol{A}$ 由元素 r_{k-j} 和 $\overline{r}_{k+j}$ 组成，$\boldsymbol{p}$ 为预测滤波器 $\{p_j\}$，且：

$$\boldsymbol{b}=\begin{bmatrix} \boldsymbol{r} \\ \overline{\boldsymbol{r}} \end{bmatrix} \tag{9.13}$$

应用稳定的最小二乘法计算滤波器 p：

$$p = \left[A^{\mathrm{H}} A + \mu I \right]^{-1} A^{\mathrm{H}} b \tag{9.14}$$

式中，上标 H 表示 Hermitian 转置，即复共轭的转置。

回顾前述内容，滤波器$\boldsymbol{p}$是根据等式（9.12）两侧数据样本构造而成。因此，方程（9.10）的双边预测滤波器的系数具有共轭对称性，且预测滤波器在空间频率域中为零相位。

将反射系数剖面表示为数据矩阵 $\boldsymbol{R}(t, x)$，其每列包含一道反射系数 $r(t)$，x 代表空间位置。$\boldsymbol{R}(t, x)$ 对应的频域表达式为

$$\boldsymbol{R}(\omega, x) = \boldsymbol{F}\boldsymbol{R}(t, x) \tag{9.15}$$

式中，$\boldsymbol{F}$ 表示相对于时间 t 的一维傅里叶变换。

频率域中空间预测可表示为

$$\tilde{\boldsymbol{R}}(\omega, x) = P\{\boldsymbol{F}\boldsymbol{R}(t, x)\} \tag{9.16}$$

式中，P 为广义预测算子。

经反傅里叶变换，得时间域数据矩阵：

$$\tilde{\boldsymbol{R}}(t, x) = \boldsymbol{F}^{-1}\left(P\{\boldsymbol{F}\boldsymbol{R}(t, x)\}\right) \tag{9.17}$$

使用算子 $\boldsymbol{L}$ 来总结整个预测过程，包括傅里叶正反变换过程以及频率域空间预测，则有

$$\tilde{\boldsymbol{R}}(t, x) = \boldsymbol{L}\boldsymbol{R}(t, x) \tag{9.18}$$

由于数据矩阵 $\boldsymbol{R}(t, x)$ 与 $\tilde{\boldsymbol{R}}(t, x)$ 已知，可通过式（9.19）计算空间预测算子 $\boldsymbol{L}$：

$$\boldsymbol{L} = \tilde{\boldsymbol{R}}\boldsymbol{R}^{\mathrm{T}}\left(\boldsymbol{R}\boldsymbol{R}^{\mathrm{T}} + \mu \boldsymbol{I}\right)^{-1} \tag{9.19}$$

式（9.19）为最小二乘解，μ 为稳定因子。

将子波与反射系数褶积，可得包含地震道的矩阵：

$$\boldsymbol{S} = \boldsymbol{W}\boldsymbol{L}\boldsymbol{R} = \boldsymbol{G}\boldsymbol{R} \tag{9.20}$$

其中，$\boldsymbol{G}=\boldsymbol{W}\boldsymbol{L}$。因此，基于柯西约束的多道反射系数反演结果可表示为

$$\boldsymbol{R} = \left(\boldsymbol{G}^{\mathrm{T}}\boldsymbol{C}_{\mathrm{d}}^{-1}\boldsymbol{G} + \frac{\mu}{\lambda^2}\boldsymbol{D}\right)^{-1}\boldsymbol{G}^{\mathrm{T}}\boldsymbol{C}_{\mathrm{d}}^{-1}\tilde{\boldsymbol{S}} \tag{9.21}$$

式中，$\boldsymbol{D}$ 为方程（6.45）中与柯西约束相关的修正对角矩阵；$\tilde{\boldsymbol{S}}$ 为观测地震剖面。

因此，方程（9.21）为方程（6.44）所示的柯西解的多道形式。

9.5　多道共轭梯度法

传统共轭梯度法适用于单道反射系数反演，将其拓展可实现多道反射系数反演。

首先，最小化$\|\bar{s}-W_r\|^2$以获取反射系数序列。其中，$\bar{s}$为地震道，W为子波矩阵，r代表反射系数序列，W_r为时间域的离散褶积。

反射系数序列可表示为

$$r=\left(W^{\mathrm{T}}W+\mu I\right)^{-1}W^{\mathrm{T}}\tilde{s} \tag{9.22}$$

式（9.22）为标准地震反褶积［参见式（9.3）］。$R(t, x)=[r_1, r_2, \cdots, r_N]$由不同道的反射系数构成，其中$N$为道数。

为避免对矩阵直接求逆，可将公式（9.21）重写为

$$\left(G^{\mathrm{T}}C_{\mathrm{d}}^{-1}G+\frac{\mu}{\lambda^2}D\right)R=G^{\mathrm{T}}C_{\mathrm{d}}^{-1}\tilde{S} \tag{9.23}$$

两边之差为

$$E=G^{\mathrm{T}}C_{\mathrm{d}}^{-1}\tilde{S}-\left(G^{\mathrm{T}}C_{\mathrm{d}}^{-1}G+\frac{\mu}{\lambda^2}D\right)R \tag{9.24}$$

利用该残差矩阵，可将传统单道共轭梯度法推广为多道形式。

设计如下的多道反演流程：

步骤1：初始化$R^{(1)}=[r_1^{(1)}, r_2^{(2)}, \cdots, r_N^1]$，设置残差$E^{(1)}=[e_1^{(1)}, e_2^{(1)}, \cdots, e_N^1]$，设置下降方向$P^{(1)}=[p_1^{(1)}, p_2^{(1)}, \cdots, p_N^1]$等于$E^{(1)}$。

步骤2：采用共轭梯度法迭代计算矩阵。

$$A=G^{\mathrm{T}}C_{\mathrm{d}}^{-1}G+\frac{\mu}{\lambda^2}D \tag{9.25}$$

执行内循环，j=1，2，…，N。

$$\begin{cases} u_j^{(k)}=Ap_j^{(k)}, & \alpha_j^{(k)}=\dfrac{\left(e_j^{(k)},e_j^{(k)}\right)}{\left(p_j^{(k)},u_j^{(k)}\right)} \\ r_j^{(k+1)}=r_j^{(k)}+\alpha_j^{(k)}p_j^{(k)}, & e_j^{(k+1)}=e_j^{(k)}-\alpha_j^{(k)}u_j^{(k)} \\ \beta_j^{(k)}=\dfrac{\left(e_j^{(k+1)},e_j^{(k+1)}\right)}{\left(e_j^{(k)},e_j^{(k)}\right)}, & p_j^{(k+1)}=e_j^{(k+1)}+\beta_j^{(k)}p_j^{(k)} \end{cases} \tag{9.26}$$

其中，u_j，p_j，e_j和r_j为第j道的一维矢量；$\alpha_j^{(k)}$和$\beta_j^{(k)}$分别为第k次迭代步长和共轭系数。

步骤3：重新初始化R=$[r_1, r_2, \cdots, r_N]$，使用步骤2中共轭梯度法获得的初步结果，并重回到步骤1再次循环。

步骤4：最后，根据$\tilde{R}=LR$计算反射系数序列。

多道反演流程中，当某一道的残差低于预定义的阈值时，该道反射系数即存储在数据矩阵R=$[r_1, r_2, \cdots, r_N]$中，而其他道会通过进一步迭代不断更新。当所有道的残差都低于阈值时，共轭梯度计算停止。

多道共轭梯度法中，算子A是多道算子。但每个内部迭代循环都涉及单道共轭梯度计算，例如向量的内积与求和等。

重复前三个步骤获得满意的结果后，执行第四个和最后一个步骤，即式(9.18)。

图 9.5 中足以说明多道反演算法的有效性。反射系数反演引入相邻道的相干信息，可较好保留横向连续性。

图 9.6(a)为实际地震剖面，图 9.6（b）为四步多道反射系数反演结果。

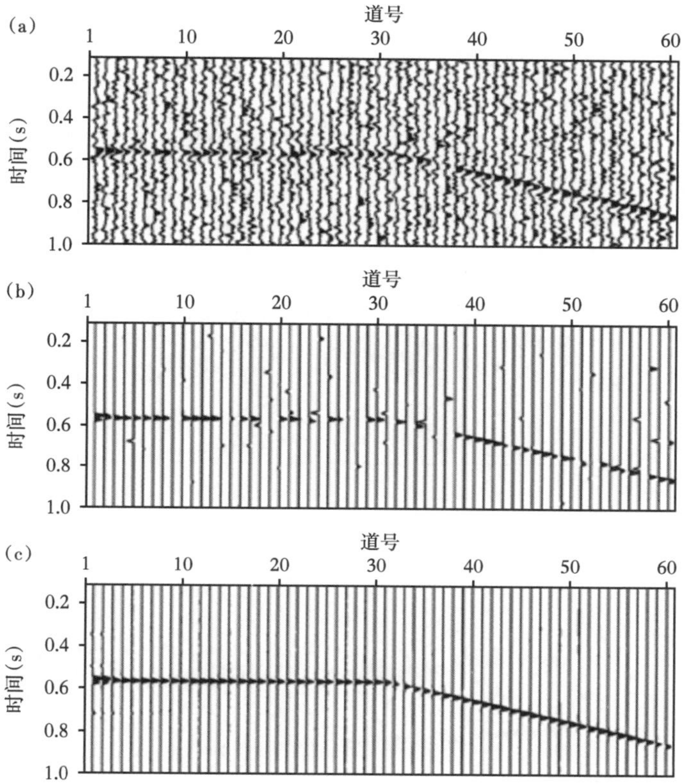

图 9.5　(a)合成地震剖面;(b)反射系数单道反褶积剖面;(c)反射系数多道反演剖面

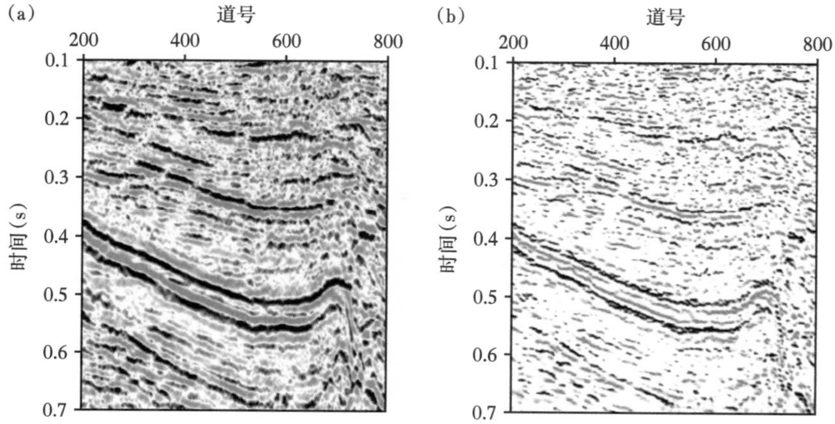

图 9.6　(a)实际地震剖面;(b)反射系数多道反演剖面

图 9.7 为放大的地震剖面。其中，图 9.7（a）为放大后的实际地震剖面图，包含低频噪声。图 9.7（b）为传统单道反演结果，反演过程中通过 $\omega-x$ 预测滤波提高了的空间连续性。该空间预测滤波器对反射系数进行了平滑处理。

图 9.7（c）为基于多道反射系数反演（前三个步骤）获得的反射系数，对其进行空间预测滤波 $\tilde{R}=LR$，即第四步和最后一步。相比于其他反射系数剖面，最终反射系数剖面信噪比更高、反射结构特征更清晰。

总之，成功实现反射系数反演有两个关键要素：稀疏约束与多道反演方法。

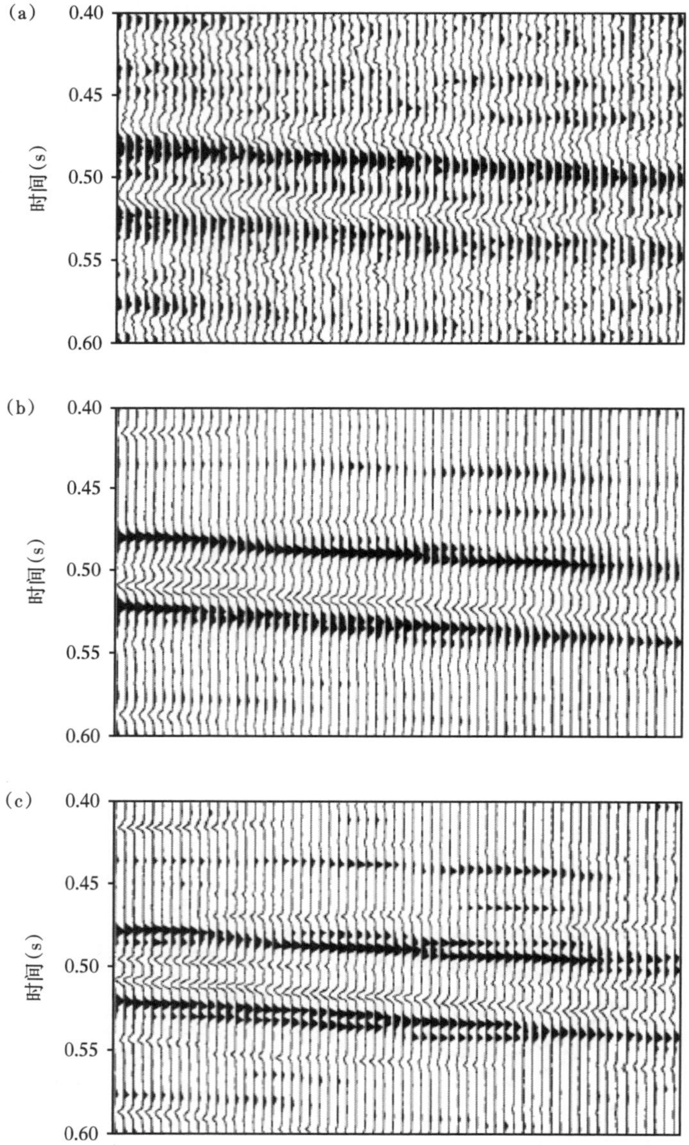

图 9.7 （a）放大的实际地震剖面；（b）基于单道反演和空间预测的反射系数剖面；（c）基于多道反射系数反演（前三个步骤）和空间预测（第四步和最后一步）的反射系数剖面

第 10 章　地震射线阻抗反演

地震阻抗被广泛认为是识别油气藏的有效的岩性特征之一。理想情况下，阻抗变化可从反射系数序列中通过递推公式计算得到。为减少递归引起的累积误差并保证计算过程稳定，应通过反演手段而非递推计算估计阻抗变化，同时在最小二乘反演中引入地质条件约束，如测井与地震信息。

从地震资料中可反演出不同类型的阻抗：声阻抗、弹性阻抗和射线阻抗。声阻抗忽略了地下介质的刚度，而弹性阻抗则考虑了剪切模量，但这两种阻抗参数均不完全符合斯奈尔定律。在非零炮检距道上反演时，射线阻抗是声阻抗与弹性阻抗的扩展，是沿射线路径测量的阻抗量，考虑了非垂直入射的真实情况（Wang，2003b）。因此，本章仅介绍射线阻抗反演策略。

10.1　声阻抗与弹性阻抗

声阻抗（AI）是纵波速度 α 和体密度 ρ 的乘积：

$$\mathrm{AI} = \rho\alpha \tag{10.1}$$

在地震学中，“声波介质”一词指不支持横波传播或横波速度为零的介质。因此，反射系数仅与纵波速度 α 和介质体密度 ρ 有关。沿法向入射地下界面的反射系数 r_k 可表示为

$$r_k = \frac{\mathrm{AI}_{k+1} - \mathrm{AI}_k}{\mathrm{AI}_{k+1} + \mathrm{AI}_k} \tag{10.2}$$

式中，AI_k 与 AI_{k+1} 分别为反射界面的入射（k）和出射（k+1）声阻抗，则声阻抗比为

$$\frac{\mathrm{AI}_{k+1}}{\mathrm{AI}_k} = \frac{1 + r_k}{1 - r_k} \tag{10.3}$$

取两个近似值 $1+r_k \approx \exp(r_k)$ 与 $1-r_k \approx \exp(-r_k)$，将声阻抗比转化为

$$\frac{\mathrm{AI}_{k+1}}{\mathrm{AI}_k} = \exp(2r_k) \tag{10.4}$$

式（10.3）和式（10.4）中阻抗比的泰勒展开式分别为

$$\frac{1 + r_k}{1 - r_k} = 1 + 2\sum_{n=1}^{\infty} r_k^n = 1 + 2r_k + 2r_k^2 + 2r_k^3 + \cdots \tag{10.5}$$

与

$$\exp(2r_k)=\sum_{n=0}^{\infty}\frac{2^n}{n!}r_k^n=1+2r_k+2r_k^2+\frac{4}{3}r_k^3+\cdots \tag{10.6}$$

对比可知，r_k 为二阶时，式(10.5)和式(10.6)等价。如图 10.1 所示，当 $|r_k|<0.4$ 时，这两个公式之间的差异小于 5%。理论上，反射系数绝对值通常小于 0.4，但考虑数据噪声及可能的处理误差，阻抗计算时，指数公式比其他公式更稳定。对于多层介质，式(10.3)和式(10.4)转化为

$$\mathrm{AI}_{k+1}=\mathrm{AI}_1\prod_{i=1}^{k}\frac{1+r_i}{1-r_i}=\mathrm{AI}_1\exp\left(2\sum_{i=1}^{k}r_i\right) \tag{10.7}$$

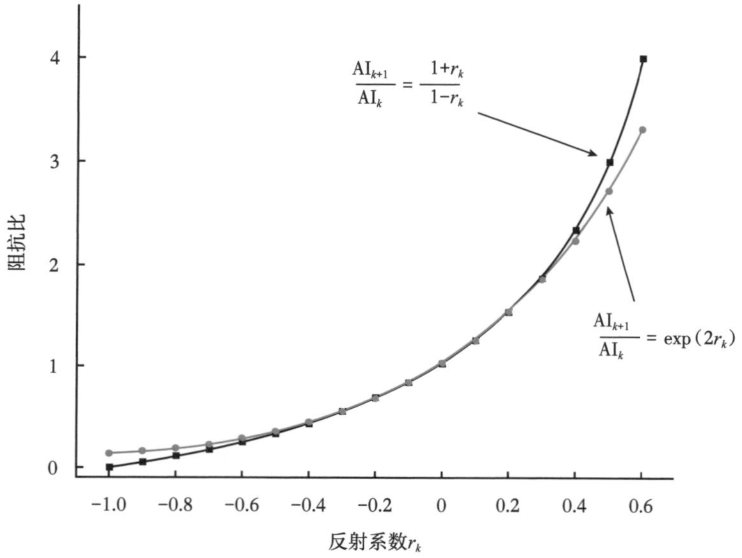

图 10.1　两个声阻抗比公式的差异曲线

式(10.7)将声阻抗 AI_{k+1} 与反射系数 $\{r_i\}$ 联系起来，考虑到“数据”$\{\tilde{r}_i\}$ 中可能存在误差 $\{e_i\}$，得到：

$$\mathrm{AI}_{k+1}=\mathrm{AI}_1\exp\left(2\sum_{i=1}^{k}\tilde{r}_i\right)=\mathrm{AI}_1\exp\left(2\sum_{i=1}^{k}r_i\right)\exp\left(2\sum_{i=1}^{k}e_i\right) \tag{10.8}$$

假设 $\{e_i\}$ 为随机误差，第二个指数函数 $\exp\left(2\sum_{i=1}^{k}e_i\right)$ 趋近于 1。这证明了阻抗计算中，阻抗比的指数表达式比乘积表达式更稳定。

弹性阻抗(EI)为声阻抗的一般形式，它将横波速度与纵波速度、密度相结合，可用于识别油气藏。

为定义弹性阻抗参数，将反射系数以类似声波反射系数的公式转化为

$$r_k(\theta)=\frac{\mathrm{EI}_{k+1}(\theta)-\mathrm{EI}_k(\theta)}{\mathrm{EI}_{k+1}(\theta)+\mathrm{EI}_k(\theta)}\approx\frac{1}{2}\ln\frac{\mathrm{EI}_{k+1}(\theta)}{\mathrm{EI}_k(\theta)} \tag{10.9}$$

Aki 和 Richards（1980）给出了反射系数的线性表达式：

$$r(\theta)=\frac{1}{2}\left[\left(1+\tan^2\theta\right)\frac{\Delta\alpha}{\alpha}-8K\sin^2\theta\frac{\Delta\beta}{\beta}+\left(1-4K\sin^2\theta\right)\frac{\Delta\rho}{\rho}\right] \tag{10.10}$$

其中，$K=\frac{\beta^2}{\alpha^2}$。

对于第 k 个界面，有

$$\frac{\Delta\alpha}{\alpha}\approx\ln\frac{a_{k+1}}{a_k},\frac{\Delta\beta}{\beta}\approx\ln\frac{\beta_{k+1}}{\beta_k},\frac{\Delta\rho}{\rho}\approx\ln\frac{\rho_{k+1}}{\rho_k} \tag{10.11}$$

式（10.10）可表示为

$$r_k(\theta_k)\approx\frac{1}{2}\ln\frac{\alpha_{k+1}^{1+\tan^2\theta_k}\beta_{k+1}^{-8K_k\sin^2\theta_k}\rho_{k+1}^{1-4K_k\sin^2\theta_k}}{\alpha_k^{1+\tan^2\theta_k}\beta_k^{-8K_k\sin^2\theta_k}\rho_k^{1-4K_k\sin^2\theta_k}} \tag{10.12}$$

若假设 $K_k=K$ 且 $\theta_k=\theta$，K 和 θ 均为常数，则式（10.12）成为递推式（10.9）。则弹性阻抗参数定义为

$$\mathrm{EI}_k(\theta)=\rho_k\alpha_k\left(\alpha_k^{\tan^2\theta}\beta_k^{-8K\sin^2\theta}\rho_k^{-4K\sin^2\theta}\right) \tag{10.13}$$

换言之，弹性阻抗参数为声阻抗 $\rho_k\alpha_k$ 与系数 $\alpha_k^{\tan^2\theta}\beta_k^{-8K\sin^2\theta}\rho_k^{-4K\sin^2\theta}$ 的乘积，其中考虑了横波速度和入射角。

由于弹性阻抗根据可变入射角定义（Connolly，1999），利用零偏移数据反演声波阻抗的策略，可从非零偏移距地震数据中反演弹性阻抗。

然而，推导过程中的两个假设降低了弹性阻抗参数的准确度：其一，入射角和透射角相等；其二，速度比为常数。实际上，入射角和透射角应该遵循斯奈尔定律；大多数情况下，界面两侧的纵、横波速度比不同。应用射线阻抗的概念可解决上述问题。

10.2　射线阻抗

射线阻抗（RI）定义了沿射线路径的具有恒定射线参数 p 的弹性阻抗，因此符合斯奈尔定律（Wang，2003b）。

界面处的反射系数取决于界面上下射线阻抗的相对变化：

$$r_k(p)=\frac{\mathrm{RI}_{k+1}(p)-\mathrm{RI}_k(p)}{\mathrm{RI}_{k+1}(p)+\mathrm{RI}_k(p)}\approx\frac{1}{2}\ln\frac{\mathrm{RI}_{k+1}(p)}{\mathrm{RI}_k(p)} \tag{10.14}$$

该推导基于以下反射系数的二次公式（Wang，1999a）：

$$r(p)=\frac{\rho_2 q_{\alpha 1}-\rho_1 q_{\alpha 2}}{\rho_2 q_{\alpha 1}+\rho_1 q_{\alpha 2}}-\frac{2\Delta\mu}{\rho}p^2 \tag{10.15}$$

式中，$q_{\alpha 1}=(1/\alpha_1^2-p^2)^{1/2}$，$q_{\alpha 2}=(1/\alpha_2^2-p^2)^{1/2}$ 为纵波的垂向慢度；ρ_1，ρ_2 为体积密度；ρ 为平均值；$\mu=\rho\beta^2$ 为剪切模量。

式（10.15）可转化为递归形式：

$$r_k(\theta_k,\theta_{k+1})\approx\frac{1}{2}\ln\frac{\rho_{k+1}\alpha_{k+1}\dfrac{\cos^{4(\eta+2)}\varphi_{k+1}}{\cos\theta_{k+1}}}{\rho_k\alpha_k\dfrac{\cos^{4(\eta+2)}\varphi_k}{\cos\theta_k}} \tag{10.16}$$

其中，φ_k 和 φ_{k+1} 分别为转换波的反射角与透射角，且：

$$\eta=\frac{\Delta\rho/\rho}{\Delta\beta/\beta} \tag{10.17}$$

该递归表达式引出了射线阻抗的定义：

$$\mathrm{RI}_k(\theta_k)=\frac{\rho_k\alpha_k}{\cos\theta_k}\left(1-\frac{\beta_k^2}{\alpha_k^2}\sin^2\theta_k\right)^{2(\eta+2)} \tag{10.18}$$

以及

$$\mathrm{RI}_k(p)=\frac{\rho_k\alpha_k}{\sqrt{1-\alpha_k^2p^2}}\left(1-\beta_k^2p^2\right)^{2(\eta+2)} \tag{10.19}$$

由于 $\Delta\rho/\rho$ 与 $\Delta\beta/\beta$ 通常具有较高的协方差，因此这里假设 η 是常数。

此外，需注意：

$$\mathrm{AI}_k(p,\ \theta_k)=\frac{\rho_k\alpha_k}{\sqrt{1-\alpha_k^2p^2}}=\frac{\rho_k\alpha_k}{\cos\theta_k} \tag{10.20}$$

式（10.20）是沿射线路径 p 或入射角 θ 的声阻抗的定义。基于此，可实现叠前声阻抗反演。

图 10.2 显示了 p=150ms/km 与 p=0 处的两个射线阻抗交会图。这些数据来自深度为 2200~2330m 之间的碎屑岩储层。首先，可根据泥质含量来区分砂岩与页岩，如图 10.2（a）所示。之后，进一步识别不同孔隙度的砂体，如图 10.2（b）所示。

射线阻抗是常规声阻抗与弹性阻抗的扩展，但由于射线阻抗是基于特定射线参数 p 定义的，因此在地震反演中具有天然优势，此时，PP 波和 PS 波反射均符合斯奈尔定律（图 10.3）。PP 波和 PS 波反射数据得到的射线阻抗可联合用于反演弹性参数，如横波速度和纵波速度、体密度和拉梅系数等。

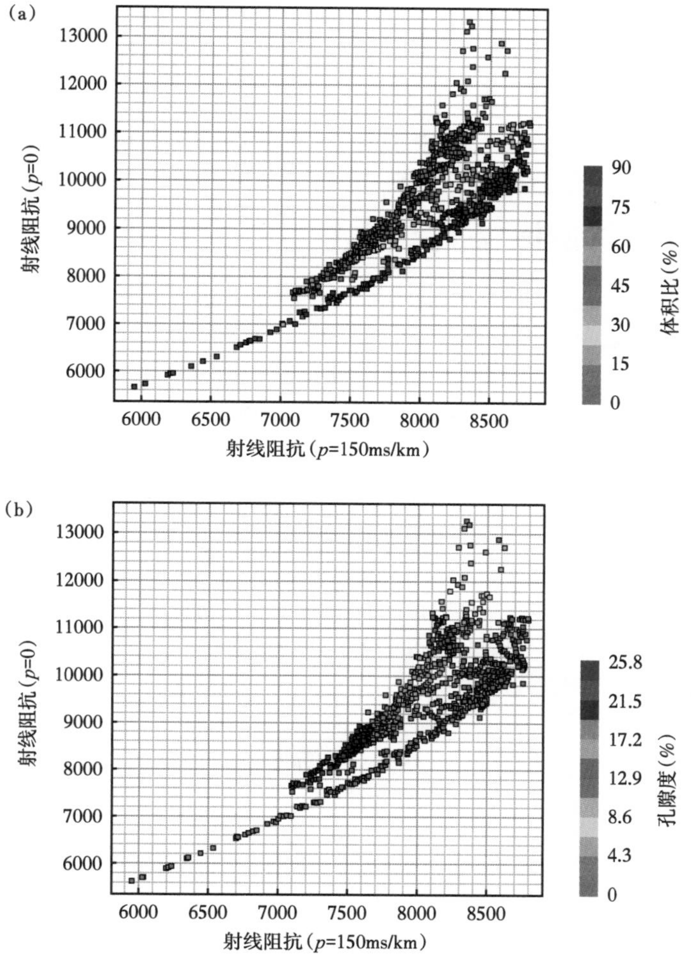

图 10.2　p=150ms/km 和 p=0 时的射线阻抗交会图，(a)深度 2200~2330m 目标储层内的泥质含量；(b)不同砂体的孔隙度

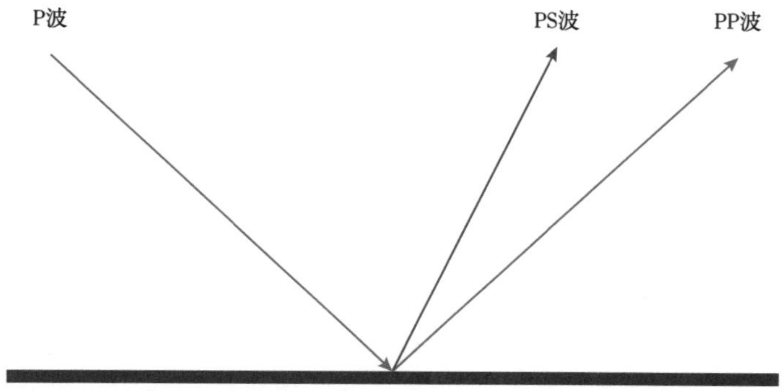

图 10.3　具有常数射线参数(p)的 PP 波和 PS 波反射共用一个反射点。因此，PP 波和 PS 波资料可联合计算弹性参数

总之，射线阻抗至少有以下三方面优势：

（1）放宽了弹性阻抗 EI 定义中的假设，使得射线阻抗 RI 遵循真实的物理原理，即斯奈尔定律，而横波与纵波比值与真实地质条件有关（随深度变化）。

（2）在岩性识别方面具有潜在的优势。

（3）具有相同的射线参数 p，为 PP 波和 PS 波的联合反演奠定了坚实基础。

10.3 射线阻抗反演流程

射线阻抗是一种岩性参数，它使用恒定的射线参数 p 测量沿特定射线路径的弹性阻抗。图 10.4 展示了叠前射线阻抗反演的一般流程。

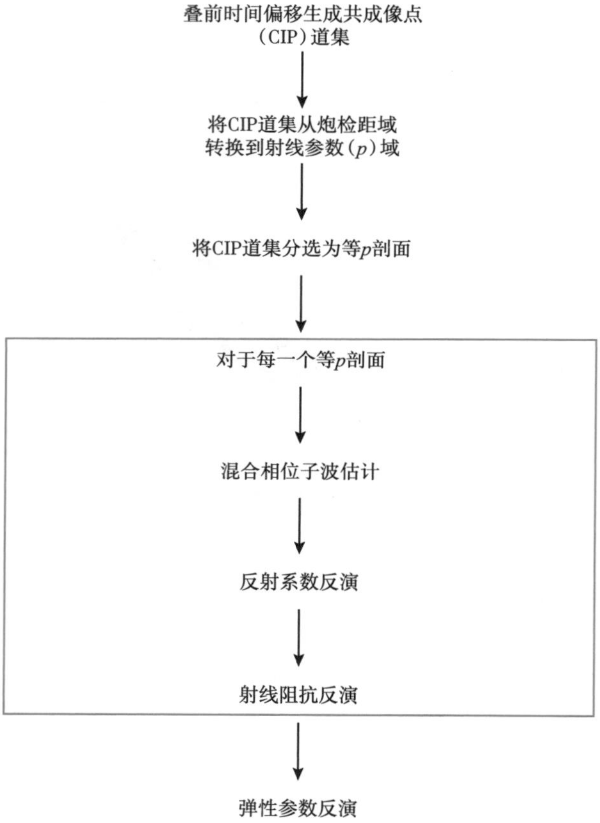

图 10.4　射线阻抗反演的一般流程

射线阻抗反演前需进行叠前地震偏移，以得到共反射点（CRP）道集。如图 10.5 所示的 CRP 道集通常在炮检距域，需要转换到射线参数（p）域中。

随后，CRP 道集被分选为等 p 剖面（图 10.6）。对每个等 p 剖面进行混合相位子波估算、稀疏反射系数反演和射线阻抗反演。不同等 p 剖面得到的射线阻抗可联合反演纵波速度、横波速度和密度等弹性参数。

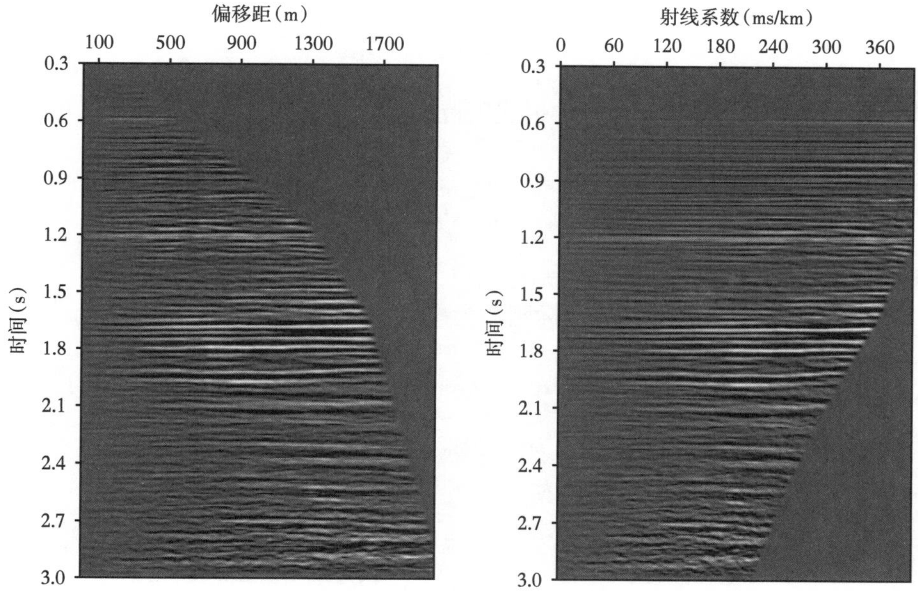

图 10.5　偏移距域和射线参数域的共反射点(CRP)道集

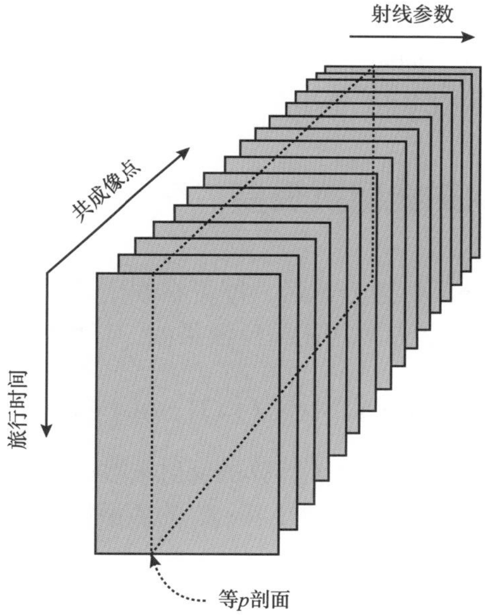

图 10.6　在射线参数(p)域中，CRP 道集分选为等 p 剖面显示

10.4　射线参数域的反射系数反演

在射线参数域，反射系数反演可利用相关地质信息约束，如通过地层结构导向的测井插值得到阻抗模型。根据式(10.14)，定义如下方程：

$$\xi_k(p) \equiv \frac{1}{2}\ln\frac{\mathrm{RI}_k(p)}{\mathrm{RI}_1(p)} = \sum_{i=1}^{k} r_i\ (p) \tag{10.21}$$

式中，RI_k（p）为沿射线参数 p 路径的射线阻抗，由式（10.19）定义。

式（10.21）可表示为矩阵形式：

$$\boldsymbol{\xi} = \boldsymbol{J}\boldsymbol{r} \tag{10.22}$$

式中，矩阵 $\boldsymbol{J}$ 为一个简单积分算子；$\boldsymbol{r}=\{r_k(p)\}$ 为反射系数序列向量。

射线参数域中反射系数反演的目标函数为

$$\phi(\boldsymbol{r}) = (\tilde{\boldsymbol{s}} - \boldsymbol{G}\boldsymbol{r})^{\mathrm{T}} \boldsymbol{C}_{\mathrm{d}}^{-1} (\tilde{\boldsymbol{s}} - \boldsymbol{G}\boldsymbol{r}) + \mu_1 R(\boldsymbol{r}, \lambda) + \mu_2 (\boldsymbol{\xi} - \boldsymbol{J}\boldsymbol{r})^{\mathrm{T}} \boldsymbol{C}_{\mathrm{r}}^{-1} (\boldsymbol{\xi} - \boldsymbol{J}\boldsymbol{r}) \tag{10.23}$$

式中，R（$\boldsymbol{r}$，λ）为柯西模型约束；$\boldsymbol{C}_r$ 为模型协方差矩阵。

相应的反射系数序列最小二乘解为

$$\boldsymbol{r} = \left(\boldsymbol{G}^{\mathrm{T}} \boldsymbol{C}_{\mathrm{d}}^{-1} \boldsymbol{G} + \frac{\mu_1}{\lambda^2} \boldsymbol{D} + \mu_2 \boldsymbol{J}^{\mathrm{T}} \boldsymbol{C}_{\mathrm{r}}^{-1} \boldsymbol{J} \right)^{-1} \left(\boldsymbol{G}^{\mathrm{T}} \boldsymbol{C}_{\mathrm{d}}^{-1} \tilde{\boldsymbol{s}} + \mu_2 \boldsymbol{J}^{\mathrm{T}} \boldsymbol{C}_{\mathrm{r}}^{-1} \boldsymbol{\xi} \right) \tag{10.24}$$

式中，$\boldsymbol{D}$ 为对角矩阵，参考公式（6.45）。

单道反演中，$\boldsymbol{G}=\boldsymbol{W}$ 为子波矩阵。多道反演中，矩阵 $\boldsymbol{G}=\boldsymbol{W}\boldsymbol{L}$，$\boldsymbol{L}$ 为空间预测算子，向量 $\tilde{\boldsymbol{s}}$ 与 $\boldsymbol{r}$ 转换为矩阵 $\tilde{\boldsymbol{S}}$ 与 $\boldsymbol{R}$。同时，利用约束 $\boldsymbol{\xi}$ 生成矩阵时，每列应有一个权重，根据此列与给定参考位置之间的横向距离预先分配。

10.5 模型约束下的射线阻抗反演

根据射线参数值对地震反射道分选后，即可在固定射线参数剖面上进行射线阻抗反演，该过程与在叠加剖面上进行常规声阻抗反演类似。其目标函数如下：

$$\phi(\boldsymbol{z}) = [\boldsymbol{r} - f(\boldsymbol{z})]^{\mathrm{T}} \boldsymbol{C}_{\mathrm{r}}^{-1} [\boldsymbol{r} - f(\boldsymbol{z})] + \mu (\boldsymbol{z} - \boldsymbol{z}_0)^{\mathrm{T}} \boldsymbol{C}_{\mathrm{z}}^{-1} (\boldsymbol{z} - \boldsymbol{z}_0) \tag{10.25}$$

式中，$\boldsymbol{r}$ 为“数据”向量，由上节稀疏反演计算的反射系数序列组成；$\boldsymbol{z}$ 为待推导的阻抗向量；$\boldsymbol{z}_0$ 为参考模型；$\boldsymbol{C}_{\mathrm{r}}$ 在此处代表数据协方差矩阵；$\boldsymbol{C}_{\mathrm{z}}$ 为模型协方差矩阵。

合成反射系数 f（$\boldsymbol{z}$）可表示为

$$r_k = \frac{z_{k+1} - z_k}{z_{k+1} + z_k} \tag{10.26}$$

对于 $k=1$，2，…，N。令 $\partial\phi$（$\boldsymbol{z}$）$/\partial z=\boldsymbol{0}$，得到模型更新量：

$$\Delta z = \left[\boldsymbol{F}^{\mathrm{T}} \boldsymbol{C}_{\mathrm{r}}^{-1} \boldsymbol{F} + \mu \boldsymbol{C}_{\mathrm{z}}^{-1} \right]^{-1} \boldsymbol{F}^{\mathrm{T}} \boldsymbol{C}_{\mathrm{z}}^{-1} [\boldsymbol{r} - f(\boldsymbol{z})] \tag{10.27}$$

式中，矩阵 $\boldsymbol{F}$ 是合成反射系数 f（$\boldsymbol{z}$）相对于阻抗参数 $\boldsymbol{z}$ 的 Fréchet 导数。

图 10.7 显示了过两口直井的地震剖面。井间地震层析成像得到的速度图像可作为后续射线阻抗反演的约束条件。根据经验公式可计算体积密度（Gardner et al.，1974）。

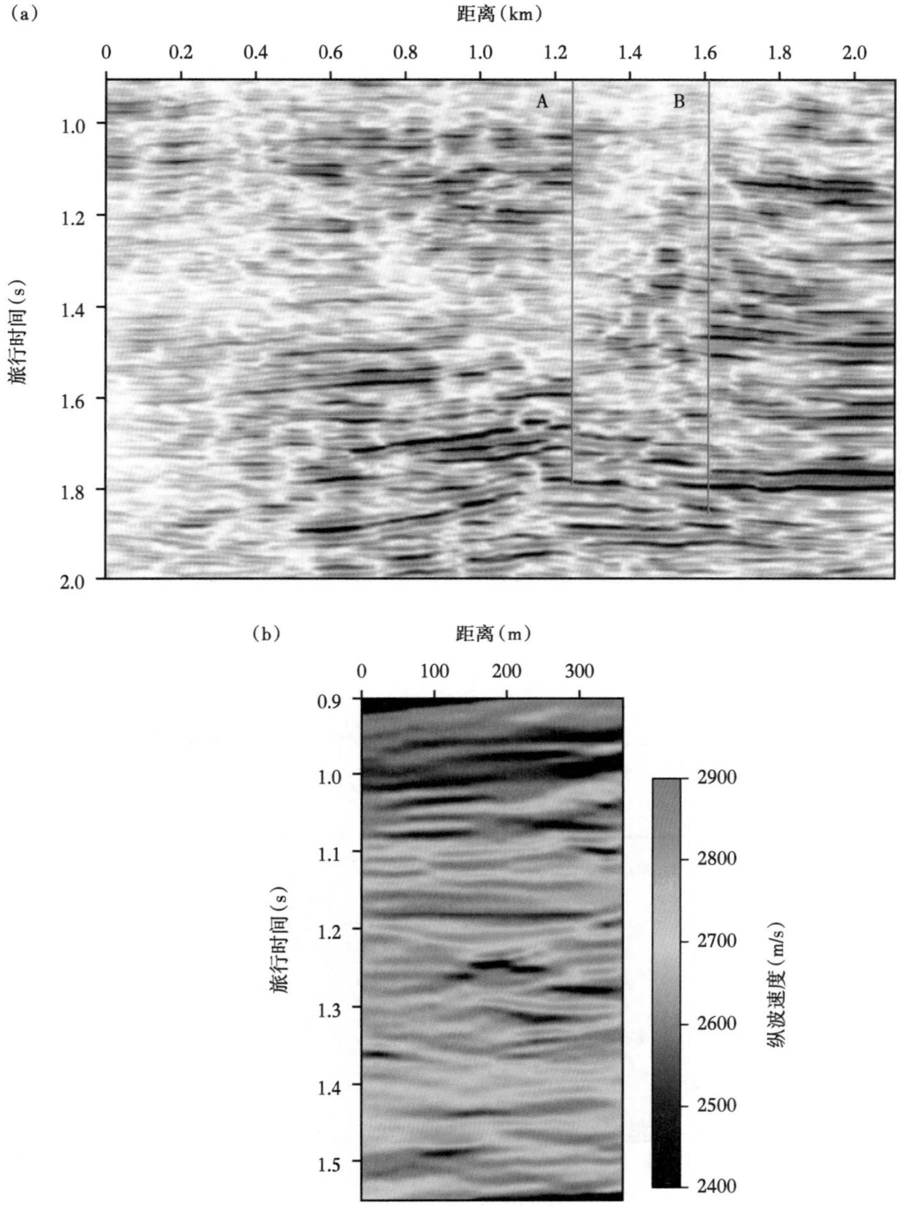

图 10.7　（a）过 A 井、B 井的地震剖面；（b）利用波形层析成像获得的井间地震速度图像

图 10.8 显示了基于井间速度约束的等 p 剖面（p=150ms/km），反射系数反演剖面以及射线阻抗反演结果。

要强调的是，无论是在反射系数反演［式（10.23）］还是在阻抗反演中［式（10.25）］，地质模型均发挥至关重要的作用。

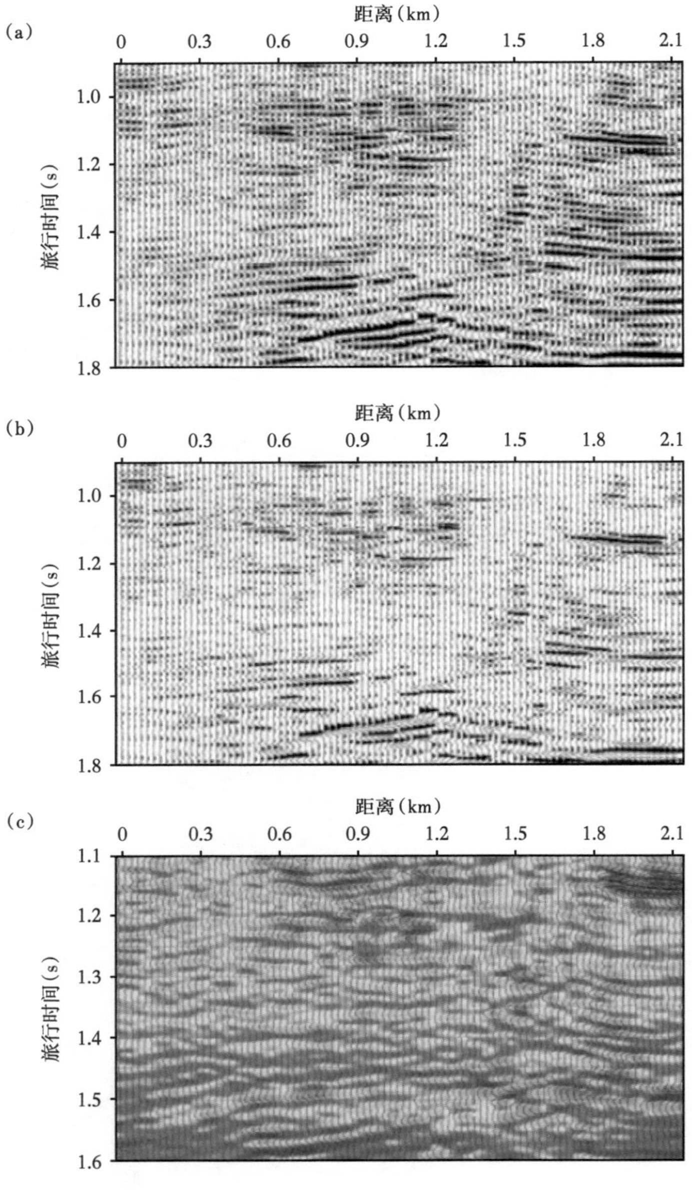

图 10.8 (a)等 p 剖面(p=150ms/km);(b)该 p 值对应的反射系数反演剖面;(c)采用井间地震约束的射线阻抗反演结果

第 11 章　基于射线理论的地震层析成像

地震层析成像包含了一系列基于波动方程的解预测地下参数的地震反演方法。20 世纪 80 年代，基于地震射线理论的走时反演（Nolet，1987）发展迅速。近年来，随计算机运算能力增强，波形层析成像得到了更广泛应用。后续章节将介绍波形层析成像方法。本章将讨论基于射线理论（波动方程的高频近似）的地震层析成像方法。

走时反演在区域反演和全球反演等地球物理问题中有着广泛的应用（Rawlinson，Sambridge，2003；Rawlinson et al.，2010；Zelt，2011；Rawlinson et al.，2014）。但对于勘探地球物理领域尤其是反射波勘探，走时反演存在一个明显的问题，即速度变化时的速度与反射界面位置之间有不确定性。仅利用反射波走时的地震反演无法解决此问题，应在反射地震层析成像中联合使用振幅数据和走时数据。

11.1　地震层析成像

层析成像的思想是：观测数据由射线路径上的某些物理信息的积分组成。层析成像的目的是重建这些物理量的模型，使得预测数据与观测数据相匹配。在地震勘探领域，层析成像技术应用于反射构造成像。

若只考虑沿射线路径的层析反演，即假设反射界面已由先验信息确定，此时层析成像仅用于反演速度场。这种情况下，首先需通过地震深度偏移确定反射界面位置。另一种层析反演的思路是同时反演反射面位置和速度。以适当的方式将未知反射界面参数化，使其包含于反演算法中（Bishop et al，1985；Farra ，Madariaga，1988；Wang，Houseman，1995）。由于上述附加参数（慢度，速度的倒数）并不满足层析条件，即沿射线路径进行积分，因此其层析计算过程需要引入优化方法。

优化问题中，目标函数可由数据误差来定义：

$$\phi(\boldsymbol{m})=\left[\boldsymbol{d}-G(\boldsymbol{m})\right]^{\mathrm{T}}\boldsymbol{C}_{\mathrm{d}}^{-1}\left[\boldsymbol{d}-G(\boldsymbol{m})\right] \tag{11.1}$$

式中，$\boldsymbol{d}$ 为观测数据的向量；$\boldsymbol{C}_{\mathrm{d}}$ 为数据协方差矩阵；$G(\boldsymbol{m})$ 为正演模型；向量 $\boldsymbol{m}$ 代表与地下介质性质相关的未知模型参数。

本章中，“数据”指反射波的走时振幅数据。反演问题非线性极强，界面位置的微小变化就会导致射线轨迹的巨大变化。因此，每次反演迭代中，需要重新追踪所有震源与检波点之间的射线路径。求解该非线性问题时，通常对目标函数线性化处理（二次逼近），并最小化该二次型得到线性系统。

11.2 反射层析成像中速度—深度的不确定性

本章重点介绍基于射线理论的反射构造特征反演，并考虑非均匀层状介质模型与反射界面横向起伏变化。

在非平面反射和速度沿空间变化的情况下，反演解中存在反射界面位置和速度之间的不确定性。考虑一个水平反射界面的常速模型，界面之上包含一个高速异常体。反演过程中，若假设速度为常量但反射界面并非水平，走时预测结果与观测数据则不能完全准确地吻合。反演结果中，速度异常体下的反射界面位置会变浅，从而导致后续地质解释对油气圈闭位置的错误认识。因此，不准确的模型不利于后续的油气有利区的预测。

速度和界面位置之间的这种不确定性并不是层析成像中反演算法的问题，而是来自采集时的观测系统设计和地下构造特征的影响。因此，该问题在地震反射波勘探中是普遍存在的。存在速度异常体时，影响走时计算精度（即异常体是否改变地震波走时，是否引起了速度和界面位置的不确定性）的因素包括：波长、异常体厚度及其距反射界面的高度。此外，诸如炮检距和速度异常大小等因素，仅影响旅行时大小却不影响其分布特征。若有折射波数据，将折射波传播路径的约束引入到反演中，可降低反演结果的不确定性。

这种不确定程度随炮检距的变化而变化。然而，由于不确定性与炮检距呈弱相关，因此在实际应用中，多道同时处理的手段并不能解决该问题（Kosloff，Sudman，2002）。本节将分析并对比走时反演和振幅反演中的不确定性。经对比可知，走时和振幅数据联合反演，可降低速度变化和反射界面位置之间的不确定性。

考虑一个慢度为 u 的模型，水平反射界面深度为 z。在地表布置检波器，记录炮检距为 y 的单道反射波数据，并尝试从记录数据中重建 z 和 u。

走时反演中反射波走时方程为

$$T(u,z;y)=u\sqrt{y^2+(2z)^2} \tag{11.2}$$

走时变化比可由慢度变化比和反射界面深度变化比例表示为

$$\frac{\Delta T}{T}=\frac{\Delta u}{u}+\frac{\Delta z}{z}\cos^2\theta \tag{11.3}$$

式中，θ 为入射角。当 θ 为零时，即偏移距为零，若深度与速度等比例变化，而走时不变，这表明该模型存在不确定性。此时，入射角 $\cos^2\theta$ 在重建速度和反射界面位置中起重要作用，决定了二者之间的不确定性程度。

若模型中仅包含一个反射界面，射线振幅可表示为

$$A(u,z;y)\propto\frac{C}{D} \tag{11.4}$$

式中，C 为反射振幅系数；D 表示几何扩散。

反射振幅系数可以近似为（Wang，Houseman，1995）：

$$C(u,u_b;y)=\frac{u-u_b}{u+u_b}\eta(y) \tag{11.5}$$

式中，u_b 为慢度；η（y）为与入射角有关的系数，$0.5\leqslant\eta\leqslant1$。

几何扩散函数是

$$D(z;y)=\sqrt{y^2+(2z)^2} \tag{11.6}$$

振幅变化比例为

$$\frac{\Delta A}{A}=\frac{1}{2C_0}\frac{\Delta u}{u}-\frac{\Delta z}{z}\cos^2\theta \tag{11.7}$$

式中，$\Delta A/A=\Delta\ln A$ 为对数振幅的扰动量；$C_0\approx(u-u_b)/(u+u_b)$ 为零入射角的反射振幅系数。

式（11.7）表明，振幅反演与走时反演相同，也存在速度变化和反射层位置之间的不确定性问题，不确定性程度也同样取决于 $\cos^2\theta$。

针对不确定性问题，可将方程（11.3）作为走时反演特征方程，将方程（11.7）作为振幅反演特征方程。虽然单独使用走时反演或振幅反演手段均不能解决不确定性问题。但若将方程（11.3）和方程（11.7）相加，则可消去 $\cos^2\theta$ 项，即为联合反演。

仍以水平界面常速模型为例，说明联合反演的物理含义。若模型中反射界面变浅，则模型速度会相应减小，从而使得走时保持不变。但若要保持振幅不变，则速度会稍大一些。若要利用走时和振幅数据同时约束速度预测模型，则需选择一个折中的速度，其大小取决于数据变化定义方式以及模型参数化。

联合反演结合了走时与波形反演。在实际应用中，联合反演利用更多的数据反演地下介质构造，相比仅利用走时信息，该方法能够获得更高的速度分辨率，且没有引入过多计算量。

11.3　弯曲路径射线追踪

稳定的射线追踪方法是基于射线理论的层析成像基础。

走时和振幅反演正演计算方法之一是基于网格的算法，该算法对速度模型进行网格划分，并计算所有规则网格内的走时。这类方法通常基于 eikonal 方程（Vidale，1990；van Trier，Symes，1991；Qin et al.，1992；Hole，Zelt，1995；Kim，2002）。除计算两点之间的走时外，波前和射线还可通过后验信息计算。Wang（2013）给出了各向异性介质中同时计算走时场和垂直于波前的慢度路径的方程组。但基于网格的算法通常只用于计算初至波的旅行时。

较为常用的走时计算方法为地震射线追踪法，用以确定地震波从震源到检波器的传播路径（Julian，Gubbins，1977；Červeny，2001；Červeny et al.，2007；Rawlinson et al.，2007）。稳定的射线追踪方法能有效且准确地计算波沿射线路径的走时及振幅变化。本节将介绍基于一种弯曲射线方法，以实现非均匀介质中的两点射线追踪。弯曲射线追踪基于费马原理，通过求解线性化的三对角方程组得到射线路径。

计算射线振幅时，速度模型中层速度需平滑变化，射线路径呈现曲率连续变化的弧形曲线。计算与模型参数相关的走时及其导数时，若参考射线附近的射线路径是平滑的，则可得到稳定的振幅计算结果。在界面处射线发生反射、透射及折射等变化，计算时需要假设界面光滑（即存在一阶偏导数和二阶偏导数）。

根据费马原理，射线沿着走时 T 最小的路径 γ 传播，走时 T 为：

$$T(\gamma)=\int_{\gamma}\frac{\mathrm{d}\ell}{v}\to\min \tag{11.8}$$

式中，v 为速度，ℓ 为射线弧长。

计算时将射线路径离散为的多边形：

$$\gamma=\left\{X_0,X_1,\cdots,X_K,\cdots,X_{2K}\right\} \tag{11.9}$$

离散后路径在三维空间中包含 $2K+1$ 个点（从 0 到 $2K$），各点之间路径为直线段或圆弧。走时可表示为

$$T=\frac{1}{2}\sum_{i=1}^{2K}\left(u_{i-1}+u_i\right)\Delta\ell_i \tag{11.10}$$

式中，$u_i=1/v_i$；$\Delta\ell_i$ 为点 X_{i-1} 和 X_i 之间的射线长度。

固定端点 X_0 与 X_{2K} 进行射线追踪，射线在点 X_K 处发生反射。根据费马原理，地震波传播的实际路径与其相邻可能的传播路径相比，其一阶修改量为零（Sheriff，1991）：

$$\nabla_{\gamma}(\gamma)=0 \tag{11.11}$$

考虑一个层状介质模型，定义其 M 个分界面为

$$f_k(X)=0,\quad k=1,\cdots,M \tag{11.12}$$

两个分界面 [f_k（X）=0 和 f_{k+1}（X）=0] 之间，沿垂直方向线性插值得到 N_{k-1} 个层位，进而将每层划分为 N_k 个薄层：

$$z_j=z_k+\frac{j}{N_k}\left(z_{k+1}-z_k\right),\quad j=1,\cdots,N_{k-1} \tag{11.13}$$

将插值后的第 j 个界面［图 11.1（a）］指定为反射界面，并对其沿离散的深度点 z_j（x，y）进行三次样条插值实现平滑处理。

假设一个反射波传播过程中共穿过 K 个界面和插值的界面，射线与界面交点排序为 1，2，…，$2K-1$。自由参数为 $\xi=\{\xi_1,\cdots,\xi_K,\cdots,\xi_{2K-1}\}$，其中 ξ 包括交点的 x 或 y 分量。因此，自由参数的个数是 2（$2K-1$）。相应的走时梯度 $\Delta_{\xi}T$（γ）可表示为

$$\begin{aligned}\frac{\partial T}{\partial\xi_i}=\frac{1}{2}\Bigg[&\left(\Delta\ell_i+\Delta\ell_{i+1}\right)\left(\frac{\partial u_i}{\partial\xi_i}+\frac{\partial u_i}{\partial z_i}\frac{\partial z_i}{\partial\xi_i}\right)+\frac{u_i+u_{i+1}}{\Delta\ell_{i+1}}\left(\left(\xi_i-\xi_{i+1}\right)+\left(z_i-z_{i+1}\right)\frac{\partial z_i}{\partial\xi_i}\right)\\&+\frac{u_i+u_{i-1}}{\Delta\ell_{i-1}}\left(\left(\xi_i-\xi_{i-1}\right)+\left(z_i-z_{i-1}\right)\frac{\partial z_i}{\partial\xi_i}\right)\Bigg]\end{aligned} \tag{11.14}$$

式中，i=1，2，⋯，2K−1。

方程（11.14）给出了以未知数集 $\{\xi_i\}$ 为变量的三对角线性方程组，该方程可以迭代求解。但地震射线追踪属于非线性问题，即任何路径扰动均会引起速度变化，而速度变化又进一步影响射线路径。Wang（2014）提出在非线性系统中采用费马最小走时原理，替代传统误差最小化方法作为解更新的约束条件。以物理意义明确的理论支撑数学算法，可获得稳定的射线追踪结果。

以变慢度且界面起伏的二维模型为例，图 11.1（b）中显示了相应的地震波传播射线路径。入射角与界面夹角较小时，射线路径计算结果更稳定。原因在于射线追踪将射线路径划分为直线段，当射线路径发生较大偏折时，会出现精度不足的问题。

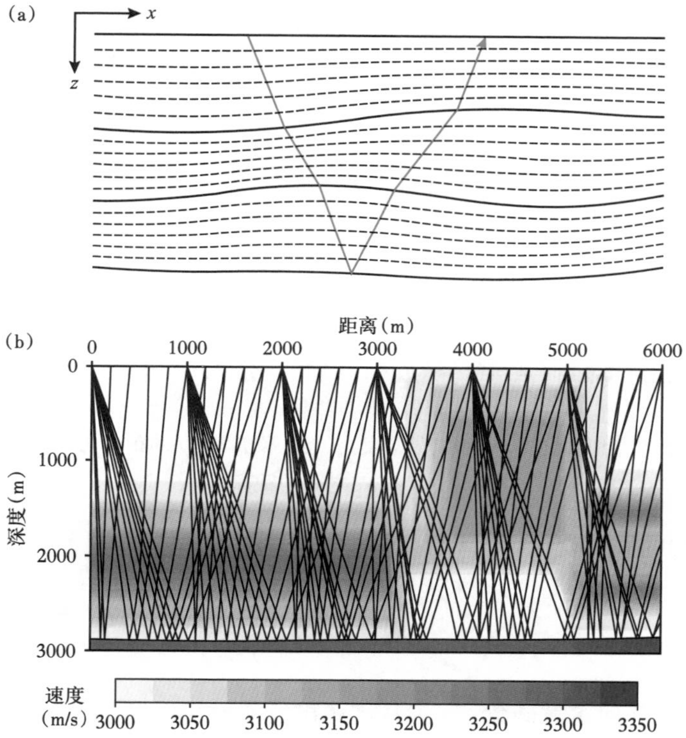

图 11.1　（a）层状介质模型中进行层间界面插值，射线路径与所有界面和插值界面相交。（b）反射波在变速介质中的传播情况，射线在起伏界面处发生反射

11.4　弯曲界面的几何扩散

射线的几何扩散效应受地层结构影响。“球面扩散”的波前形态取决于该方向上速度变化及界面形态。球面扩散分为两个阶段：第一阶段从震源到反射界面，第二阶段从反射界面（可以看作是虚震源）到检波器（图 11.2）。接收信号的特性很大程度取决于反射界面形状。反射界面曲率大于入射波前曲率时，可能形成波前能量聚焦，并伴随出现反射波相位畸变。

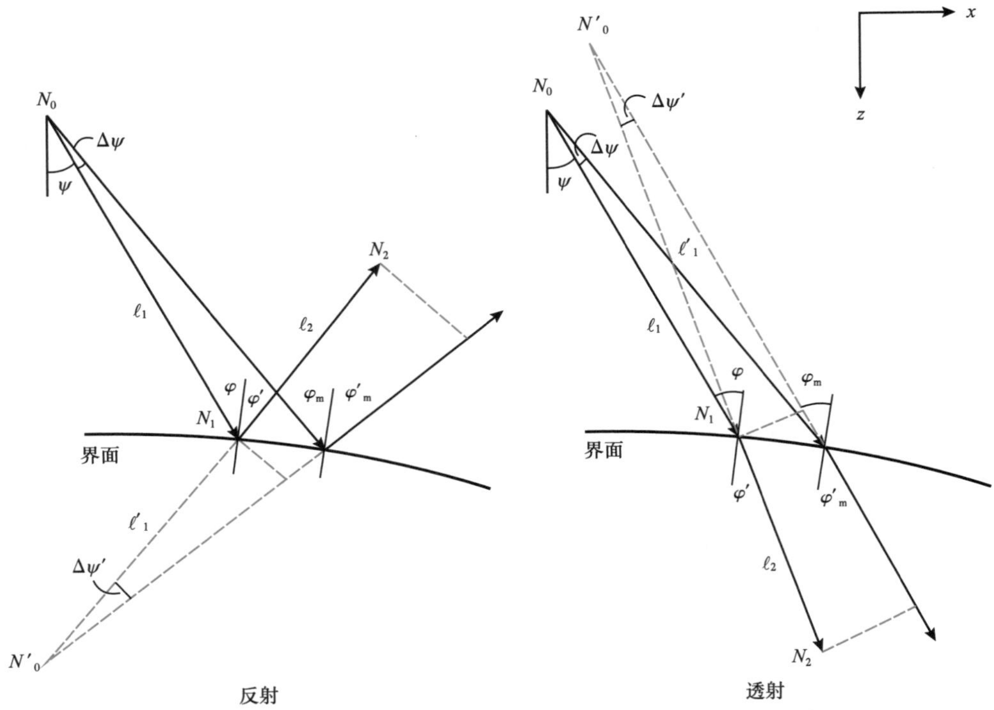

图 11.2　弯曲界面的入射和反射（或折射）示意图，φ 和 φ' 分别为初始角度为 ψ 的射线在界面处的入射角和反射角（或折射角），φ_m 和 φ_m' 分别为初始角度为 $\psi+\Delta\psi$ 的射线在界面处的入射角和反射角。N_0 为震源，N_0' 为虚震源，N_1 为入射点，N_2 为初始观测点。N_0 和 N_1 之间的距离为 ℓ_1，N_0' 和 N_1 之间的距离为 ℓ_i，N_1 和 N_2 之间的距离为 ℓ_2

几何扩散引起的振幅变化由式（11.15）给出：

$$A(\ell)=A_0C\frac{\ell_0}{L(\ell)} \tag{11.15}$$

式中，$L(\ell)$ 为射线几何扩散函数；ℓ 为从震源出发的射线传播距离；C 为波阻抗界面引起的振幅变化（根据佐普里兹关系得出）；A_0 为震源附近 ℓ_0 处的振幅（不受反射界面影响且可忽略近源效应），此时波前为球形。

ℓ_i 表示两点 N_{i-1} 和 N_i 之间的射线长度，其中 N_0 和 N_{K+1} 分别表示震源点和检波点。受界面曲率和阻抗影响，入射点 N_i 与虚震源 N_0' 之间的距离为 ℓ_i，而视接收点为 N'_{i+1}。二维垂直面内，界面曲率为零，N_i 与 N_0' 的距离为 ℓ_i''。几何扩散函数可表示为（Wang，Houseman，1994）：

$$L(\ell)=\ell_1\prod_{i=1}^{K}\left[\left(1+\frac{\ell_{i+1}}{\ell_i'}\right)\left(1+\frac{\ell_{i+1}}{\ell_i''}\right)\right]^{1/2},\ell_{K+1}=\ell-\sum_{i=1}^{K}\ell_i \tag{11.16}$$

式中，K 为某一射线与连续界面的交点个数。

射线平面内的虚射线距离 ℓ_i' 由式（11.17）给出：

$$\frac{1}{\ell_i'}=\frac{1}{\left(\ell_{i-1}'+\ell_i\right)}\frac{v_{i+1}}{v_i}\frac{\cos^2\varphi_i}{\cos^2\varphi_i'}+\frac{1}{\cos\varphi_i'}\left(\frac{v_{i+1}}{v_i}\frac{\cos\varphi_i}{\cos\varphi_i'}\pm 1\right)\Theta_i \tag{11.17}$$

式中，“+”表示反射情况；“−”表示折射情况；v_i 为沿射线段 ℓ 的局部常速度；φ_i 和 φ_i' 是 N_i 点的入射角和反射角（或折射角）；Θ 为第 i 个界面的局部曲率影响因子，定义如下：

$$\Theta_i(x)=\pm\frac{\mathrm{d}^2z_i}{\mathrm{d}x^2}\left[1+\left(\frac{\mathrm{d}z_i}{\mathrm{d}x}\right)^2\right]^{-3/2} \tag{11.18}$$

式中，“±”表示与 z 轴成锐角或钝角的入射射线（或分别表示向下和向上传播的射线）。界面由单值函数 z_i（x）表示，其中 x 为水平坐标，z 为参考深度以下的对应深度。

垂向上，令公式（11.17）中 Θ_i=0 和 φ_{m}=0，可得从虚震源出发的视距离 ℓ_i''：

$$\frac{1}{\ell_i''}=\frac{v_{i+1}}{\sum_{j=1}^{i}\ell_j v_j} \tag{11.19}$$

从式（11.19）可以看出，地震振幅数据包含了反射界面的几何信息。利用振幅数据进行层析成像反演，可获取引起射线振幅聚焦和散射的反射界面结构的几何信息。

11.5　走时和振幅联合反演

考虑界面光滑且弯曲的层状模型，且假设此模型每层的纵波速度为常数。反演中考虑反射界面沿横向变化（图 11.3）。

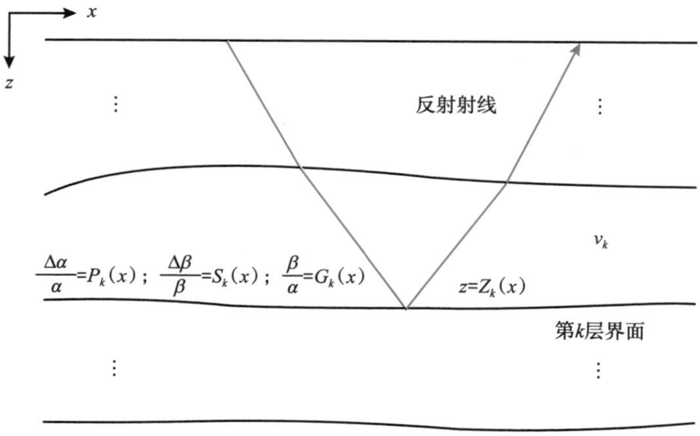

图 11.3　用于走时和振幅数据的联合反演的二维层状介质模型、反演界面几何形状及沿层位变化的弹性参数

该模型的参数化基于以下假设：

（1）绝对层速度主要受反射走时的约束，而不受振幅数据约束。

（2）涉及反射走时，将常速的层状介质叠加得到宏观模型。

（3）整个射线路径中，反射点附近的振幅对速度扰动非常敏感。

反射系数和透射系数可表示为（Wang，1999a）：

$$R_{\mathrm{pp}} \approx \frac{1}{2}\left[r+1+\tan^2\theta-\left(\frac{\beta}{\alpha}\right)^2\sin^2\theta\right]\frac{\Delta\alpha}{\alpha}-4\left(\frac{\beta}{\alpha}\right)^2\sin^2\theta\frac{\Delta\beta}{\beta}+\left(\frac{\beta}{\alpha}\right)^3\cos\theta\sin^2\theta\left(r\frac{\Delta\alpha}{\alpha}+2\frac{\Delta\beta}{\beta}\right)^2 \tag{11.20}$$

且

$$T_{\mathrm{pp}} \approx 1-\frac{1}{2}\left(r+1-\tan^2\theta\right)\frac{\Delta\alpha}{\alpha}-\left(\frac{\beta}{\alpha}\right)^3\cos\theta\sin^2\theta\left(r\frac{\Delta\alpha}{\alpha}+2\frac{\Delta\beta}{\beta}\right)^2 \tag{11.21}$$

式中，$\Delta\alpha/\alpha$ 为相对纵波速度比；$\Delta\beta/\beta$ 为相对横波速度比；β/α 为横波与纵波速度之比的平均值；r 为相对密度比 $\Delta\rho/\rho$ 与纵波速度比 $\Delta\alpha/\alpha$ 之间的经验关系：

$$r=\frac{\Delta\rho/\rho}{\Delta\alpha/\alpha} \tag{11.22}$$

对于砂岩、泥岩、石灰石、白云石和硬石膏，r 值分别是 0.261，0.265，0.225，0.143 和 0.160（Wang，2003b）。因此，可用以下三个沿界面横向变化的弹性参数表征反射界面的弹性特性：

$$\frac{\Delta\alpha}{\alpha}=P(x),\quad \frac{\Delta\beta}{\beta}=S(x),\quad \frac{\beta}{\alpha}=G(x) \tag{11.23}$$

式中，x 为空间坐标。

界面形状与弹性参数同时反演时，将多层介质的几何扩散和界面的反射 / 透射系数表示为与界面几何形状 $z=Z(x)$ 和沿层位变化的弹性参数 $P(x)$、$S(x)$ 和 $G(x)$ 有关的函数。

利用截断傅里叶级数，对界面深度和弹性参数 $\{Z(x)、P(x)、S(x)、G(x)\}$ 沿层位的变化参数化：

$$f(x)=a_0+\sum_{n=1}^{N}\left[a_n\cos(n\pi k_0x)+b_n\sin(n\pi k_0x)\right] \tag{11.24}$$

式中，k_0 为基波数；$\{a_0,\ a_n,\ b_n,\ (n_1,\ n)\}$ 为谐波项的振幅系数。

非线性反演中，未知模型向量 m 由四组振幅系数组成：

$$\left\{a_0^{(J)},a_n^{(J)},b_n^{(J)},\ n=1,\cdots,N\right\} \tag{11.25}$$

式中，J=1、2、3、4 分别代表 Z、P、S 和 G。

后续反演实例中，设置谐波项个数 N=20。反演中考虑每一层的层速度，共有 41

（$2N+1$）个参数。向量 $\boldsymbol{d}$ 由反射走时和反射振幅组成（Wang，1999c；Wang，Pratt，2000）。

以北海地震反射资料为例，讨论模型的几何形状和弹性参数联合反演。图 11.4 中显示了叠前时间偏移剖面，包括五个反射界面 R_i（i=1、2、3、4、5）。仔细观察图 11.4 可以清楚看到，反射界面 R_3 和 R_4 上，A、B 两点之间相位过渡平缓，反射界面 R_5 上，C、D 两点处存在相位变化，反射同相轴由单一子波变为多子波重叠。

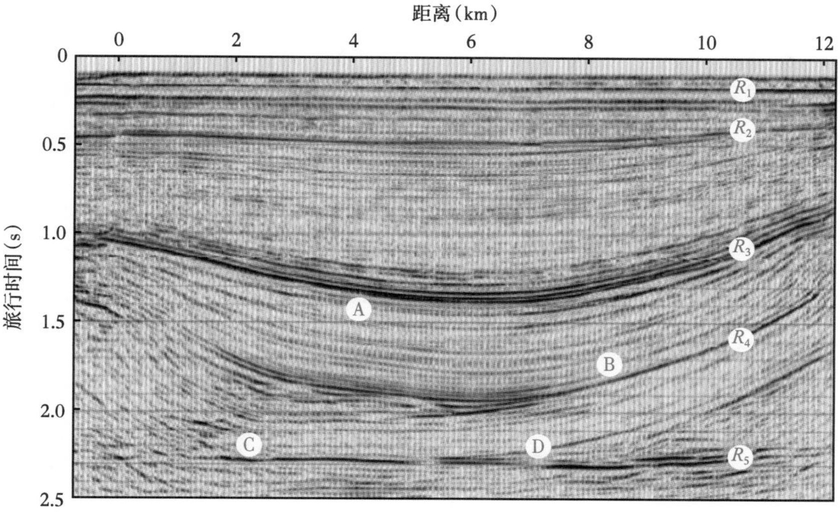

图 11.4　北海地区反射地震剖面。以偏移的 CRP 道集中提取的走时和振幅信息作为反演输入，反演界面几何形状和弹性参数沿层位变化。反演中考虑了 R_2 至 R_5 四个反射界面。位置 A、B、C 和 D 表示存在反射同相轴相位的变化

在该叠加剖面中拾取参考反射时间进行互相关计算，提取时间偏移后共反射点（CRP）道集中的走时和振幅信息。图 11.5 显示了本例中五个反射（包括海底反射层）对应的参考旅行时间。共有 601 道 CRP 参与计算。

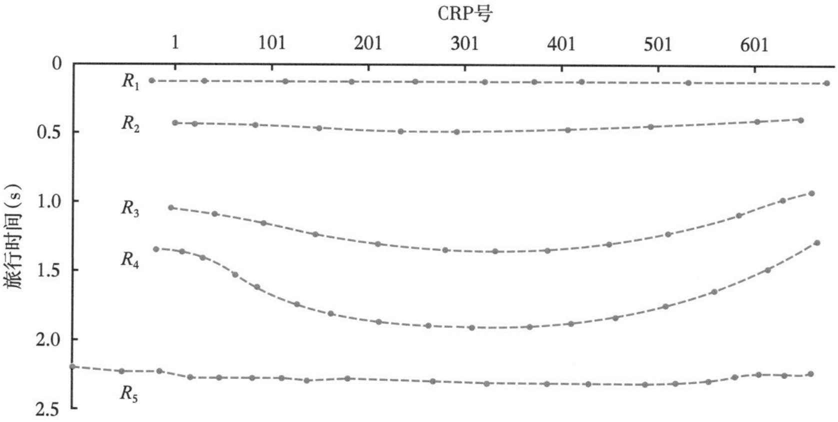

图 11.5　从图 11.3 中的参考剖面中拾取的反射走时。以该反射走时为参考时间进行互相关计算，提取 CRP 道集上各个道的相对反射走时和振幅

从叠前时间偏移的 CRP 道集中 R_i（i=1、2、3、4、5）等五个反射中拾取走时，并从 R_i（i=2、3、4、5）等四个反射中拾取振幅。经反偏移得到一组“真实”的观测值作为反演的输入，并剔除输入数据的异常值。

反演计算时采用层剥离法，即将上一步反演得到的上覆地层结构特征与弹性参数结果作为已知信息，参与下一步反演计算。走时反演得到的界面形态作为初始模型。方程（11.25）中三个系数的初始值为零，沿层位变化的弹性参数为常数（即除 α_0 外的所有参数），其中 $\Delta\alpha/\alpha$ 由反演的常速模型结果计算得到，令 $\Delta\beta/\beta$ 等于 $\Delta\alpha/\alpha$，β/α 初始值设为 0.45。根据走时信息重建海底界面，并进行联合反演分别重建反射界面 R_2、R_3、R_4、R_5。

图 11.6 分别显示了反射界面 R_3、R_4 和 R_5 对应的反演结果。反演模型包括一个恒定层

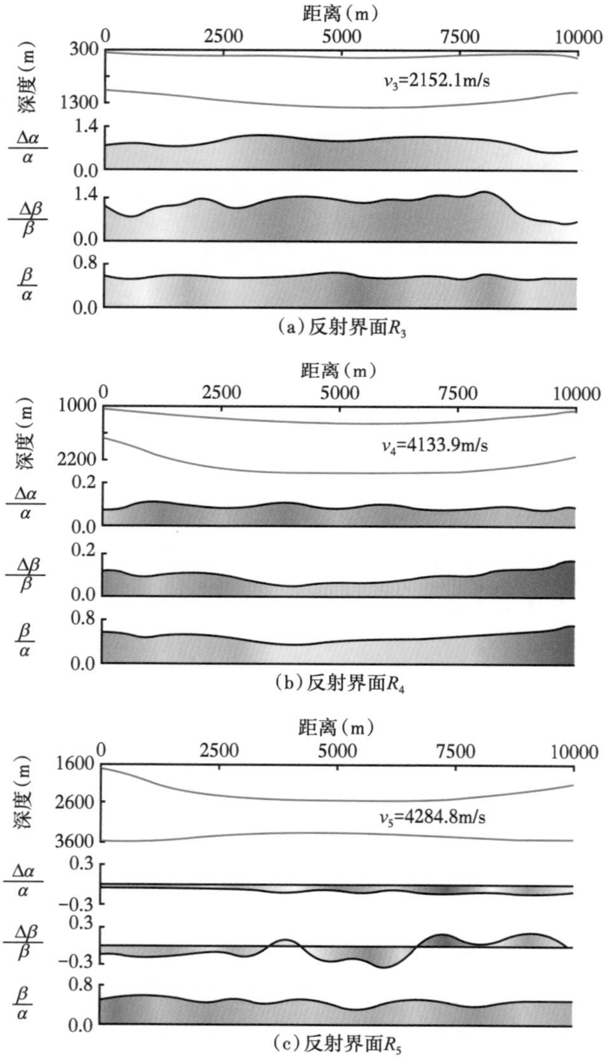

(a) 反射界面 R_3

(b) 反射界面 R_4

(c) 反射界面 R_5

图 11.6　反射界面 R_3、R_4 和 R_5 分别对应的联合反演结果：未知量为常速模型、界面几何形状 z 及三个弹性参数（$\Delta\alpha/\alpha$、$\Delta\beta/\beta$、β/α）；分别对比了界面形状（实线）与走时反演结果（虚线）

速度、界面几何形状和三个弹性参数 $\Delta\alpha/\alpha$、$\Delta\beta/\beta$ 和 β/α。图中对比了反演的界面形状（实线）与走时反演结果（虚线）。为方便对比，弹性参数的横向变化用曲线及灰度同时显示。

反射界面 R_4 处，$\Delta\beta/\beta$ 和 β/α 具有相关性。而反射界面 R_3 和 R_5 处，二者之间相关性不强。出现这种相关性的原因是原始地层本身具有相近的弹性性质变化，但不排除求解误差引起的假象。

岩性测井数据（图 11.7）显示，反射界面 R_4 是泥质白垩岩和白垩岩之间的分界面。通常这种情况下，$\Delta\beta > 0$，$\beta/\alpha \approx 0.5$。反射界面 R_5 是蒸发岩（白云石或盐）和页岩之间的分界面。通常 $\Delta\beta < 0$，β/α 为 0.55~0.60。反演结果（图 11.6）与岩性测井解释的弹性参数吻合较好。

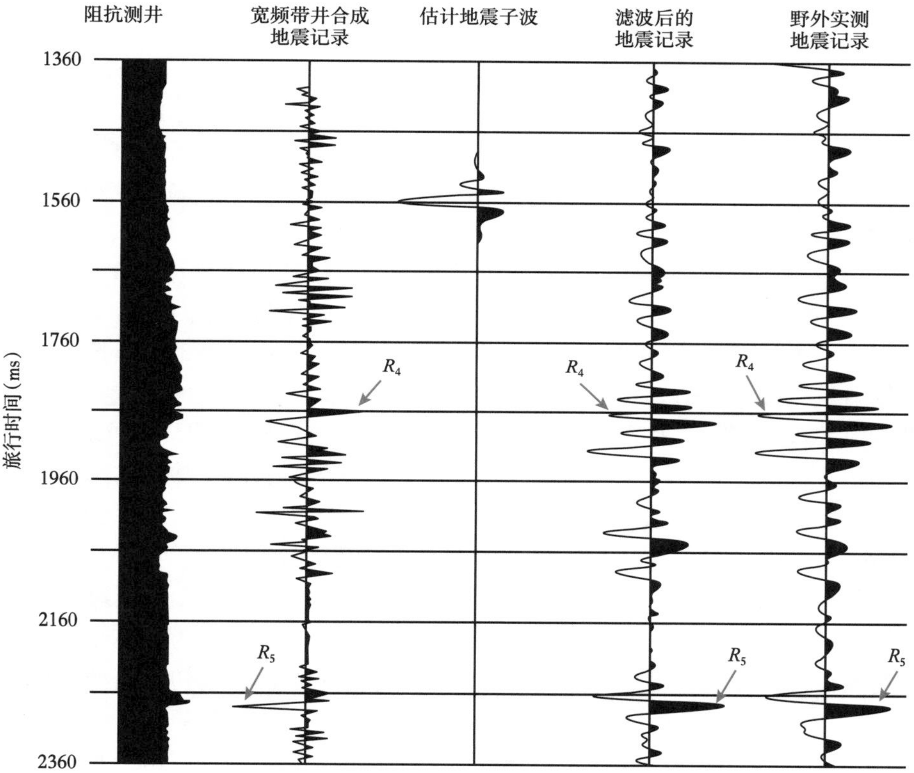

图 11.7　岩性测井数据和地震数据：第一道是阻抗测井数据；第二道是宽频带井合成地震记录；第三道是估计的地震子波；第四道是利用估计的子波进行滤波后的地震道；第五道是野外实测地震道；合成地震道与野外实测地震道吻合较好

第 12 章 波形层析方法的速度成像

波形层析是一种利用实测地震波形信息反演地下构造的方法。近年来该方法（又称全波形反演）的三维应用越来越广泛（Warner et al.，2013）。

地震波层析成像已成功应用于透射数据，如井间地震（Pratt，Worthington，1990；Pratt，1999；Wang，Rao，2006；Rao et al.，2016）。在宽方位反射—折射地震反演中也得到了有效应用（Bunks et al.，1995；Pratt et al.，1996；Ravaut et al.，2004；Operto et al.，2006；Bleibinhaus et al.，2007；Brenders，Pratt，2007；Morgan et al.，2013）。此外，地震波层析成像也应用于大尺度研究，利用地震勘探或宽频带遥测地震数据中的散射波、表面波和 SH 波反演地壳和上地幔速度结构（Helmberger et al.，2001；Pollitz，Fletcher，2005；Priestley et al.，2006；Fichtner，2010）。

本章介绍了反射地震勘探中的地震波形层析成像，以地表激发和接收（有限偏移距范围）的反射地震数据作为输入数据。地震反射波勘探是油气勘探中的常用手段，主要记录了临界反射面之上的反射波数据。由于此类数据由震源激发传播至地下阻抗界面后返回地表，因此反射波勘探非常适合于构造偏移成像。反射波地震数据也因此成为定量提取地下介质物理参数的理想资料，对岩性识别、裂缝表征及油气分布预测具有重要意义。

波形层析成像的难点之一是成像效果易受反射地震资料有限炮检距的影响。原因在于反射波形对速度差异非常敏感，却对长波长成分不敏感，因此成像时难以恢复速度的长波长信息（Mora，1987，1988）。一种解决方案是：通过交替波形拟合，将平滑的参考速度与短波长成分解耦（Snieder et al.，1989）。另外一种解决方案是：首先反演速度的短波长信息，并再次参数化得到更少的模型参数，以反演长波长成分。两种方案均可用于走时或振幅反演，有效恢复长波长速度成分，并将结果作为迭代波形反演的初始模型。

难点之二是，波形层析成像难以恢复深层速度信息。原因在于：第一，地震反射振幅随深度的增加而逐渐减小，反演中数据拟合的信息主要来自浅层振幅。换言之，近地表速度变化对数据拟合的影响远大于深层速度变化。第二，深层的射线密度远低于浅层。由于层析是沿射线路径积分，且数据残差对射线路径上的更新量具有相同权重。因此，迭代反演中，高射线密度区域会得到有效速度修正，而射线密度较低的区域仍有很大误差。为解决此问题，本书提出一种实用的、根据刻画速度更新量的深度加权方法（Wang，Rao，2009）。

12.1 波形层析成像的反演理论

反演问题的目标函数可由数据误差定义为

$$\phi(\boldsymbol{m})=\frac{1}{2}\left[\boldsymbol{u}_{\mathrm{obs}}-\boldsymbol{u}(\boldsymbol{m})\right]^{\mathrm{H}}\boldsymbol{C}_{\mathrm{d}}^{-1}\left[\boldsymbol{u}_{\mathrm{obs}}-\boldsymbol{u}(\boldsymbol{m})\right] \tag{12.1}$$

式中，$\boldsymbol{m}$ 为未知模型向量；u（$\boldsymbol{m}$）为合成数据；$\boldsymbol{u}_{\mathrm{obs}}$ 为实测数据；上标 H 表示 Hermitian 转置（复数的共轭转置）；$\boldsymbol{C}_{\mathrm{d}}$ 为数据空间中的协方差算子，单位为（数据）^{2}，反映了实测数据的不确定性。

基于梯度的方法最小化目标函数。数据误差的梯度为

$$\boldsymbol{\gamma}\equiv\frac{\partial\phi}{\partial\boldsymbol{m}}=-\boldsymbol{F}^{\mathrm{H}}\boldsymbol{C}_{\mathrm{d}}^{-1}\Delta\boldsymbol{u}=-\boldsymbol{F}^{\mathrm{H}}\Delta\hat{\boldsymbol{u}} \tag{12.2}$$

式中，$\boldsymbol{F}$ 为地震波形矩阵 $\boldsymbol{u}$（$\boldsymbol{m}$）对模型参数的 Fréchet 导数；$\Delta\boldsymbol{u}=\boldsymbol{u}_{\mathrm{obs}}-\boldsymbol{u}$（$\boldsymbol{m}$）为数据残差向量；$\Delta\hat{\boldsymbol{u}}=\boldsymbol{C}_{\mathrm{d}}^{-1}\Delta\boldsymbol{u}$ 为加权的数据残差向量。最速上升方向为 $\boldsymbol{\gamma}=\boldsymbol{C}_{\mathrm{m}}\boldsymbol{\gamma}$，其中 $\boldsymbol{C}_{\mathrm{m}}$ 为模型协方差矩阵，单位为（模型参数）^{2}。

模型更新量可由最速下降方向 $-\hat{\boldsymbol{\gamma}}$ 表示为

$$\Delta\boldsymbol{m}=-\alpha\hat{\boldsymbol{\gamma}} \tag{12.3}$$

式中，α 为待求步长。

利用公式（12.2）计算梯度 $\boldsymbol{\gamma}$。首先，确定 Fréchet 矩阵 $\boldsymbol{F}$，并建立数据扰动 $\Delta\boldsymbol{u}$ 与模型扰动 $\Delta\boldsymbol{m}$ 之间的关系式：

$$\Delta\boldsymbol{u}=\boldsymbol{F}\Delta\boldsymbol{m} \tag{12.4}$$

式（12.4）为 $\Delta\boldsymbol{u}$ 的 Taylor 级数第一项。但当 $\boldsymbol{u}$ 为地震波形时，难以直接计算 $\boldsymbol{F}$。通常采用下述正演建模流程，计算矩阵 $\boldsymbol{F}^{\mathrm{H}}$ 对加权数据残差向量 $\Delta\hat{\boldsymbol{u}}$［式 12.2）］的变换。

速度为 v（$\boldsymbol{r}$）的常密度介质频率域声波方程为

$$\left(\nabla^2+\frac{\omega^2}{v^2(\boldsymbol{r})}\right)u(\boldsymbol{r})=-\delta(\boldsymbol{r}-\boldsymbol{r}_{\mathrm{s}})s(\omega) \tag{12.5}$$

式中，$\boldsymbol{r}$ 为位置矢量；$\boldsymbol{r}_{\mathrm{s}}$ 为震源位置；$s(\omega)$ 为频率 ω 的震源信号；$u(\boldsymbol{r})$ 为该频率的（压力）波场。

以有限差分格式离散波动方程（12.5），并表示为矩阵向量形式：

$$\boldsymbol{A}\boldsymbol{u}=-\boldsymbol{s} \tag{12.6}$$

式中，$\boldsymbol{A}$ 为频率与模型特性 $\boldsymbol{m}=\{v(\boldsymbol{r})\}$ 组成的矩阵；$\boldsymbol{m}$ 为速度场；向量 $\boldsymbol{u}$ 为所有网格上的波场；$\boldsymbol{s}$ 为震源向量，除震源位置 $\boldsymbol{r}_{\mathrm{s}}$ 外均为零。

方程（12.6）关于参数 m_i 的一阶导数为

$$\boldsymbol{A}\frac{\partial\boldsymbol{u}}{\partial m_i}+\frac{\partial\boldsymbol{A}}{\partial m_i}\boldsymbol{u}=0 \tag{12.7}$$

式中，$i=$（i_x，i_z）为二维（2D）网格单元索引。

Fréchet 矩阵的列向量为

$$\frac{\partial\boldsymbol{u}}{\partial m_i}=-\boldsymbol{A}^{-1}\frac{\partial\boldsymbol{A}}{\partial m_i}\boldsymbol{u} \tag{12.8}$$

梯度向量 $\boldsymbol{\gamma}$ 的元素为

$$\frac{\partial\phi}{\partial m_i}=\boldsymbol{u}^{\mathrm{H}}\left(\frac{\partial \boldsymbol{A}}{\partial m_i}\right)^{\mathrm{H}}\left(\boldsymbol{A}^{-1}\right)^{\mathrm{H}}\Delta\hat{\boldsymbol{u}} \tag{12.9}$$

矩阵 $\partial\boldsymbol{A}/\partial m_i$ 与矩阵 $\boldsymbol{A}$ 维数相同，除网格 $i\equiv(i_x,i_z)$ 处为非零元素外，其余元素均为零：

$$\left[\frac{\partial \boldsymbol{A}}{\partial m_i}\right]_{i,i}=-\frac{2\omega^2}{v_i^3} \tag{12.10}$$

则可得

$$\boldsymbol{u}_{\mathrm{b}}=-\left(\boldsymbol{A}^{-1}\right)^{\mathrm{H}}\Delta\hat{\boldsymbol{u}} \tag{12.11}$$

式中，共轭表示时间反转，逆矩阵 $\boldsymbol{A}^{-1}$ 乘以数据残差向量表示以数据残差 $\Delta\hat{\boldsymbol{u}}$ 作为虚拟源生成波场 $\boldsymbol{u}_{\mathrm{b}}$。因此，方程（12.11）可得数据残差的反传波场。

因此，公式（12.9）的梯度转化为

$$\frac{\partial\phi}{\partial m_i}=\overline{\left(\frac{2\omega^2}{v_i^3}\right)}\bar{\boldsymbol{u}}_i\boldsymbol{u}_{\mathrm{b},i} \tag{12.12}$$

式中，$\overline{2\omega^2/v_i^3}$ 为 $2\omega^2/v_i^3$ 的复共轭；$\bar{\boldsymbol{u}}_i$ 为 $\boldsymbol{u}_i$ 的复共轭。

多个震源时，对震源求和后方程（12.12）转化为

$$\gamma(\boldsymbol{r})=\overline{\left(\frac{2\omega^2}{v^3(\boldsymbol{r})}\right)}\sum_s\bar{\boldsymbol{u}}(\boldsymbol{r};\boldsymbol{r}_{\mathrm{s}})\boldsymbol{u}_{\mathrm{b}}(\boldsymbol{r};\boldsymbol{r}_{\mathrm{s}}) \tag{12.13}$$

在方程（12.13）中，共轭正传波场 $\bar{\boldsymbol{u}}(\boldsymbol{r};\boldsymbol{r}_{\mathrm{s}})$ 和反传播波场 $\boldsymbol{u}_{\mathrm{b}}(\boldsymbol{r};\boldsymbol{r}_{\mathrm{s}})$ 相乘等价于时间域内每个震源的自相关计算（Tarantola，1984，1987）。

反传波动方程（12.11）可转化为

$$\boldsymbol{A}\bar{\boldsymbol{u}}_{\mathrm{b}}=-\overline{\Delta\hat{\boldsymbol{u}}} \tag{12.14}$$

式中，$\overline{\Delta\hat{\boldsymbol{u}}}$ 为虚震源 $\Delta\hat{\boldsymbol{u}}(\boldsymbol{r};\boldsymbol{r}_{\mathrm{s}})$ 的复共轭；$\overline{\boldsymbol{u}_{\mathrm{b}}}$ 为反传播波场 $\boldsymbol{u}_b(\boldsymbol{r};\boldsymbol{r}_{\mathrm{s}})$ 的复共轭。

式（12.14）与式（12.5）相同。换言之，仍采用式（12.5）所示的正演建模方案计算波场 $\overline{\boldsymbol{u}_{\mathrm{b}}}(\boldsymbol{r};\boldsymbol{r}_{\mathrm{s}})$，$\overline{\Delta\hat{\boldsymbol{u}}}(\boldsymbol{r};\boldsymbol{r}_{\mathrm{s}})$ 为震源。

总体而言，频率域波形层析成像是迭代执行的。每次迭代中，反演过程可分为五个步骤：

（1）给定初始模型，计算合成波场 $\boldsymbol{u}(\boldsymbol{r};\boldsymbol{r}_{\mathrm{s}})$ 和数据残差 $\Delta\boldsymbol{u}$；

（2）将加权数据残差 $\Delta\hat{\boldsymbol{u}}=\boldsymbol{C}_{\mathrm{d}}^{-1}\Delta\boldsymbol{u}$ 作为虚震源，计算反传波场 $\boldsymbol{u}_{\mathrm{b}}(\boldsymbol{r};\boldsymbol{r}_{\mathrm{s}})$；

（3）正传波场 $\boldsymbol{u}(\boldsymbol{r};\boldsymbol{r}_{\mathrm{s}})$ 与反传波场 $\boldsymbol{u}_{\mathrm{b}}(\boldsymbol{r};\boldsymbol{r}_{\mathrm{s}})$ 相关计算；

（4）对每个震源重复步骤（1）~（3），对所有震源的自相关求和，得到梯度方向 $\boldsymbol{\gamma}$；

（5）计算模型更新量 $\Delta\boldsymbol{m}=-\alpha\boldsymbol{C}_{\mathrm{m}}\boldsymbol{\gamma}$，其中 α 为最优步长，将在下一节展开讨论。

12.2　最优步长

基于梯度的反演方法需精细确定步长 α 以进行模型更新。将方程（12.3）中的模型更新量改写为

$$\Delta\boldsymbol{m}=-\alpha\boldsymbol{a} \tag{12.15}$$

其中，$\boldsymbol{a}$ 为标准化向量：

$$\boldsymbol{a}=\frac{\hat{\boldsymbol{\gamma}}}{\|\hat{\boldsymbol{\gamma}}\|}=-\frac{\boldsymbol{C}_{\mathrm{m}}\boldsymbol{F}^{\mathrm{H}}\boldsymbol{C}_{\mathrm{d}}^{-1}\Delta\boldsymbol{u}}{\left\|\boldsymbol{C}_{\mathrm{m}}\boldsymbol{F}^{\mathrm{H}}\boldsymbol{C}_{\mathrm{d}}^{-1}\Delta\boldsymbol{u}\right\|} \tag{12.16}$$

对方程（12.1）中的目标函数进行二次近似：

$$\phi(\boldsymbol{m}+\Delta\boldsymbol{m})=\phi(\boldsymbol{m})+\Delta\boldsymbol{m}^{\mathrm{T}}\boldsymbol{\gamma}+\frac{1}{2}\Delta\boldsymbol{m}^{\mathrm{T}}\boldsymbol{H}\Delta\boldsymbol{m} \tag{12.17}$$

其中，$\boldsymbol{H}$ 为目标函数的 Hessian 矩阵，定义为

$$\boldsymbol{H}=\frac{\partial^2\phi}{\partial\boldsymbol{m}^2}=\frac{\partial\boldsymbol{\gamma}}{\partial\boldsymbol{m}}=\boldsymbol{F}^{\mathrm{H}}\boldsymbol{C}_{\mathrm{d}}^{-1}\boldsymbol{F}-\frac{\partial\boldsymbol{F}^{\mathrm{H}}}{\partial\boldsymbol{m}}\boldsymbol{C}_{\mathrm{d}}^{-1}\Delta\boldsymbol{u} \tag{12.18}$$

将模型更新量［式（12.15）］代入式（12.17）中的二次函数，令 $\partial\phi/\partial\boldsymbol{a}=0$ 进行最小化，可确定步长 α 为

$$\alpha=\frac{\boldsymbol{a}^{\mathrm{T}}\boldsymbol{\gamma}}{\boldsymbol{a}^{\mathrm{T}}\boldsymbol{H}\boldsymbol{a}} \tag{12.19}$$

因此，模型更新量为

$$\Delta\boldsymbol{m}=-\frac{\boldsymbol{a}^{\mathrm{T}}\boldsymbol{a}}{\boldsymbol{a}^{\mathrm{T}}\boldsymbol{H}\boldsymbol{a}}\boldsymbol{\gamma} \tag{12.20}$$

采用 BFGS（Broyden-Fletcher-Goldfarb-Shanno）更新算法构建 Hessian 矩阵：

$$\boldsymbol{H}^{(k+1)}=\boldsymbol{H}^{(k)}-\frac{\boldsymbol{H}^{(k)}\boldsymbol{z}_k\boldsymbol{z}_k^{\mathrm{H}}\boldsymbol{H}^{(k)}}{\boldsymbol{z}_k^{\mathrm{H}}\boldsymbol{H}^{(k)}\boldsymbol{z}_k}+\frac{\boldsymbol{y}_k\boldsymbol{y}_k^{\mathrm{H}}}{\boldsymbol{y}_k^{\mathrm{H}}\boldsymbol{z}_k} \tag{12.21}$$

其中，

$$\begin{aligned}\boldsymbol{y}_k&=\boldsymbol{\gamma}^{(k+1)}-\boldsymbol{\gamma}^{(k)}\\ \boldsymbol{z}_k&=\boldsymbol{m}^{(k+1)}-\boldsymbol{m}^{(k)}\end{aligned} \tag{12.22}$$

迭代过程中不断调整近似矩阵 $\boldsymbol{H}^{(k)}$。

为便于理解 BFGS 算法，用梯度的导数近似 Hessian 矩阵：

$$\boldsymbol{H}^{(k+1)} \approx \frac{\boldsymbol{\gamma}^{(k+1)} - \boldsymbol{\gamma}^{(k)}}{\boldsymbol{m}^{(k+1)} - \boldsymbol{m}^{(k)}} = \frac{\boldsymbol{y}_k}{\boldsymbol{z}_k} \tag{12.23}$$

式（12.23）即割线方程：

$$\boldsymbol{H}^{(k+1)}\boldsymbol{z}_k = \boldsymbol{y}_k \tag{12.24}$$

容易验证，方程（12.21）中的 BFGS 算法满足该割线方程。

BFGS 更新算法中，通常定义初始近似 $\boldsymbol{H}^{(0)}$ 为单位矩阵。初始近似 $\boldsymbol{H}^{(0)}$ 正定且 $z_k^{\mathrm{H}}y^k > 0$ 时，$\boldsymbol{H}^{(k)}$ 保持正定，因此可减少舍入误差。近似矩阵 $\boldsymbol{H}^{(k)}$ 最终收敛于 Hessian 矩阵 $\boldsymbol{H}$（Broyden，1967，1972）。

12.3 反射地震层析成像策略

图 12.1（a）显示了大小为 4550m×2800m 的 Marmousi 速度模型。该模型空间范围较小，炮检距有限，用以测试地震波层析成像的有效性。将速度模型离散为 12.5m×12.5m 网格，进行频率域正演建模和层析反演，并采用有限差分方法求解声波方程（12.5）。

图 12.1（b）显示了波形层析的速度成像结果，对真实速度进行低通滤波，将平滑后的速度模型作为迭代反演的初始模型。参与反演的频率范围为 2.7~30Hz，采样间隔为 0.3Hz。由于频域有限差分模型的限制，最大频率 $f_{\max}$=30Hz。

$$f_{\max} = \frac{v_{\min}}{4h} \tag{12.25}$$

式中，最小速度 $v_{\min}$=1500m/s；网格单元大小为 h=12.5m。由于地震反射数据的炮检距有限，仅可保证浅层的速度成像效果。本书提出了一种方法用以克服这一问题，即在反演的速度更新中利用与深度相关的加权因子。

根据定义，层析成像是沿射线路径的积分；换言之，数据残差被均匀分配到射线路径上。由于网格内的残差与其模型更新量呈线性关系，因此模型更新取决于网格内射线的总长度，即射线密度。由于浅层射线密度远高于深层，因此浅层的模型更新效果优于深层。因此，在模型更新中引入随深度变化的加权因子是必要的。

梯度反演方法沿与梯度相反的方向更新模型向量以最小化目标函数 $\boldsymbol{m}^{(k+1)} = \boldsymbol{m}^{(k)} - \alpha\hat{\boldsymbol{\gamma}}$。应用逆 Hessian 矩阵锐化或聚焦梯度向量 $\hat{\boldsymbol{\gamma}}$，以提高迭代收敛速度：

$$\boldsymbol{m}^{(k+1)} = \boldsymbol{m}^{(k)} - \alpha\boldsymbol{H}^{-1}\hat{\boldsymbol{\gamma}} \tag{12.26}$$

式中，$\boldsymbol{H}$ 为 Hessian 矩阵［（式 12.18）］：

$$\boldsymbol{H} \approx \mathrm{Re}\left\{\boldsymbol{F}^{\mathrm{H}}\boldsymbol{F}\right\} \tag{12.27}$$

矩阵 $\boldsymbol{F}$ 为地震波场对模型元素的 Fréchet 导数，其复共轭转置为 $\boldsymbol{F}^{\mathrm{H}}$。协方差矩阵 $\boldsymbol{C}_{\mathrm{d}}$ 为单位矩阵。Hessian 矩阵 $\boldsymbol{H}$ 对角占优，其逆矩阵可用于图像缩放。

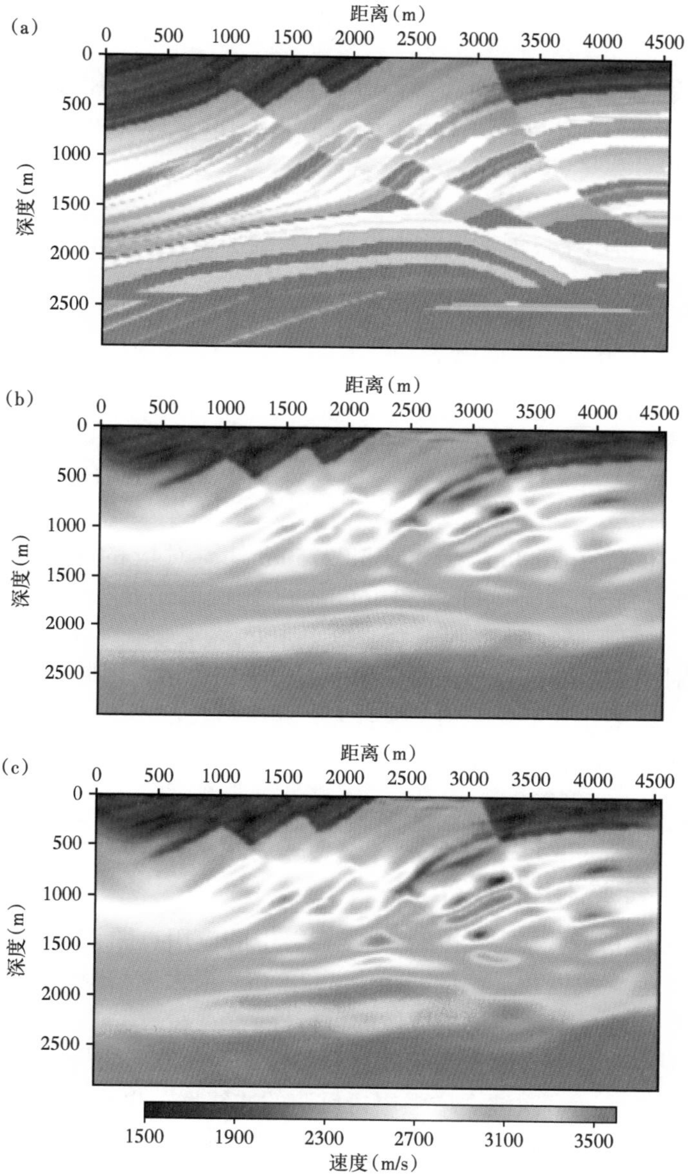

图 12.1 (a)Marmousi 速度模型;(b)波形反演成像结果，只有浅层得到了较好的成像;(c)波形层析最终成像结果，在迭代反演过程中引入了加权因子

根据定义，波场可表示为

$$u(\boldsymbol{r},\omega)=s(\boldsymbol{r}_{\mathrm{s}},\omega)g(\boldsymbol{r},\boldsymbol{r}_{\mathrm{s}},\omega) \tag{12.28}$$

式中，$\boldsymbol{r}$ 为位置矢量；$\boldsymbol{r}_{\mathrm{s}}$ 为震源位置；$g(\boldsymbol{r}_{\mathrm{s}},\omega)$ 为频率 ω 处的震源振幅；$g(\boldsymbol{r},\boldsymbol{r}_{\mathrm{s}},\omega)$ 为频率域格林函数。

均匀介质中，频率域、自由空间上的二维格林函数为

$$g_{2D}(\boldsymbol{r},\boldsymbol{r}_s,\omega)=\left(\frac{-\mathrm{i}v}{8\pi\omega R}\right)^{1/2}\exp\left(-\mathrm{i}\omega\frac{R}{v}\right) \tag{12.29}$$

式中，$R=|\boldsymbol{r}-\boldsymbol{r}_s|$ 为距震源的距离；v 为声波在介质中的速度。结合式（12.27）、式（12.28）和式（12.29），由于 $F_{ij}\propto(Rv)^{-1/2}$，Hessian 逆矩阵 $\boldsymbol{H}^{-1}$ 的主对角元素具有以下特点：

$$\left[\boldsymbol{H}^{-1}\right]_{jj}\propto Rv \tag{12.30}$$

通过以上分析，得出了反射波反演中模型更新的加权方案：

$$\boldsymbol{x}^{(k+1)}=\boldsymbol{x}^{(k)}-\alpha\beta(z)\boldsymbol{\gamma} \tag{12.31}$$

其中，$\beta(z)$ 为随深度变化的比例因子，$\beta(z)\propto zv(z)$。该比例因子有效补偿了几何扩散效应。

图 12.1（c）显示了基于加权更新策略的最终成像结果。比例因子为

$$\beta(z)=1.0+0.2\times10^{-6}zv(z) \tag{12.32}$$

深度 z=0m、1000m、2000m、2500m 和 2750m 处，对应的平均速度 $v(z)$ 分别为 1500m/s、2000m/s、2500m/s、3000m/s 和 3600m/s，比例因子 $\beta(z)$ 分别为 1.0、1.4、2.0、2.5 和 3.0。

由于噪声在时间域中随机分布，而在频率域中为白色谱，因此合成资料中虽然引入了随机噪声，但反演结果几乎不受影响。换言之，频率域反演不受白噪的影响。但野外实际地震数据噪声中白噪声较少。因此在反演迭代过程中，通常对一组频率成分叠加以压制噪声的影响（Wang，Rao，2006）。

12.4 多次波衰减和部分补偿

本节讨论波形层析成像方法在海上地震资料中的应用。图 12.2（a）展示了一个炮集记录，包含 120 道地震数据，最小偏移距为 337.5 m，最大偏移距为 1825 m。本节将研究并分析该炮检距范围内反射地震层析成像的可行性。

由于正演建模中以自由表面作为吸收边界条件，因此波形层析成像通常不包括自由表面多次波。引入自由表面多次波会增强层析反演的非线性，也会加重模型参数的误差（从而加重正演模型的误差）。因此，由于目前自由面多次波预测方法不可模拟折射波多次波，因此需采用小偏移距炮集记录以进行多次波衰减，这样可避免大偏移距水底折射波及其对应的多次波。如图 12.2（a）所示，折射波重叠区域是最不利于多次波衰减的部分。此处采用基于数据驱动的多次衰减方法（MPI），以反演的方式进行多次预测（Wang，2004b，2007）。图 12.2（b）显示了自由表面多次衰减后的炮集记录。实际炮集记录由点震源激发获得，而图 12.2（c）显示的是部分补偿后的等效线震源炮集记录。

波形层析成像前，需对原始炮集记录进行部分补偿，得到线震源炮集。方程（12.29）显示了二维格林函数，三维（3D）格林函数为

$$g_{3D}(\boldsymbol{r},\boldsymbol{r}_s,\omega)=\frac{1}{4\pi R}\exp\left(-\mathrm{i}\omega\frac{R}{v}\right) \tag{12.33}$$

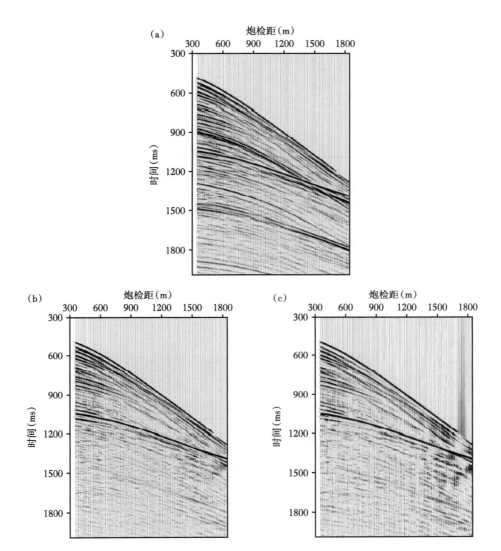

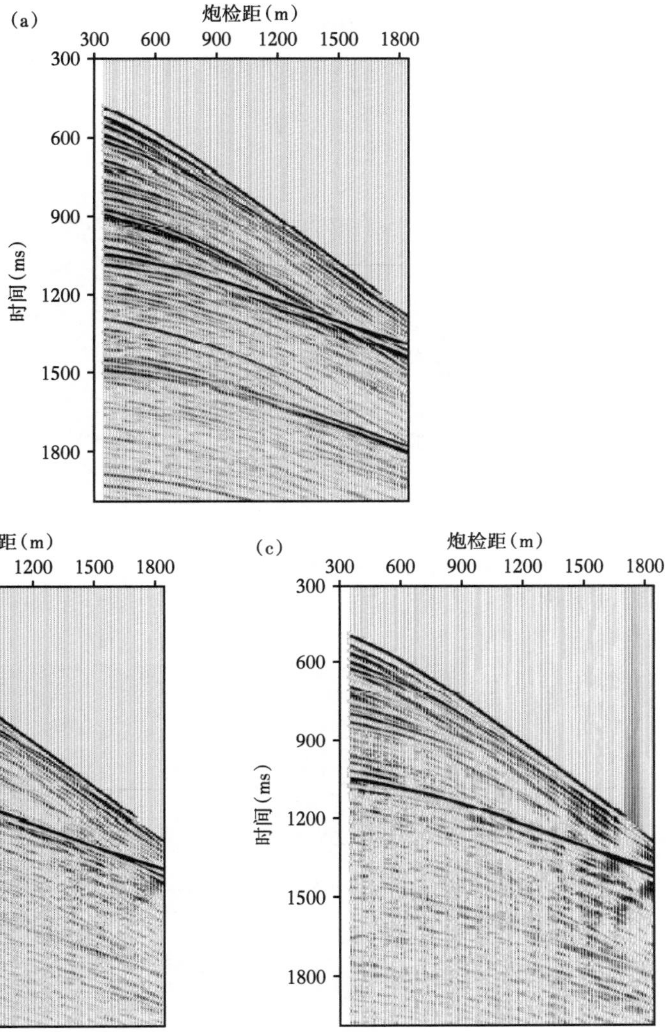

图 12.2　(a)炮集地震记录，包含 120 个地震道;(b)多次衰减后的炮集记录;(c)部分补偿后的炮集记录

对比二维和三维格林函数，可得部分补偿算子：

$$W(\omega)=\sqrt{\frac{2\pi Rv}{\mathrm{i}\omega}} \tag{12.34}$$

时间域中,(远场)算子 $w(t)$ 特点如下：

$$w(t)=D_{-1/2}(t)\sqrt{2\pi Rv} \tag{12.35}$$

式中，$D_{-1/2}(t)$ 为半积分器，定义为 $(\mathrm{i}\omega)^{-1/2}$ 的反傅里叶变换(Deregowski，Brown，1983)。

对于小偏移距观测系统，假设 $2R\propto vt$，可得

$$w(t)\propto D_{-1/2}(t)v(t)\sqrt{t} \tag{12.36}$$

部分补偿可分两步实现：先在时域应用比例因子$v(t)\sqrt{t}$，之后在频域乘以算子$(\mathrm{i}\omega)^{-1/2}$。

图 12.3 显示了原始海上地震数据的直接叠加剖面、多次衰减后的叠加剖面以及应用部分补偿后的叠加剖面。

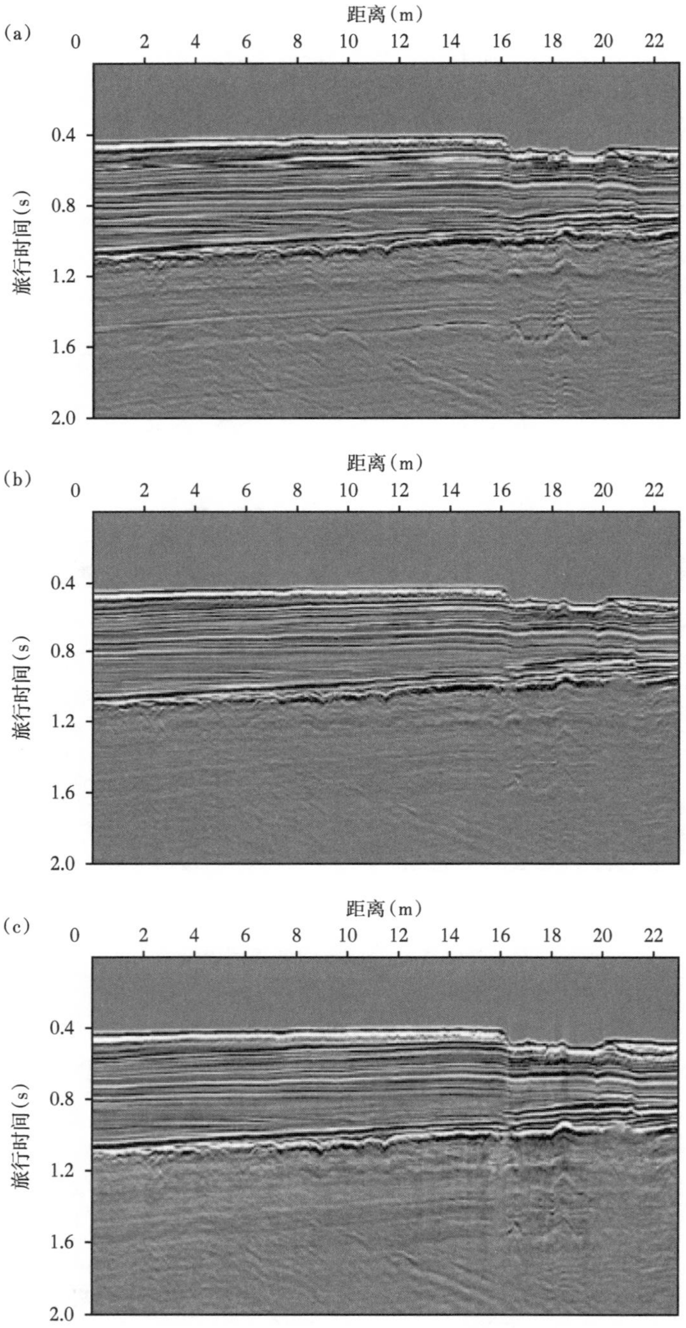

图 12.3 （a）海上地震剖面，（b）自由表面多次波衰减后的叠前剖面，（c）对炮集记录进行振幅和相位补偿的叠加剖面。原始炮点记录补偿后，得到用于波形层析成像的等效线震源记录

图 12.4 对比了点源地震道（实曲线）和部分补偿后的地震道（虚线）及其振幅谱。应用算子（$i\omega$）$^{-1/2}$ 后，等效线震源的地震数据频带比点震源数据更宽。

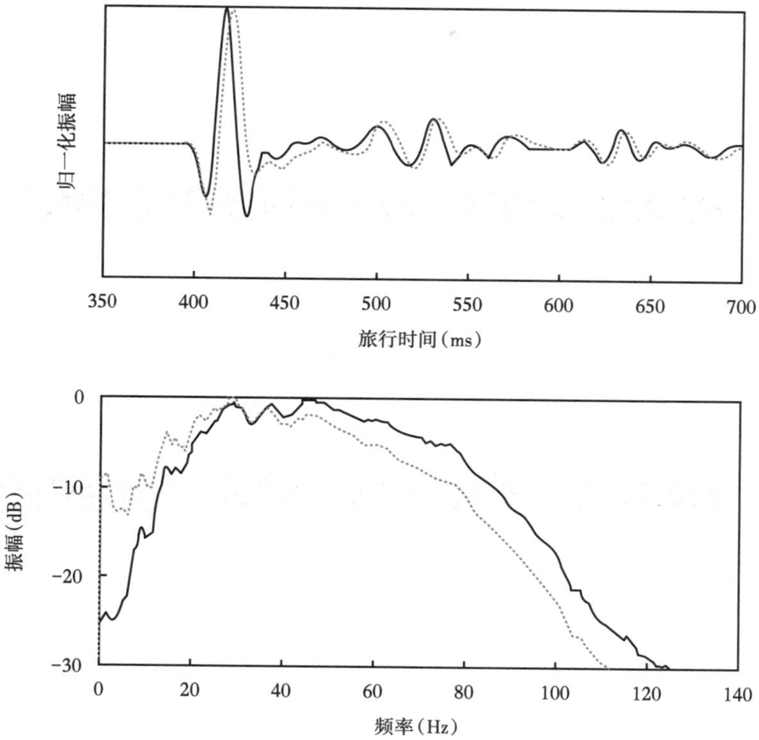

图 12.4　对比点震源地震道（实曲线）与部分补偿后地震道（虚线）及其振幅谱。线震源记录道中的频率（即部分补偿后）比点震源的要宽

另一种波形层析的方案为：采用 2.5 维（2.5D）进行正演建模，之后再反演。但由于 2.5D 方案涉及沿着剖面垂直的线震源方向进行无穷积分，相比于 2D 建模与反演，计算时间更长。

12.5　反射波层析成像

地震反射数据中，低于 6Hz 的低频成分能量很弱，但将走失反演得到的速度作为波形层析成像的初始模型。图 12.3 所示的叠加剖面中，从叠前地震数据中拾取了两个反射层的走时，并反演得到两个界面之间的层速度模型（图 12.5）。第一层为水层，速度为 1500 m/s。第二层速度呈线性变化，端点处速度为 2200m/s，23km 处为 2000m/s。

频率域波形层析成像中，每次迭代反演有一组频率成分（通常为 3~5 个）同时参与计算。以一组相邻频率成分作为输入可抑制实际数据中噪声的影响，且更多数据参与计算能够降低反演问题的不确定性。本例共有 26 组数据，频率范围为 6.9~30Hz，间隔为 0.3Hz。第一组包括 6.9Hz、7.2Hz 和 7.5Hz 的频率成分，最后一组包括 29.4Hz、29.7Hz 和 30.0Hz 的频率成分。图 12.5 显示了频率范围分别为 6.9~7.5Hz、6.9~13.8Hz 和 6.9~30.0Hz 的数据对应的波形层析成像的反演速度模型，其中6.9~30.0Hz数据的结果中选用所有频率参与计算，得到最终的速度反演结果。

图12.5所示的反演示例中，深度z=0m，350m，800m，1150m和1500m处的速度$v(z)$分别为1500m/s、2000m/s、2500m/s、3000m/s和3300m/s，根据方程（12.23）估算对应的比例因子β（z）分别为1.0、1.14、1.4、1.7和2.0。

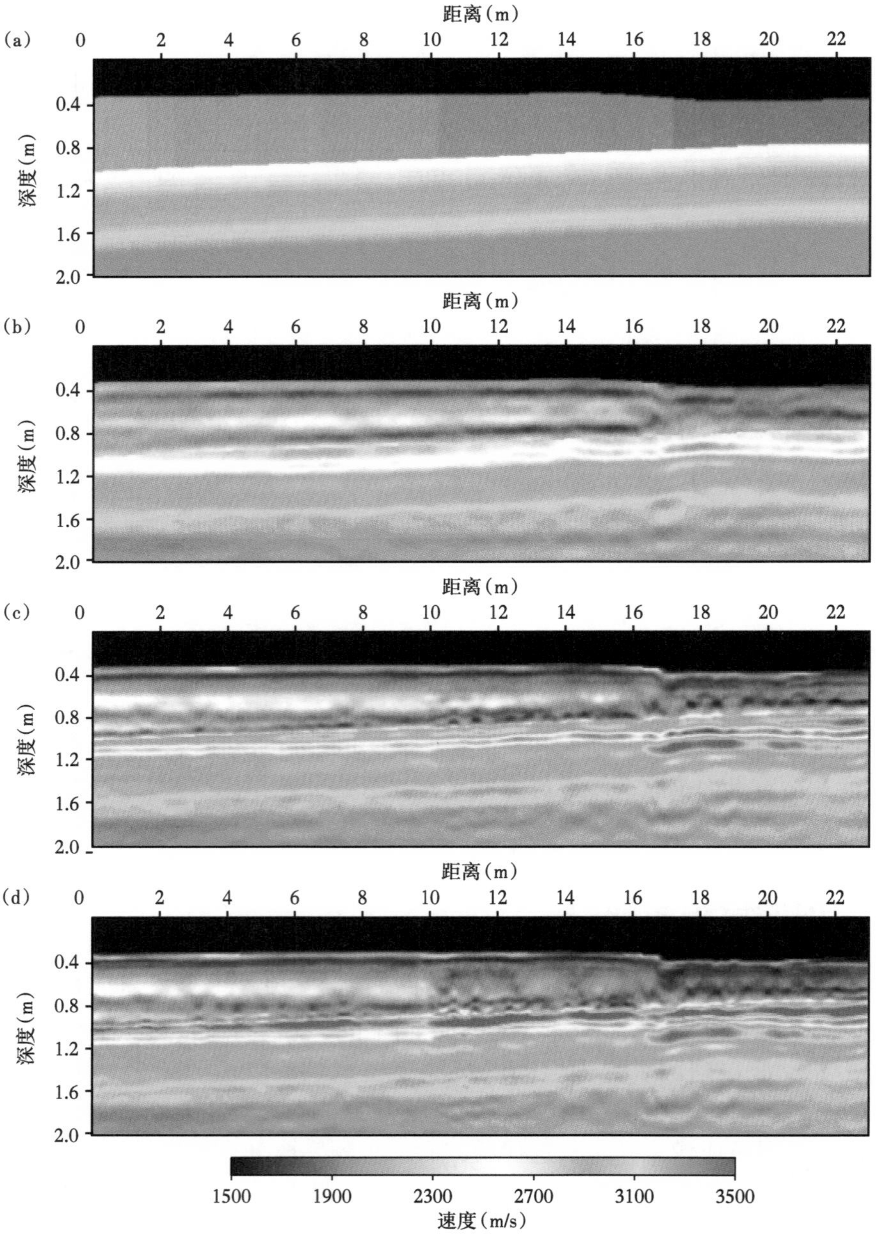

图12.5 地震波形层析成像方法。(a)由走时层析成像建立的初始速度模型，(b)、(c)和(d)为用波形层析成像重建的三个速度模型，频率范围分别为6.9~7.5Hz、6.9~13.8Hz和6.9~30.0Hz

走时层析成像可生成具有平滑边界（如水底）的初始模型，而波形层析成像则可恢复空间上界面形态的起伏变化（细节），反演结果与图 12.3 所示地震剖面十分相似。波形层析成像的结果中，水底以下的层状结构十分清楚。第二层 0~10km 的空间中，水底正下方、剖面左端 350~700m 深度范围内间存在高—低—高的垂直速度变化，第二界面上方存在高—低—高—低的垂直速度变化。在 17~23km 的空间范围内，第二层内也存在低—高—低的垂直速度变化。

最重要的是，第三层中，高—低—高速度变化模式出现在紧邻第二界面下方的位置，并横穿整个剖面。传统走时层析成像无法区分这些薄层。在这之下，深度 1.2~1.6km 之间的速度模式在横向 0~5km、5~17km 和 17~23km 的空间范围内变化。该实例表明，相比于传统走时层析成像，波形层析成像的结果具有更高的分辨率，且能恢复地下构造的空间变化细节。

第 13 章　起伏地表波形层析成像

地震波形层析成像可在空间变化剧烈条件下实现地下速度模型的高分辨率成像。如前一章所述，成像通常基于水平地表的假设。但实际应用中此假设不成立，特别是对山区等地表不规则地区采集的陆上数据。即使在海洋地震资料采集中，崎岖的海底通常也不可简单作为水平界面处理。本章将介绍一种适用于起伏地表地质模型的波形模拟和反演方法。

本章由五部分组成：一是介绍一种能准确表示起伏地表地质模型的贴体网格方法；二是给出修正的正交网格边界，这对于任何吸收边界条件都十分重要；三是精确波形模拟的伪正交性与平滑性处理；四是表述由物理空间到计算空间的声波方程和吸收边界条件；五是波形模拟和层析反演，以证明提出的方法对起伏地表模型的有效性。

13.1　有限差分正演的贴体网格方法

层析反演是通过迭代实现观测波场与模拟波场之间的差异最小化的过程，因此高效的波形模拟方法是反演迭代的关键。现有波场模拟技术中，有限差分方法因其效率高、实现简单而得到广泛应用（Virieux et al.，2011）。在笛卡儿坐标系中，传统的有限差分方法沿水平和垂直方向对地质模型进行等间距网格剖分。地形不规则时，正方形网格划分将形成阶梯边界，这将导致严重的虚假散射（Bleibinhaus，Rondenay，2009）。尽管加密网格可在一定程度上改进此问题（Lombard et al.，2008），但同时大幅增加了计算成本，且仍无法达到满意的假象压制效果。

有限元法作为另一种常用地震模拟方法，通过划分三角形网格可以很好地刻画起伏地表（Zhang，Liu，1999；Zhang，2004）。与有限差分法相比，该方法计算成本更高。Käser和 Igel（2001）尝试将三角网格与有限差分相结合进行模拟。通过加密网格的方式，降低非结构化网格或不规则网格上空间导数的计算误差，因此，该方法也增加了计算成本。

曲坐标也可用于刻画起伏地表。在弯曲网格中，水平线与界面重合，纵向线仍与垂直方向平行。将初始笛卡儿模型转化为具有平坦地形的新计算模型。使用空间导数的优化算子在曲坐标系下实现模拟（Hestholm，Ruud，1998，2000；Tarrass et al.，2011）。虽然这种方法能很好地刻画不规则地形，但需要更多的导数计算，计算量比笛卡儿方法更大。

贴体网格是一种结构化网格方法，常用于流体动力学中的数值模拟（Komatitsch et al.，1996）。它也是一种生成伪正交网格的曲线网格方法。该方法可划分为四边形网格，并保持与笛卡儿坐标中相似的邻接关系。在计算空间中将曲线网格映射到矩形网格上，可直接采用基本的有限差分法进行计算。

插值法是一种可生成简单贴体网格的有效方法，但该方法严重依赖边界上的初始控制点。用多项式拟合地表起伏变化时，若存在奇异网格则会对计算造成严重影响。Zhang

和 Chen（2006）使用有限元软件生成贴体网格进行有限差分建模。此外，Thomas 和 Middlecoeff（1980），Thompson 等（1985），Hoffman 和 Chiang（1993）提出了一种求解具有适当控制函数的双曲型方程组的复杂方法。由于该网格方法具有较好的正交性和光滑性，可降低数值频散，从而提高波形模拟精度。

利用线性插值建立可靠的初始网格，然后求解椭圆方程组得到贴体网格。当目标区域包含在人工边界时，应调整四边边界和连接区的网格点，从而极大改善正交性。基于上述结构化网格或规则网格，在计算空间中重建声波方程和吸收边界。在频率域中利用有限差分法实现波形模拟。

假设模型物理空间坐标为（x，z），模型计算空间坐标为（ξ，η），则物理空间和计算空间之间的关系可表示为

$$\begin{cases} \dfrac{\partial^2 \xi}{\partial x^2} + \dfrac{\partial^2 \xi}{\partial z^2} = M(\xi, \eta) \\ \dfrac{\partial^2 \eta}{\partial x^2} + \dfrac{\partial^2 \eta}{\partial z^2} = N(\xi, \eta) \end{cases} \tag{13.1}$$

式中，$M(\xi, \eta)$ 和 $N(\xi, \eta)$ 分别为控制两方向上的网格间距变化率。

该椭圆形偏微分方程称为泊松公式。为找到与计算空间中相对应的物理空间坐标 $x=x(\xi, \eta)$ 和 $z=z(\xi, \eta)$，可将方程（13.1）转换为

$$\begin{cases} \alpha \dfrac{\partial^2 x}{\partial \xi^2} - 2\beta \dfrac{\partial^2 x}{\partial \xi \partial \eta} + \gamma \dfrac{\partial^2 x}{\partial \eta^2} + J^2 \left(M \dfrac{\partial x}{\partial \xi} + N \dfrac{\partial x}{\partial \eta} \right) = 0 \\ \alpha \dfrac{\partial^2 z}{\partial \xi^2} - 2\beta \dfrac{\partial^2 z}{\partial \xi \partial \eta} + \gamma \dfrac{\partial^2 z}{\partial \eta^2} + J^2 \left(M \dfrac{\partial z}{\partial \xi} + N \dfrac{\partial z}{\partial \eta} \right) = 0 \end{cases} \tag{13.2}$$

其中，

$$\begin{cases} \alpha = \dot{x}_\eta^2 + \dot{z}_\eta^2, \quad \beta = \dot{x}_\xi \dot{x}_\eta + \dot{z}_\xi \dot{z}_\eta \\ \gamma = \dot{x}_\xi^2 + \dot{z}_\xi^2, \quad J \equiv \dfrac{\partial(x, z)}{\partial(\xi, \eta)} = \dot{x}_\xi \dot{z}_\eta - \dot{z}_\xi \dot{x}_\eta \end{cases} \tag{13.3}$$

假设已知 $\dot{x}_\xi = \partial x / \partial \xi$，$\dot{z}\xi = \partial z / \partial \xi$，$\dot{x}_\eta = \partial x / \partial \eta$，$\dot{z}_\eta = \partial z / \partial \eta$，可根据当前解进行计算，迭代求解离散泊松方程。

地震波形模拟中，令 $M(\xi, \eta)=0$，并在深度方向上计算 $N(\xi, \eta)$，因此，深部高速区内网格稀疏，浅部低速区内网格致密。可根据式（13.4）计算控制项（Rao，Wang，2013）

$$N(\xi, \eta) = -\frac{2L(\alpha + \gamma)\Delta r}{J^2 \dot{z}_\eta (1+r)^2} \tag{13.4}$$

式中，$L=z_{i,j+1}-z_{i,j-1}$ 是在 η 方向上靠近点 $z_{i,j}$ 的两点之间的最近距离；$r=(z_{i,j+1}-z_{i,j})/(z_{i,j}-z_{i,j-1})$ 是无量纲网格比。结合速度随深度变化的总体趋势，网格比可从 r 改变为 $r+\Delta r$。

任何网格点都应满足以下正交条件：

$$\beta = \dot{x}_{\xi}\dot{x}_{\eta} + \dot{z}_{\xi}\dot{z}_{\eta} = 0 \tag{13.5}$$

因此，计算网格的质控参数为

$$Q = \sum_{i,j} \beta(i,j) \tag{13.6}$$

式中，(i, j)为网格索引。小的 Q 值表示更好的网格正交性，理想情况下，Q 趋于 0。

13.2 边界点的修正

通过求解泊松方程（13.2）得到的网格通常具有较好的空间分布。但边界网格非正交，因此需遵循 β=0 原则修改边界点位置（Patantonis，Atharassiadis，1985）。修改边界点后，还应同时考虑 ξ 方向和 η 方向的光滑性。保证边界网格的正交性是波形模拟中合理设置吸收边界条件的必要条件，而平滑度是保证波形模拟精度的关键。因此，修改后的边界点应满足以下三个方程：

$$\begin{cases} \left(x_{i+1,j} - x_{i-1,j}\right)\left(\tilde{x}_{i,j+1} - x_{i,j}\right) + \left(z_{i+1,j} - z_{i-1,j}\right)\left(\tilde{z}_{i,j+1} - z_{i,j}\right) = 0 \\ \left(x_{i+1,j+1} - \tilde{x}_{i,j+1}\right)\left(\tilde{z}_{i,j+1} - z_{i-1,j+1}\right) - \left(\tilde{x}_{i,j+1} - x_{i-1,j+1}\right)\left(z_{i+1,j+1} - \tilde{z}_{i,j+1}\right) = 0 \\ \left(x_{i,j+2} - \tilde{x}_{i,j+1}\right)\left(\tilde{z}_{i,j+1} - z_{i,j}\right) - \left(\tilde{x}_{i,j+1} - x_{i,j}\right)\left(z_{i,j+2} - \tilde{z}_{i,j+1}\right) = 0 \end{cases} \tag{13.7}$$

该方程组将网格点$(i, j+1)$从$(x_{i,j+1}, z_{i,j+1})$修改为$\left(\tilde{x}_{i,j+1}, \tilde{z}_{i,j+1}\right)$。方程一源于正交性方程（13.5），其余两方程分别表示在$(x_{i,j+1}, z_{i,j+1})$位置沿 ξ 和 η 方向的平滑度。实际可通过式（13.8）进行修改：

$$\begin{cases} \hat{x}_{i,j+1} = \dfrac{w\tilde{x}_{i,j+1} + x_{i,j+1}}{1+w} \\ \hat{z}_{i,j+1} = \dfrac{w\tilde{z}_{i,j+1} + \tilde{z}_{i,j+1}}{1+w} \end{cases} \tag{13.8}$$

其中，参数 w 用于确保修改后的平滑性。

综上所述，生成贴体网格分为以下步骤：

（1）在四个边界上设置等间距的初始点。

（2）沿着边界上的初始点，通过线性插值生成初始内部网格。

（3）求解正交内网格的泊松方程。

（4）修改边界点。

（5）验证网格质量。

（6）调整 $M(\xi, \eta)$ 和 $N(\xi, \eta)$，返回步骤（3）重复计算，Q 值足够小时停止迭代。

13.3　伪正交性与光滑性

图 13.1（a）展示了一个简单的例子，图中模型底部和左右边界平直，用高斯函数 $40\exp[-(0.01x-1.6)^2]$ 定义横向变化的起伏地表的解析形式。根据泊松方程生成的贴体网格，除近边界区域外，多数内部网格正交［图 13.1（a）］。

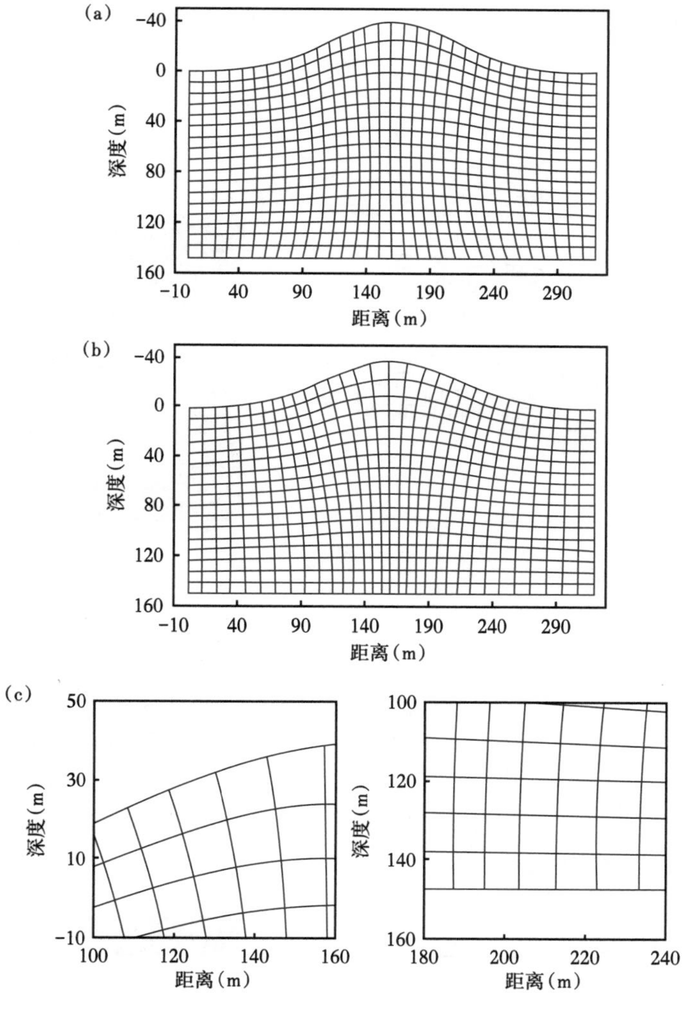

图 13.1　（a）未做边界修正的贴体网格，（b）边界修正后的贴体网格，（c）在 x=[100，160]m 与 z=[−10，50]m 之间，以及在 x=[180，240]m 与 z=[100，160]m 之间的网格的放大显示。由于边界点的修改，边界网格和内部网格都具有良好的正交性

图 13.1 中的非正交网格导致模拟波场扭曲变形。因此，在迭代网格生成过程中，需修正边界点。图 13.1（b）给出了修改边界点后的网格，其内部与边界网格均显示出平滑和正交的特征。图 13.1（c）放大显示了上边界 x=[100，160]m 和 z=[−10，50]m 范围内，

以及下边界 x=[180，240]m 和 z=[100，160]m 范围内的网格。迭代修改边界点和细化内部网格可使网格具有更好的正交特性，适用于有限差分计算。

图 13.2（a）展示了扇形区域曲线网格的划分示例。起伏地表由圆弧函数定义，形成理想的曲线正交网格。网格的一个维度与地表一致，另一维度垂直于地表。图 13.2（b）是 80ms 时刻的地震波场快照。采用曲线正交网格的有限差分法进行模拟，可得很好的模拟效果。但实际情况中地形往往过于复杂，难以形成完全正交的网格。贴体网格法可以作为构造伪正交网格的一种替代方法。

图 13.2（b）说明了曲线网格中平滑度的重要性。由于网格偏斜，传播时间为 50ms 的快照中显示出波前扭曲。但由泊松方程得到的网格具有足够平滑度，从而避免了这种突然的倾斜。

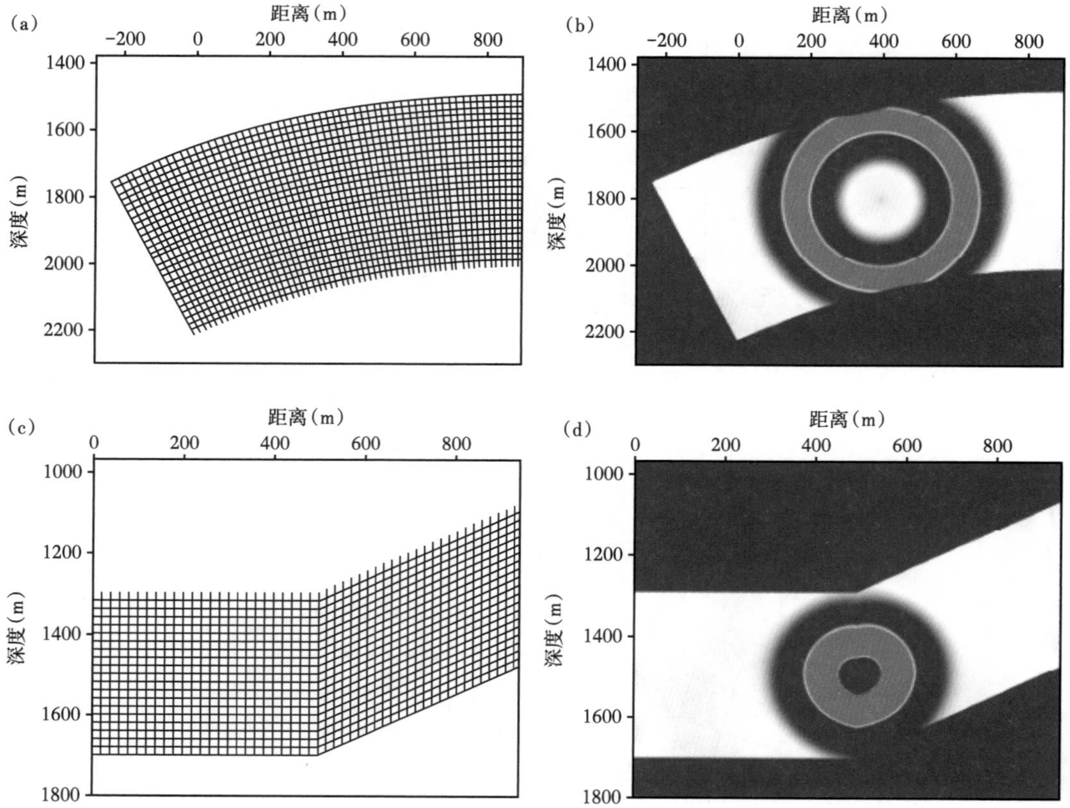

图 13.2 （a）、（b）为在均匀扇形区域内模拟地震波：图（a）显示了目标区域内的正交网格，每隔 5 个网格显示，图（b）为 80ms 的波场快照。（c）、（d）为在倾斜的均匀区域进行波场模拟：图（c）显示了目标区域内的正交网格，图（d）为 50ms 的波场快照，波前由于网格倾斜而发生变形

通常，伪正交网格应用于波形模拟时，角度应控制在 67°~90° 之间，网格大小变化率应为 $\Delta r < 5\%$（Rao，Wang，2013），可以通过调整泊松方程中的 M 和 N 项使参数在上述控制范围内。

13.4　波动方程与吸收边界条件

物理坐标（x，z）与计算坐标（ξ，η）之间的关系可以通过一阶微分方程：

$$\frac{\partial u}{\partial x}=\xi_x\frac{\partial u}{\partial \xi}+\eta_x\frac{\partial u}{\partial \eta} \tag{13.9}$$

以及二阶微分方程建立：

$$\frac{\partial^2 u}{\partial x^2}=\dot{\xi}_x^2\frac{\partial^2 u}{\partial \xi^2}+\dot{\eta}_x^2\frac{\partial^2 u}{\partial \eta^2}+2\dot{\xi}_x\dot{\eta}_x\frac{\partial^2 u}{\partial \xi\partial \eta}+\ddot{\xi}_{xx}\frac{\partial u}{\partial \xi}+\ddot{\eta}_{xx}\frac{\partial u}{\partial \eta} \tag{13.10}$$

由此，声波方程：

$$\left(\nabla^2+\frac{\omega^2}{v^2(x,z)}\right)u(x,z)=0 \tag{13.11}$$

可变换为

$$\begin{aligned}&\left(\dot{\xi}_x^2+\dot{\xi}_z^2\right)\frac{\partial^2 u}{\partial \xi^2}+\left(\dot{\eta}_x^2+\dot{\eta}_z^2\right)\frac{\partial^2 u}{\partial \eta^2}+2\left(\dot{\xi}_x\dot{\eta}_x+\dot{\xi}_z\dot{\eta}_z\right)\frac{\partial^2 u}{\partial \xi\partial \eta}\\&+\left(\ddot{\xi}_{xx}+\ddot{\xi}_{zz}\right)\frac{\partial u}{\partial \xi}+\left(\ddot{\eta}_{xx}+\ddot{\eta}_{zz}\right)\frac{\partial u}{\partial \eta}+\frac{\omega^2}{v^2}u=0\end{aligned} \tag{13.12}$$

式（13.12）为计算空间中的波动方程。

由于平面边界上的小入射角可能对应不规则边界上的大角度，因此在地形不规则的情况下，使用合理的吸收边界条件至关重要。平面波可表示为

$$u=u_0\exp\left[\mathrm{i}\left(\omega t-k_x x\right)\right] \tag{13.13}$$

式中，t 为旅行时间；ω 为角频率；k_x 为 x 方向的波数。

使用吸收边界条件修正数值计算解，使振幅衰减为

$$\tilde{u}=u\exp(-\alpha x) \tag{13.14}$$

其中，α 代表衰减系数，满足 $e^{-\alpha x}|_{x=0}=1$ 且 $e^{-\alpha x}|_{x>0}<1$，即位置 x=0 处的解是完全匹配的（在有限差分近似之前），不会产生任何反射。这就是完全匹配层（PML）的概念，最初用于电磁波场的模拟（Bérenger，1994，1996）。为理解这一概念，考虑声波传播的情况，建立计算空间中起伏地表的吸收边界条件。

将衰减系数定义为与频率有关的函数：

$$\alpha x=\frac{k_x}{\omega}\int_0^x d(\ell)\,\mathrm{d}\ell \tag{13.15}$$

其中，$d(x)$ 为 PML 区域内的阻尼因子。则有

$$\begin{aligned}\tilde{u} &= u_0 \exp\{\mathrm{i}[\omega t-(k_x-\mathrm{i}\alpha)x]\}\\ &= u_0 \exp\left\{\mathrm{i}\left[\omega t-k_x\left(x+\frac{1}{\mathrm{i}\omega}\int_0^x d(\ell)\mathrm{d}\ell\right)\right]\right\}\\ &= u_0 \exp[\mathrm{i}(\omega t-k_x\tilde{x})]\end{aligned} \tag{13.16}$$

其中，

$$\tilde{x}=x+\frac{1}{\mathrm{i}\omega}\int_0^x d(\ell)\mathrm{d}\ell \tag{13.17}$$

因此，PML 涉及从实数空间变量 x 到复数变量 $\tilde{x}$ 的变换，如公式（13.17）所定义。

将变量 x 转化为 $\tilde{x}$，相当于以下偏微分变换：

$$\frac{\partial}{\partial x}\to\frac{1}{s_x}\frac{\partial}{\partial x} \tag{13.18}$$

其中，s_x 代表复数拉伸因子，可根据方程（13.17）定义为

$$s_x\equiv\frac{\partial\tilde{x}}{\partial x}=1+\frac{d(x)}{\mathrm{i}\omega} \tag{13.19}$$

为扩展如下计算坐标 $\xi\to\tilde{\xi}$，$\eta\to\tilde{\eta}$，将公式（13.12）中的偏微分替换为

$$\begin{cases}\dfrac{\partial}{\partial\xi}\to\dfrac{1}{s_\xi}\dfrac{\partial}{\partial\xi}\\ \dfrac{\partial}{\partial\eta}\to\dfrac{1}{s_\eta}\dfrac{\partial}{\partial\eta}\\ \dfrac{\partial^2}{\partial\xi^2}\to\dfrac{\partial^2}{\partial\tilde{\xi}^2}=\dfrac{1}{s^3(\xi)}\dfrac{1}{\mathrm{i}\omega}\dfrac{\partial d(\xi)}{\partial\xi}\dfrac{\partial}{\partial\xi}+\dfrac{1}{s^2(\xi)}\dfrac{\partial^2}{\partial\xi^2}\\ \dfrac{\partial^2}{\partial\eta^2}\to\dfrac{\partial^2}{\partial\tilde{\eta}^2}=\dfrac{1}{s^3(\eta)}\dfrac{1}{\mathrm{i}\omega}\dfrac{\partial d(\eta)}{\partial\eta}\dfrac{\partial}{\partial\eta}+\dfrac{1}{s^2(\eta)}\dfrac{\partial^2}{\partial\eta^2}\end{cases} \tag{13.20}$$

将 PML 吸收区的声波方程表示为

$$\begin{aligned}&\frac{(\dot{\xi}_x^2+\dot{\xi}_z^2)}{\mathrm{i}\omega s^3(\xi)}\frac{\partial d(\xi)}{\partial\xi}\frac{\partial u}{\partial\xi}+\frac{(\dot{\xi}_x^2+\dot{\xi}_z^2)}{s^2(\xi)}\frac{\partial^2 u}{\partial\xi^2}+\frac{(\dot{\eta}_x^2+\dot{\eta}_z^2)}{\mathrm{i}\omega s^3(\eta)}\frac{\partial d(\eta)}{\partial\eta}\frac{\partial u}{\partial\eta}\\ &+\frac{(\dot{\eta}_x^2+\dot{\eta}_z^2)}{s^2(\eta)}\frac{\partial^2 u}{\partial\eta^2}+2(\dot{\xi}_x\dot{\eta}_x+\dot{\xi}_z\dot{\eta}_z)\frac{1}{s_\xi s_\eta}\frac{\partial^2 u}{\partial\xi\partial\eta}+\frac{(\ddot{\xi}_{xx}+\ddot{\xi}_{zz})}{s_\xi}\frac{\partial u}{\partial\xi}\\ &+\frac{(\ddot{\eta}_{xx}+\ddot{\eta}_{zz})}{s_\eta}\frac{\partial u}{\partial\eta}+\frac{\omega^2}{v^2}u=0\end{aligned} \tag{13.21}$$

传统有限差分方法采用笛卡儿坐标系中的方形网格，形成的“阶梯”形边界将导致波场中的强散射效应［图 13.3（a）］。精细划分网格可解决该问题，但同时会增加计算成本。

相比之下，使用伪正交网格描述该区域的不规则边界，相应有限差分计算不增加额外计算量，也不存在散射效应［图 13.3（b）］。伪正交网格中，网格连接关系很简单，因此很容易求解边界条件。

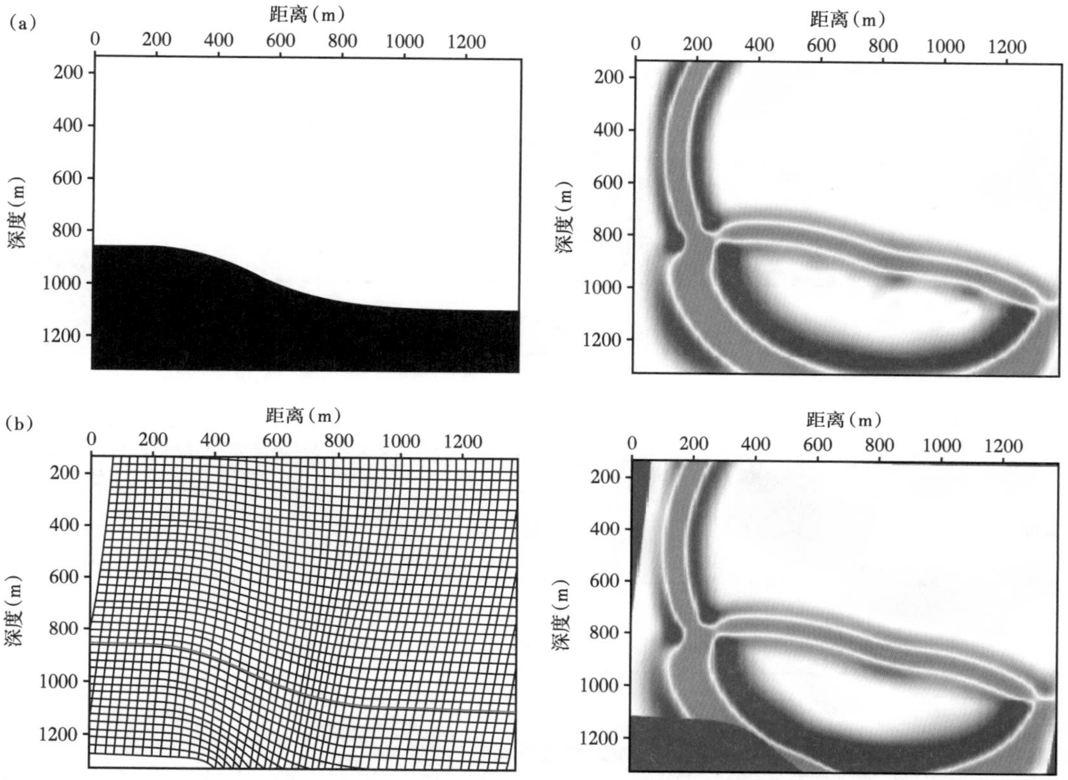

图 13.3（a）含阶梯边界的速度模型，由倾斜地下边界上的方形网格划分而成，190ms 快照表明，阶梯边界会引起波场强散射效应。（b）该区域采用伪正交网格进行划分，其中红色线是地下边界界面，对应的 190ms 快照没有散射效应

13.5　起伏地表的波形层析成像

本节介绍起伏地表条件下的近地表速度模型波形模拟和层析反演。

图 13.4（a）展示了一个复杂速度模型。该模型上边界是光滑的曲面，最大深度差约为 100 m。沿上边界放置一条炮线和检波点线，水平方向间隔 10 m。

采用贴体网格法将模型划分为 670×150 的网格。应用有限差分方法对计算空间中的声波方程和 PML 边界条件进行近似。采用主频为 30Hz 的雷克子波作为激发震源，合成地震数据。

波形层析成像时，对真实速度模型［图 13.4（a）］进行平滑，将得到的低波数分量作为初始模型［图 13.4（b）］。可以看出，频率域波形层析成像（前一章所述）重建的速度模型［图 13.4（c）］清晰地恢复了真实模型中的主要构造，特别是在水平方向 900~1700m、垂直方向 200~300m 处，以及水平方向 2700~3650m、垂直方向 100~500m 处，不规则三角形态的低速构造得以恢复。低速构造顶部还发现了高速薄层。水平方向 550m 和 2400m 的尖陡构造也被刻画出来。

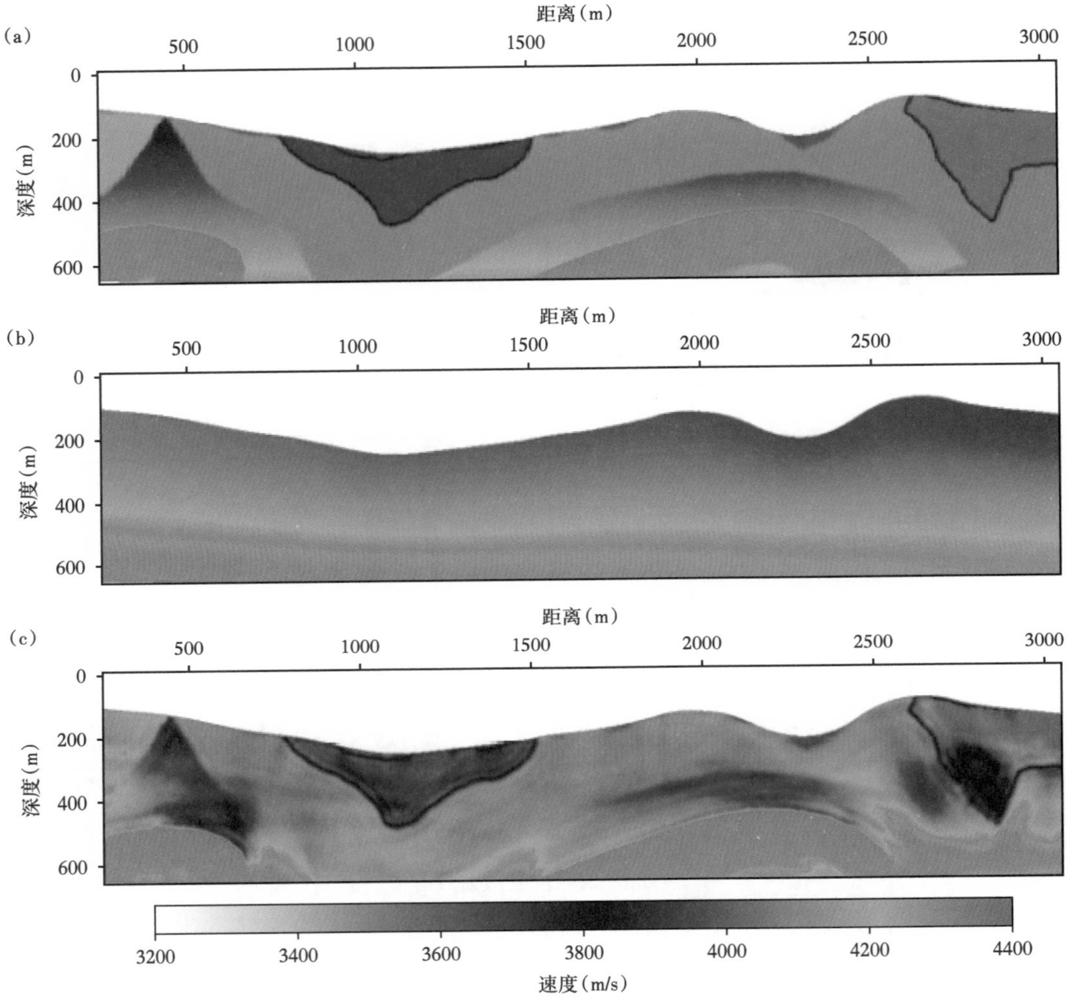

图 13.4　（a）起伏地表的复杂速度模型，（b）用于波形反演的初始速度模型，（c）波形层析成像重建速度模型

图 13.5 展示了野外地震数据应用的实例。图 13.5（a）为复杂近地表地质条件下的共偏移距剖面。图 13.5（b）显示了波形层析成像重建的起伏地表的速度模型。其左半部分近地表速度表现为层状结构，一般随深度增加而增加。其右半部分地表有一个非常薄的高速层。紧接着高速层之下，速度模型显示出强非均质性。该实例证明了波形层析成像技术对复杂地形区的地震资料的有效性。

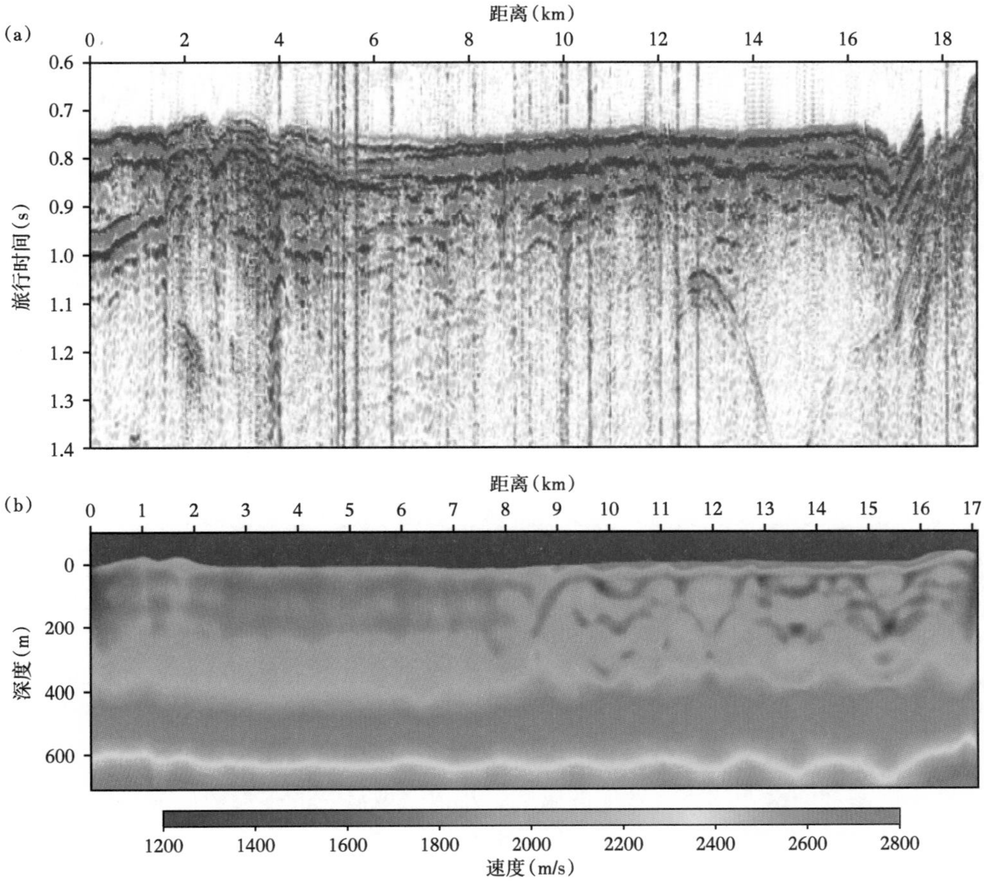

图 13.5 (a)复杂近地表地震数据的共偏移剖面;(b)采用 10.0 ~ 31.4Hz 的频率分量,用频域波形层析成像重建速度模型

第 14 章　地震波阻抗波形层析成像

地震波形层析成像是一种基于波动方程的反演方法，如前两章所述，该方法常用于重建地下速度分布。但地震反射是对阻抗差异的直接响应，而非对速度变化的直接响应。因此，反射地震波形层析成像是一种理想的用于反演阻抗参数（而非速度参数）的反演方法。

波阻抗反演通常基于褶积模型，该模型假设地震道是由地下反射系数序列与子波褶积合成。因此，波阻抗反演通常包包括反射系数反演和波阻抗反演两步（第八章和第九章）。基于波动方程的波阻抗反演的相关研究较少。相比于基于褶积模型的波阻抗反演，基于波动方程的波阻抗反演在数学理论方面复杂得多。但由于波动方程能够准确描述地震波在地下介质中的传播，所以基于波动方程的反演分辨率也高于褶积模型反演。

基于波动方程的反演思路之一是：首先反演与阻抗相关的弹性参数，进而转化为阻抗，最终间接实现阻抗成像。例如，同时反演速度和密度，或反演 Lamé 参数（λ，μ）和密度，并将此类弹性参数将转换为阻抗。还可将波动方程表示为包含阻抗和密度等参数的形式，从而在反演中使用新波动方程同时或依次反演阻抗和密度（Tarantola，1986）。

上述反演方法包括至少两个参数的同时反演。考虑到目标函数对不同物理参数的敏感性，以及不同参数间潜在的耦合效应的影响，难以获取满意的多参数反演结果，因此也不能保证反演结果转换得到的阻抗参数有足够的精度。

一种阻抗参数直接反演的策略是：在已知速度的假设下反演阻抗参数。若背景速度包含低波数信息，且能准确模拟地震反射的运动学特征，则可使用地震反射波反演进行声阻抗成像重建（Plessix，Li，2013）。

本章将包含密度和速度的波动方程转化为仅包含阻抗的形式，进而应用波形层析成像反演阻抗。Santosa 和 Schwetlick（1982）曾用特征法建立了含剪切阻抗的剪切波方程，并反演了剪切阻抗。本章介绍一种由叠后零偏移距地震数据反演声阻抗信息的全波形反演方法。

零偏移距地震资料，可以应用于一维波动方程反演。将该一维波动方程转化成仅包含阻抗的形式。为保持阻抗成像的横向连续性，通常将所有地震道同时作为输入进行多道同时反演，而非逐道反演。本章提出一种利用稀疏分布的少量地震道，重建整个二维（2D）阻抗模型的策略。其核心技术是利用截断傅里叶级数对地下阻抗模型参数化。傅里叶系数的变化会影响整个阻抗模型。

如第 11 章所述，该傅里叶级数参数化方案首先应用于构造形态和速度变化的地震走时和振幅反演中。该方案的优点是易于进行多尺度反演：首先反演低波数分量系数，得到阻抗模型背景成分；进而反演高波数分量系数，得到阻抗变化细节。该方法可利用所有地震道的信息，空间连续性极佳的反演结果证明了该阻抗反演的有效性。

14.1　波动方程与模型参数化

一维声波方程为

$$\frac{\partial}{\partial z}\left[\kappa(z)\frac{\partial u(z,t)}{\partial z}\right]-\rho(z)\frac{\partial^2 u(z,t)}{\partial t^2}=0 \tag{14.1}$$

式中，z 为深度；$\kappa(z)=\rho(z)v^2(z)$ 为体积模量；$\rho(z)$ 为密度；$v(z)$ 为速度；$u(z,t)$ 为位移波场；t 为波传播时间。

定义新的“深度”变量为

$$\tau=2\int_0^z\frac{\mathrm{d}s}{v(s)} \tag{14.2}$$

式中，τ 为垂向双程旅行时，这里称之为深度—时间（单位是时间）。

通过式（14.2）将物理模型中的真实深度域坐标转换到垂向时间域坐标，则原始声波方程转化为

$$4\frac{\partial}{\partial \tau}\left[Z(\tau)\frac{\partial u(\tau,t)}{\partial \tau}\right]-Z(\tau)\frac{\partial^2 u(\tau,t)}{\partial t^2}=0 \tag{14.3}$$

式中，$Z(\tau)$ 代表沿深度—时间 τ 的声阻抗。该方程只包含单一弹性参数，阻抗 $Z=\rho v=\kappa/v$，可以用有限差分法求解。

图 14.1 显示了深度域和深度—时间域的二维 Marmousi 阻抗模型。当深度转换到垂直时间 τ 时，光滑的界面可能严重扭曲。将该深度—时间域 Marmousi 模型离散为 180×174 个网格单元（沿 x 和 τ 方向）。

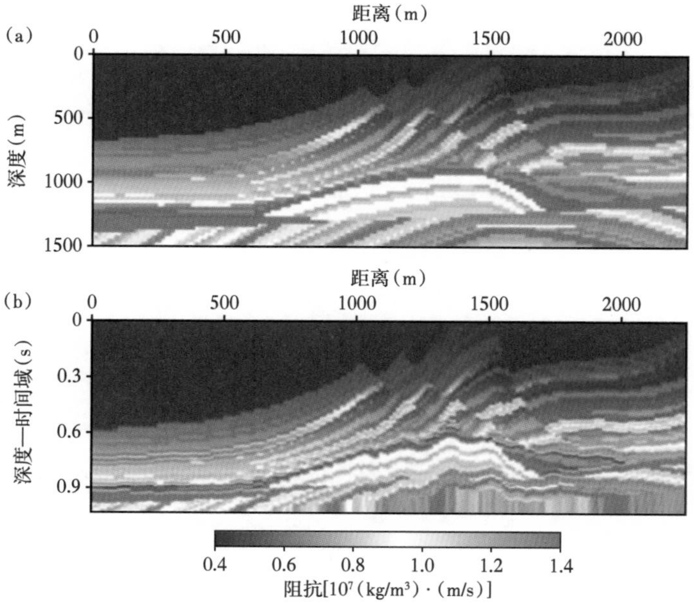

图 14.1　（a）深度域 marmousi 阻抗模型；（b）深度—时间域的 Marmousi 模型

反演中，通过以下截断傅里叶级数实现二维阻抗模型的参数化：

$$Z(x,\tau)=\sum_{(\ell,n)=(0,0)}^{(L,N)}\left[a_{\ell n}\cos(\ell k_0 x)\cos(n\omega_0\tau)+b_{\ell n}\cos(\ell k_0 x)\sin(n\omega_0\tau)\right.$$
$$\left.+c_{\ell n}\sin(\ell k_0 x)\cos(n\omega_0\tau)+d_{\ell n}\sin(\ell\Delta k_0 x)\sin(n\omega_0\tau)\right] \tag{14.4}$$

式中，$Z(x,\tau)$ 为阻抗参数；$a_{\ell n}$、$b_{\ell n}$、$c_{\ell n}$ 和 $d_{\ell n}$ 为调和项的振幅系数；(L, N) 为不同方向上的调和项个数；k_0 为水平空间域中的基波数；ω_0 为深度时间域中的基频。本章中，定义 $k_0=\pi/X$ 和 $\omega_0=\pi/T$，其中 X 和 T 分别代表 x 和 τ 方向上的持续时间。

利用模型参数化，将阻抗反演转换为傅里叶系数反演。通过傅里叶系数反演结果可直接重构二维阻抗模型。

14.2 阻抗反演方法

根据数据残差，将波形层析成像的目标函数定义为

$$\phi(\boldsymbol{m})=\frac{1}{2}\sum_p\left\|\boldsymbol{u}_{\text{obs}}^{(p)}-\boldsymbol{u}^{(p)}(\boldsymbol{m})\right\|^2 \tag{14.5}$$

式中，$\boldsymbol{u}\frac{(p)}{\text{obs}}\equiv\boldsymbol{u}_{\text{obs}}(p\Delta x)$ 表示 $p\Delta x$ 处的单道地震数据；$\boldsymbol{m}$ 为傅里叶系数构成的模型向量；$\boldsymbol{u}^{(p)}(\boldsymbol{m})$ 为模型向量 $\boldsymbol{m}$ 合成的地震记录。本章讨论的波形层析成像是时间域的。

为计算梯度向量 $\boldsymbol{\gamma}$，对每道地震数据分别建立目标函数：

$$\phi^{(p)}(\boldsymbol{m})=\frac{1}{2}\left\|\boldsymbol{u}_{\text{obs}}^{(p)}-\boldsymbol{u}^{(p)}(\boldsymbol{m})\right\|^2 \tag{14.6}$$

则式(14.5)中的目标函数转化为 $\phi(\boldsymbol{m})=\sum_p\phi^{(p)}(\boldsymbol{m})$，表示以多道方式处理一维模型。

每道对应的目标函数 $\phi^{(p)}(\boldsymbol{m})$ 关于系数 $a_{\ell n}$ 的一阶导数为

$$\frac{\partial\phi^{(p)}(\boldsymbol{m})}{\partial a_{\ell n}}=-\left[\frac{\partial\boldsymbol{u}^{(p)}(\boldsymbol{m})}{\partial a_{\ell n}}\right]^{\text{T}}\Delta\boldsymbol{u}^{(p)} \tag{14.7}$$

式中，$\Delta\boldsymbol{u}^{(p)}$ 为残差向量；$\partial\boldsymbol{u}^{(p)}/\partial a_{\ell n}$ 为 Fréchet 矩阵的列向量，可通过式(14.8)计算：

$$\frac{\partial\boldsymbol{u}^{(p)}(\boldsymbol{m})}{\partial a_{\ell n}}=\sum_h\left(\frac{\partial Z_h}{\partial a_{\ell n}}\right)^{(p)}\frac{\partial\boldsymbol{u}^{(p)}}{\partial Z_h} \tag{14.8}$$

式中，$Z_h=(h\Delta\tau,p\Delta x)$ 为第 p 道对应的一维阻抗变量，且 $\partial Z_h/\partial a_{\ell n}=\cos(\ell k_0 p\Delta x)\cos(n\omega_0 h\Delta\tau)$。

式(14.7)可转化为

$$\frac{\partial\phi^{(p)}(\boldsymbol{m})}{\partial a_{\ell n}}=\sum_h\left(\frac{\partial Z_h}{\partial a_{\ell n}}\right)^{(p)}\frac{\partial\phi^{(p)}}{\partial Z_h} \tag{14.9}$$

其中，

$$\frac{\partial \phi^{(p)}}{\partial Z_h} = -\left[\frac{\partial \boldsymbol{u}^{(p)}}{\partial Z_h}\right]^{\mathrm{T}} \Delta \boldsymbol{u}^{(p)} \tag{14.10}$$

式（14.10）为每一道目标函数对阻抗 Z_h 的一阶导数，可通过两波场之间的互相关计算：

$$\frac{\partial \phi^{(p)}}{\partial Z(\tau)} = \int_0^T \left[4 \frac{\partial u_0(\tau,t)}{\partial \tau} \frac{\partial u_{\mathrm{b}}(\tau,t)}{\partial \tau} - \frac{\partial u_0(\tau,t)}{\partial t} \frac{\partial u_{\mathrm{b}}(\tau,t)}{\partial t}\right] \mathrm{d}t \tag{14.11}$$

式中，$u_0(\tau,t)$ 为从震源出发的正传波场；$u_{\mathrm{b}}(\tau,t)$ 为反传波场，二者之间的差异为数据残差。具体推导参考附录 D，详细内容请参阅文献 Tarantola（1984）和 Gauthier 等（1986）。

得到 $[\partial\phi^{(p)}/\partial Z]_{h\Delta\tau}$ 后，代入式（14.9）得到每一道目标函数对傅里叶系数的一阶导数。完整目标函数关于傅里叶系数 $a_{\ell n}$ 的梯度向量 $\boldsymbol{\gamma}$ 的元素可表示为

$$\frac{\partial \phi(\boldsymbol{m})}{\partial a_{\ell n}} = \sum_p \frac{\partial \phi^{(p)}(\boldsymbol{m})}{\partial a_{\ell n}} \tag{14.12}$$

随后，以同样方法推导其他系数。

更新傅里叶系数为

$$\boldsymbol{m}^{(k+1)} = \boldsymbol{m}^{(k)} - \alpha \boldsymbol{\gamma} \tag{14.13}$$

式中，α 为步长。

12.2 节介绍了基于 Hessian 逆矩阵（通过 BFGS 算法近似）的优化方法。但若 Hessian 矩阵需要大量存储空间时，可采用线性搜索方法选择合适步长（三个 α 值可选），并根据双曲函数拟合得到的最小数据残差确定 α 值（Nocedal，Wright，2006；Vigh et al.，2012）。

14.3　反演策略与反演流程

反演中可采用以下策略，以利用模型参数化的优势。

策略 1：从低波数分量到高波数分量的多尺度反演。

公式（14.4）中，$(L,\ N)$ 的较小值对应于低波数分量，代表模型背景信息。$(L,\ N)$ 的较大值对应于高波数分量，代表模型细节。图 14.2 显示了用不同数量调和项重建的一系列二维阻抗模型。随调和项的数量 $(L,\ N)$ 增加，模型恢复程度增加。

真实模型 Z_{true} 和重建模型 Z 之间的差异为 $\|Z - Z_{\text{true}}\| / \|Z_{\text{true}}\|$，其中 $\|\cdot\|$ 表示向量的 L_2 范数。重建模型误差如下：

$L\times N$	10×10	20×20	40×40	80×80
误差	0.120	0.098	0.067	0.039

显然，L 和 N 越大，误差越小。

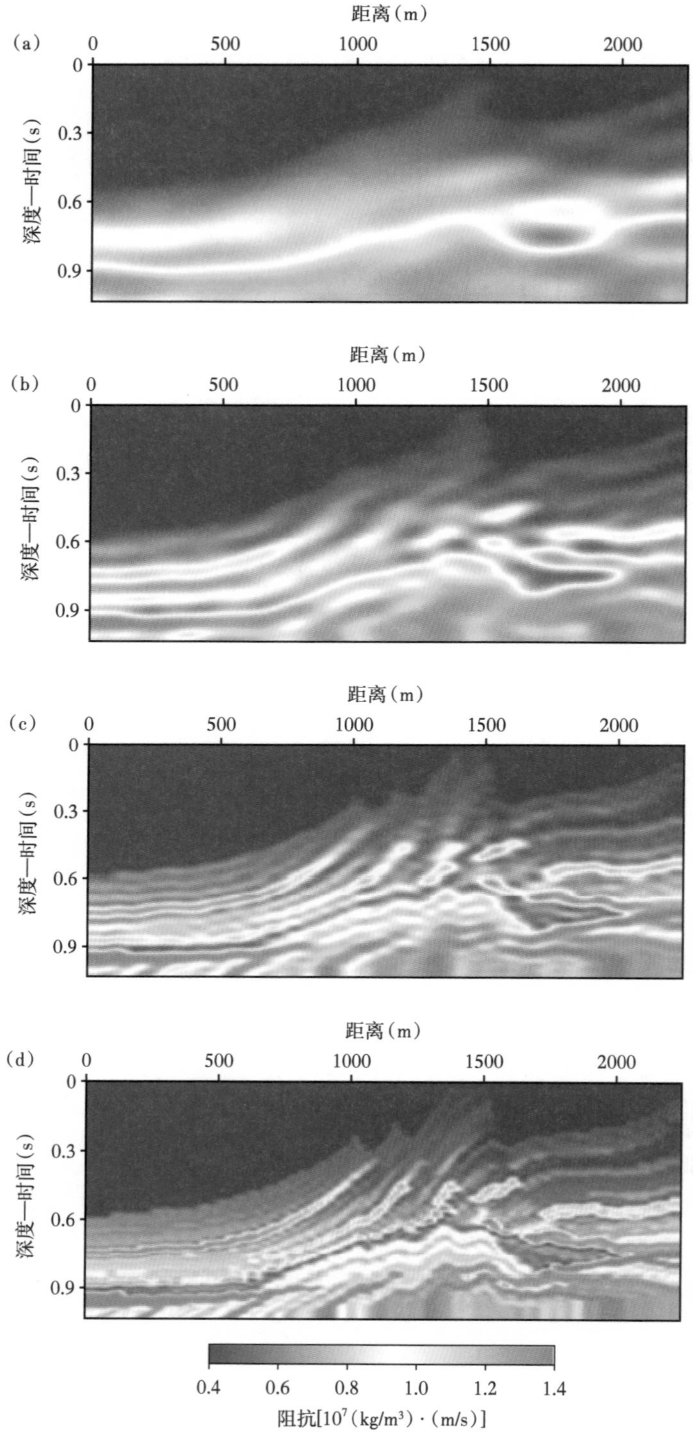

图 14.2　二维阻抗模型，分别对应不同数量调和项的截断傅里叶级数:(a)(L, N) = (10, 10);(b)(L, N) = (20, 20);(c)(L, N) = (40, 40);(d)(L, N) = (80, 80)

根据敏感性分析，旅行时对模型的低波数分量更为敏感（Wang，Pratt，1997）。因此，在反演过程中，首先反演模型中较小的（L，N）成分，得到运动学特征精确的合成地震记录。随后反演模型中较大的（L，N）成分，得到振幅信息准确的记录，最终逐步呈现模型的细节变化。

策略 2：地震道分组。

反演二维地震剖面时，并非同时计算所有地震数据，而是将数据重新分组，并假设每组数据几乎可覆盖整个目标区。如图 14.3 所示的二维地震观测系统，首先反演第一组（蓝）地震道，随后反演第二组（红）地震道，以及第三组（绿）地震道。沿 x 正方向移动标记点，直至全部地震道参与计算。

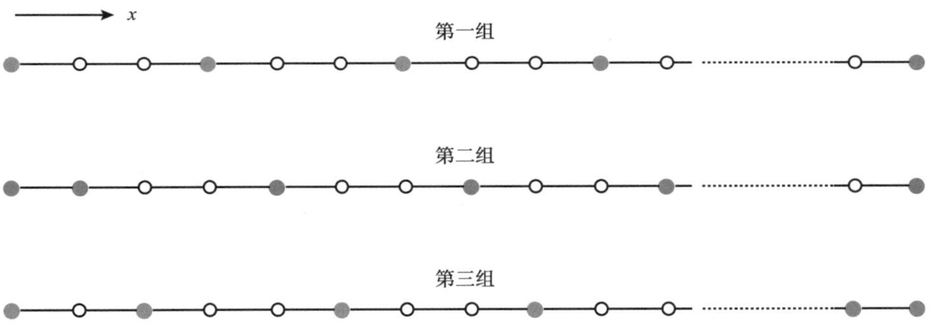

图 14.3　用于阻抗反演的二维地震数据的分组情况示意图。第一组用蓝点标记，第二组用红点标记，第三组用绿点标记。每组数据中必须包含两个端点的地震道，以满足傅里叶级数的周期条件

每组数据必须包含两个端点的地震道，以满足傅里叶级数的周期条件。

反演流程为：先给定的离散形式的初始模型，设置（L_{min}，N_{min}），通过更新该初始阻抗模型反演相应的傅里叶系数；再进行阻抗反演，分别对每组地震道进行反演，并迭代更新傅里叶系数；随后，以（ΔL，ΔN）为增量重置（L，N），并重复上述反演步骤，直至达到（L_{max}，N_{max}）。

以深度—时间域的 Marmousi 阻抗模型为例［图 14.4（a）］展示该反演流程。深度时间域的模型尺寸为 174×180 个网格，网格间隔为 12.5m，深度—时间间隔为 6ms。合成地震记录如图 14.4（b）所示。

深度—时间域的初始阻抗模型如图 14.4（c）所示。（L，N）变化范围设置为：起始值 $L_{min}=N_{min}=5$，增量 $\Delta L=\Delta N=10$，截至值 $L_{max}=N_{max}=55$。每组（L，N）的最大迭代次数为 5。

对比以下三种方案的反演结果：

（1）逐道反演；

（2）全部地震道同时反演；

（3）将地震数据分组，以组为单位反演。

深度—时间域阻抗反演结果如图 14.4（d）~（f）所示。其中，逐道反演结果有明显的横向不连续特征［图 14.4（d）］；全部地震道同时反演结果在空间上更加为平滑［图 14.4（e）］；将二维数据沿 x 方向分成四组，其反演所用参数与逐道反演相同，其反演结果［图 14.4（f）］的分辨率高于图 14.4（e）所示的反演结果。

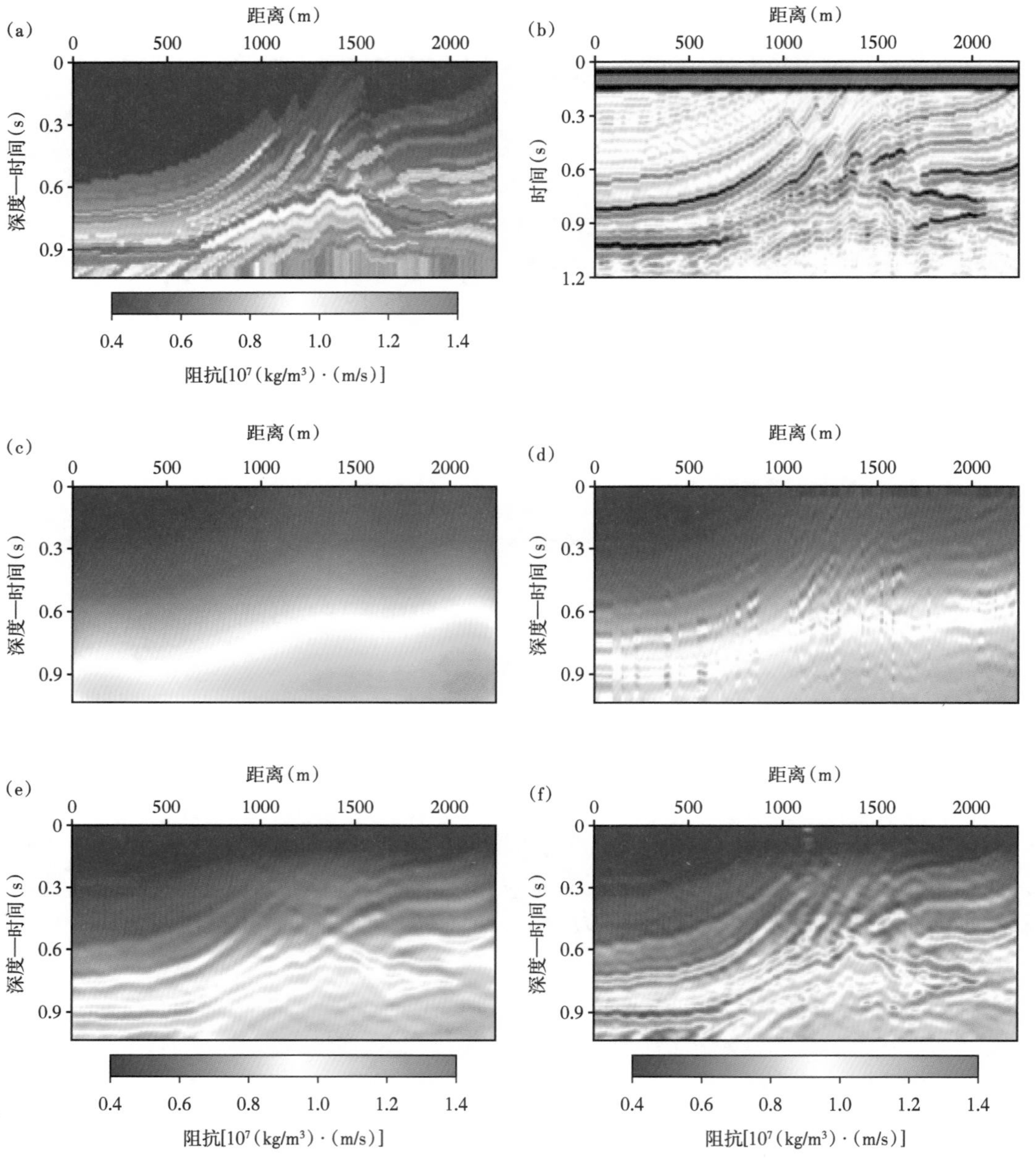

图 14.4 (a)深度—时间域的 marmousi 阻抗模型;(b)相应的地震剖面;(c)阻抗反演的初始模型;(d)逐道反演的二维阻抗模型结果;(e)所有地震道同时反演的二维阻抗模型结果;(f)将地震道沿 x 方向分为四组进行反演的二维阻抗模型结果

分析产生上述结果的原因：若同时输入全部地震道并更新傅里叶系数、最小化整体数据残差，不能保证任一个地震道均实现误差最小化。但若将地震道分成若干组，则有两个优点：首先，以上一组的模型结果作为当前组的初始模型，即有更优的初始模型；其次，在一个小组内最小化地震残差，更有助于实现最优最小化。

14.4　实际地震资料应用

用图 14.5（a）所示的二维实际地震数据测试该反演方法。为方便对比，图 14.5（b）显示了利用反演（$L_{max}=N_{max}=92$）结果得到的合成地震剖面，该合成剖面与实际地震剖面吻合较好，随机噪声较小。

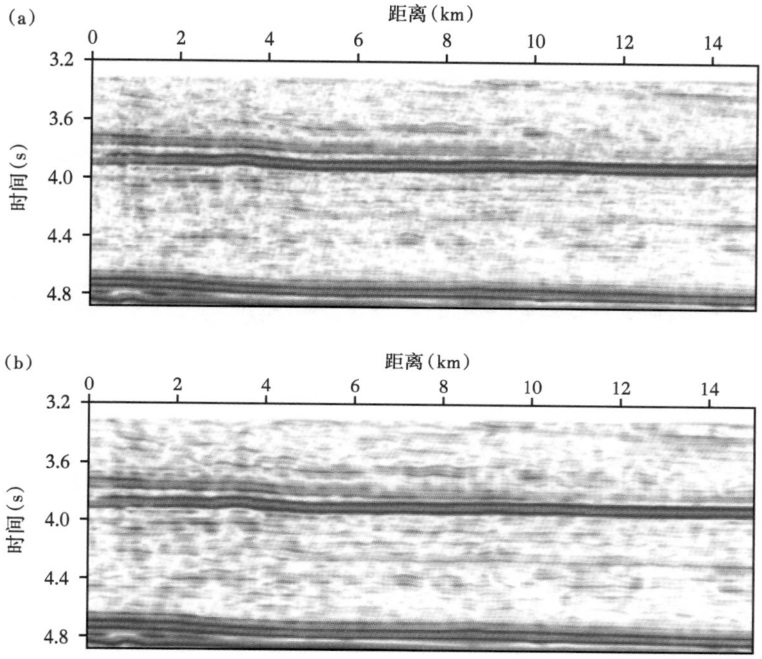

图 14.5　（a）实际地震剖面；（b）阻抗反演结果得到的合成地震剖面

从 $L=N=2$ 开始反演，两参数分别以 $\Delta L=\Delta N=10$ 递增。每个（L，N）最多迭代 5 次。反演过程中，沿 x 方向的全部地震道被分为三组，每组包含 200 道。

图 14.6（a）表示反演的初始模型。图 14.6（b）和 14.6（c）分别展示了 $L_{max}=N_{max}=42$ 与 $L_{max}=N_{max}=92$ 对应的反演结果。当（L_{max}，N_{max}）很小时，反演结果背景成分恢复较好［图 14.6（b）］。当（L_{max}，N_{max}）增大时，低波数分量和高波数分量的傅里叶系数均得到更新，阻抗反演结果同时包含背景信息和细节变化，如 3.6~3.8s 之间的地层［图 14.6(c)］。

在阻抗反演中，利用 8.2 节所述的广义子波概念进行子波估计［图 14.7（a）］。

为检验数据拟合效果，在 x=7.5km 处，分别利用参数 $L_{max}=N_{max}=42$［图 14.7（b）］和 $L_{max}=N_{max}=92$ 对应的反演结果合成地震数据，并与野外实际地震数据对比［图 14.7（c）］。蓝色曲线代表实际地震数据，红色曲线代表合成地震数据。对比结果表明，随调和项数增加，合成地震数据更接近真实地震数据。二者吻合程度取决于以下两因素：一是从实际地震数据中估计子波的精确度，二是在反演中使用的调和项数量。数据拟合达到满意效果后，停止增加调和项数量，以防止数据过拟合。

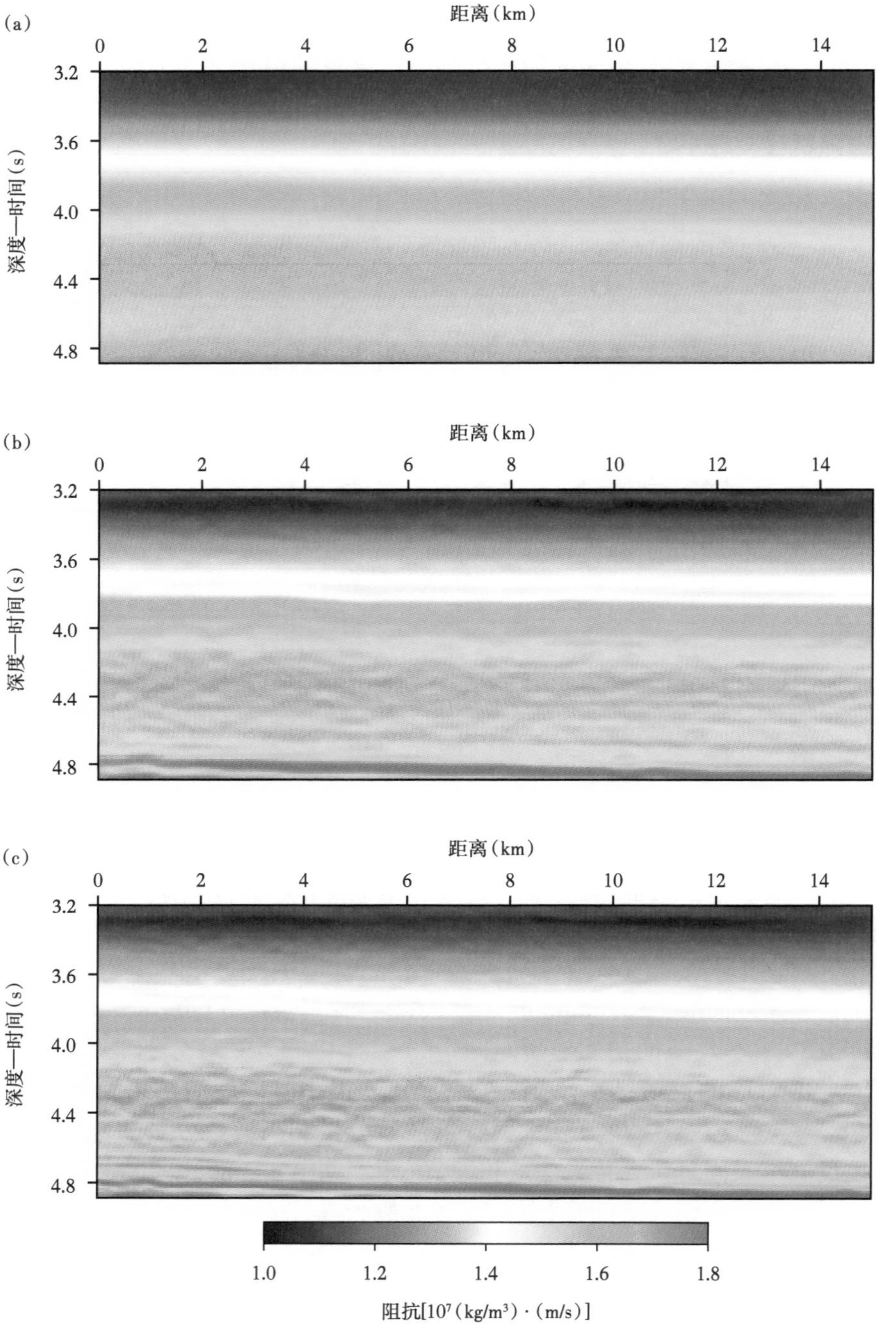

图 14.6 (a)阻抗反演的起始模型;(b) $L_{max}=N_{max}=42$ 对应的阻抗反演结果;(c) $L_{max}=N_{max}=92$ 对应的阻抗反演结果

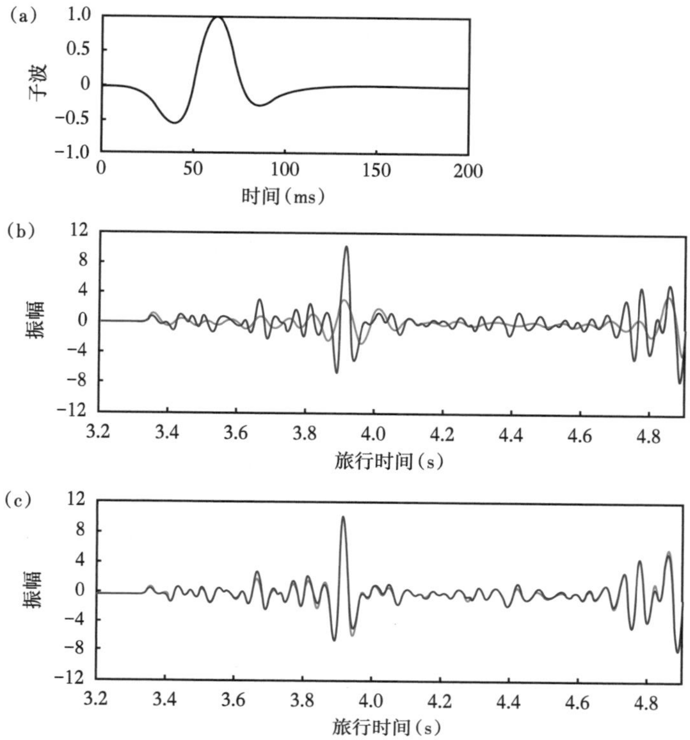

图 14.7（a）地震资料的子波估计并应用于反演中；（b）x=7.5km 处的野外地震道，以及在反演中将 $L_{max}=N_{max}=42$ 时的合成地震道；（c）反演时将 $L_{max}=N_{max}=92$ 的同一波场中的地震道与合成记录的对比；蓝色曲线代表野外地震道，红色曲线代表合成地震道

14.5　结论

波形层析成像重建了仅包含阻抗的波动方程，比基于常规模型的标准阻抗反演方法更具优势。

采用截断傅里叶级数对地下阻抗模型参数化，通过反演得到各调和项的系数。该模型参数化方案从整个研究区域获取地震信息，从而保证了反演结果的空间连续性。开展了从低波数到高波数的多尺度反演。反演中首先获取代表模型背景的低波数分量的傅里叶系数，进而计算用于表征模型细节的高波数分量的傅里叶系数。

针对实际地震资料的反演，本章提出了一种地震道分组反演的策略，将整个工区的地震道分成若干小组进行反演，相应的反演结果具有更好的空间连续性和更高的分辨率。下一步工作将构建仅包含阻抗的二维及三维波动方程，实现叠前波形层析成像，以获取地下阻抗信息。

关于基于褶积模型与波动方程的地震反演方法，本书均只讨论了其在阻抗反演中的应用。原因在于阻抗参数是地震资料中最直接的信息。阻抗反演成像不仅可以直接用于储层刻画，也可进一步用于岩性、物性参数反演，实现储层精细刻画和流体识别。

参考文献

Aki K, Richards P. G, 1980. Quantitative Seismology[M]. W. H. Freeman & Co., San Francisco.

Backus G. E, Gilbert F, 1968. The resolving power of gross Earth data[J]. Geophysical Journal of the Royal Astronomical Society 16 (2): 169–205.

Backus G, Gilbert F, 1970. Uniqueness in the inversion of inaccurate gross Earth data[J]. Philosophical Transactions of the Royal Society of London, Series A, Mathematical and Physical Sciences 266, (1173): 123–192.

Bérenger J P, 1994. A perfectly matched layer for the absorption of electromagnetic waves[J]. Journal of Computational Physics 114, 185–200.

Bérenger J P, 1996. Three-dimensional perfectly matched layer for the absorption of electromagnetic waves[J]. Journal of Computational Physics, 127 (2): 363–379.

Berkhout A J, 1984. Seismic Resolution: Resolving Power of Acoustical Echo Techniques[M]. Geophysical Press, London.

Beylkin G, 1987. Discrete Radon transform[J]. IEEE Transactions on Acoustics, Speech and Signal Processing, 135 (2): 162–172.

Bishop T N, Bube K P, Cutler R T, et al, 1985. Tomographic determination of velocity and depth in laterally varying media[J]. Geophysics, 50 (6): 903–923.

Bleibinhaus F, Hole J A, Ryberg T et al, 2007. Structure of the California Coast Ranges and San Andreas Fault at SAFOD from seismic waveform inversion and reflection imaging[J]. Journal of Geophysical Research, 112, B06315.

Bleibinhaus F, Rondenay S, 2009. Effects of surface scattering in full waveform inversion[J]. Geophysics, 2009, 74 (6): WCC69–WCC77.

Bleistein N, 1984. Mathematical Methods for Wave Phenomena[M]. Academic Press, London.

Bleistein N, Cohen J K, Stockwell J W, 2000. Mathematics of Multi-dimensional Seismic Imaging, Migration and Inversion[M]. Springer-Verlag, New York.

Brenders A J, Pratt R G, 2007. Efficient waveform tomography for lithospheric imaging: implications for realistic, two-dimensional acquisition geometries and low-frequency data[J]. Geophysical Journal International, 168 (1): 152– 170.

Brossier R, Operto S, Virieux J, 2010. Which data residual norm for robust elastic frequency-domain full waveform inversion?[J] Geophysics, 75 (3): R37–R46.

Broyden C G, 1967. Quasi-Newton methods and their application to function minimisation[J]. Mathematics of Computation, 21 (99): 368–381.

Broyden C G, 1970. The convergence of a class of double-rank minimisation algorithms 1: general considerations[J]. IMA Journal of Applied Mathematics, 6 (1): 76–90.

Bunks C, Saleck F M, Zaleski S. et al, 1995. Multiscale seismic waveform inversion[J]. Geophysics, 60 (5): 1457–1473.

Cerveny V, 2001. Seismic Ray Theory[M]. Cambridge: Cambridge University Press.

Cerveny V, Klimes L, Psencik I, 2007. Seismic ray method: recent developments[J]. Advances in Geophysics, 48: 1–126.

Claerbout J F, Abma R, 1992. Earth Soundings Analysis: Processing versus Inversion[M]. London: Blackwell Scientific Publications.

Cohen L, Lee C, 1989. Standard deviation of instantaneous frequency[C]// IEEE Proceedings of International Conference on Acoustics, Speech and Signal Processing 4, 2238–2241.

Connolly P, 1999. Elastic impedance[J]. The Leading Edge 18 (4): 438–352.

Crase E, Pica A, Noble M, et al, 1990. Robust elastic nonlinear waveform inversion; application to real data[J]. Geophysics 55 (5): 527–538.

Debeye H W J, Van Riel P, 1990. *Lp*- norm deconvolution[J]. Geophysical Prospecting 38 (4): 381–403.

Deregowski S. M. and Brown S. M., 1983. A theory of acoustic diffractors applied to 2-D models. Geophysical Prospecting 31, 293–333.

Farra V, Madariaga R, 1988. Nonlinear reflection tomography[J]. Geophysical Journal, 95: 135–147.

Fichtner A, 2010. Full Seismic Waveform Modelling and Inversion[M]. Springer-Verlag, Berlin.

Fletcher R. Reeves C M, 1964. Function minimisation by conjugate gradients[J]. The Computer Journal, 7(2): 149–154.

Fletcher R, 1976. Conjugate gradient methods for indefinite systems[C]//Watson G. A. (ed.), Numerical Analysis: Lecture Notes in Mathematics 506, pp.73–89. Springer Verlag, New York.

Franklin J. N, 1970. Well-posed stochastic extension of ill-posed linear problems[J]. Journal of Mathematical Analysis and Applications 31 (3): 682–716.

Gardner G H F, Gardner L W, Gregory A R, 1974. Formation velocity and density: The diagnostic basics for stratigraphic traps[J]. Geophysics 39 (6): 770–780.

Gauthier O, Virieux J, Tarantola A, 1986. Two-dimensional nonlinear inversion of seismic waveforms: Numerical results[J]. Geophysics, 1986, 51 (7): 1387–1403.

Golub G, Kahan W, 1965. Calculating the singular values and pseudo-inverse of a matrix[J]. Journal of the Society for Industrial and Applied Mathematics, Series B: Numerical Analysis, 2 (2): 205–224.

Golub G, Reinsch C, 1970. Singular value decomposition and least squares solutions[J]. Numerische Mathematik, 14: 403–420.

Graham R L, Knuth D E, Patashnik O, 1994. Concrete Mathematics: A Foundation for Computer Science[J]. Addison-Wesley Professional, Reading, Massachusetts.

Hadamard J, 1902. Sur les problèmes aux dérivées partielles et leur signification physique. Princeton University Bulletin, 13: 49–52.

Helmberger D V, Song X J, Zhu L. Crustal complexity from regional waveform tomography: Aftershocks of the 1992 Landers earthquake, California[J]. Journal of Geophysical Research: Silid Earth, 2001, 106 (B1): 609–620.

Hestenes M R, Stiefel E, 1952. Methods of conjugate gradients for solving linear systems[J]. Journal of research of the National Bureau of Standards, 49 (6): 409–436.

Hestholm S, Ruud B, 1998. 3-D finite-difference elastic wave modelling including surface topography[J]. Geophysics 63 (2): 613–622.

Hestholm S O, Ruud B, 1998.3-D finite-difference elastic wave modelling including surface topography[J]. Geophysical Prospecting 48 (2): 341–373.

Hoffman K A, Chiang S. T, 2000. Computational fluid dynamics Volvme I[J]. Engineering education System.

Hole J, Zelt B C, 1995. 3-D finite-difference reflection travel times[J]. Geophysical Journal International, 121 (2): 427–434.

Hosken J W J, 1988. Ricker wavelets in their various guises. First Break, 6: 24–33.

Householder A S, 1955. Terminating and nonterminating iterations for solving linear systems[J]. Journal of the Society for Industrial and Applied Mathematics, 3 (2): 67– 72.

Householder A S, 1964. The Theory of Matrices in Numerical Analysis[M]. Blaisdell Publishing Co., New York. Jaynes E T, 1968. Prior probabilities[J]. IEEE Transactions on Systems Science and Cybernetics, 4 (3): 227–241.

Johnson N L, Kotz S, 1972. Distributions in Statistics: Continuous Multivariate Distributions[J]. Journal of Geophysics, 43: 95–113.

Käser M, Igel H, 2001. Numerical simulation of 2D wave propagation on unstructured grids using explicit differential operators[J]. Geophysical Prospecting, 49 (5): 607–619.

Kennett B L N, Sambridge M S, Williamson P R, 1988. Subspace methods for large inverse problems with multiple parameter classes[J]. Geophysical Journal International, 94 (2): 237–247.

Kim S, 2002. 3D eikonal solvers: first-arrival traveltimes[J]. Geophysics 67: 1225–1231.

Komatitsch D, Coutel F, Mora P, 1996. Tensorial formulation of the wave equation for modelling curved interfaces[J]. Geophysical Journal International, 127 (1): 156–168.

Kosloff D D, Sudman Y, 2002. Uncertainty in determining interval velocities from surface reflection seismic data[J]. Geophysics, 67 (3): 952–963.

Lanczos C, 1950. An iteration method for the solution of the eigenvalue problem of linear differential and integral operators[K]. Journal of Research of the National Bureau of Standards, 45: 255–282.

Levy S, Fullagar P K, 1981. Reconstruction of a sparse spike train from a portion of its spectrum and application to high-resolution deconvolution[J]. Geophysics, 46 (9): 1235–1243.

Lombard B, Piraux J, Gélis C, 2008. Free and smooth boundaries in 2-D finite-difference schemes for transient elastic waves[J]. Geophysical Journal International, 172 (1): 252–261.

Longbottom J, Walden A T, White R E, 1988. Principles and application of maximum kurtosis phase estimation[J]. Geophysical Prospecting, 36 (2): 115–138.

Mendel J M, 1991. Tutorial on higher-order statistics (spectra) in signal processing and system theory: Theoretical results and some applications[J]. Proceedings of the IEEE, 79 (3) 278–305.

Moore E H, 1920. On the reciprocal of the general algebraic matrix[J]. Bulletin of the American Mathematical Society, 26: 394–395.

Mora P, 1987. Nonlinear two-dimensional elastic inversion of multi offset seismic data[J]. Geophysics, 52(9): 1211–1228.

Mora P, 1988. Elastic wave-field inversion of reflection and transmission data[J]. Geophysics, 53 (6): 750–759.

Morgan J, Warner M, Bell R, et al, 2013. Next-generation seismic experiments: wide-angle, multi-azimuth, three-dimensional, full-waveform inversion[M]. Geophysical Journal International, 195 (3): 1657–1678.

Nocedal J, Wright S J, 2006. Numerical Optimisation[M]. Springer-Verlag, Berlin.

Nolet G, 1987. Seismic Tomography: with Applications in Global Seismology and Exploration Geophysics[M]. D. Reidel Publishing Company, Holland.

Operto S, Virieux J, Dessa J X, et al, 2006. Crustal seismic imaging from multifold ocean bottom seismometer data by frequency domain full waveform tomography: Application to the eastern Nankai trough[J]. Journal of Geophysical Research: Solid Earth, 111 (B9).

Patantonis D E, Atharassiadis N A, 1985. A numerical procedure for the generation of orthogonal body-fitted co-ordinate systems with direct determination of grid points on the boundary[J]. International Journal for numerical methods in fluids, 5 (3): 245–255.

Penrose R, 1955. A generalised inverse for matrices[C]// Mathematical proceedings of the Cambridge philosophical society Cambridge University Press, 51 (3), 406–413.

Plessix R-E, Li Y., 2013. Waveform acoustic impedance inversion with spectral shaping[J]. Geophysical Journal International, 195 (1): 301–314.

Pollitz F F, Fletcher J P, 2005. Waveform tomography of crustal structure in the south San Francisco Bay region[J]. Journal of Geophysical Research: Solid Earth, 110 (B8) .

Pratt R G, Worthington M H, 1990. Inverse theory applied to multisource crosshole tomography, part I: acoustic wave-equation method[J]. Geophysical Prospecting, 38 (3): 287–310.

Pratt R G, Song Z. M, Williamson P, et al, 1996. Two-dimensional velocity models from wide-angle seismic data by wavefield inversion[J], Geophysical Journal International, 124 (2): 323–340.

Pratt R G, 1999. Seismic waveform inversion in the frequency domain, Part 1: theory and verification in a physical scale model[J]. Geophysics 64 (3): 888–901.

Priestley K, Debayle E, McKenzie D, et al, 2006. Upper mantle structure of eastern Asia from multimode surface waveform tomography[J]. Journal of Geophysical Research Solid Earth 111 (B10) .

Qin F, Luo Y, Olsen K. B, et al, 1992. Finite-difference solution of the eikonal equation along expanding wavefronts[J]. Geophysics, 57 (3): 478– 487.

Rao Y, Wang Y, 2013. Seismic waveform simulation with pseudo-orthogonal grids for irregular topographic models[J]. Geophysical Journal International 194 (3): 1778– 1788.

Rao Y, Wang Y, Chen S, et al, 2016. Crosshole seismic tomography with cross-firing geometry. Geophysics 81 (4): R139–R146.

Ravaut C, Operto S, Improta L, et al, 2004. Multiscale imaging of complex structures from multifold wide-aperture seismic data by frequency-domain full-waveform tomography: application to a thrust belt[J]. Geophysical Journal International 159 (3): 1032–1056.

Rawlinson N. Sambridge M, 2003. Seismic traveltime tomography of the crust and lithosphere[J]. Advances in Geophysics 46, 81–197.

Rawlinson N, Hauser J. Sambridge M, 2008. Seismic ray tracing and wavefront tracking in laterally heterogeneous media[J]. Advances in Geophysics 49, 203–273.

Rawlinson N, Pozgay S, Fishwick S, 2010. Seismic tomography: a window into deep Earth[J]. Physics of the Earth and Planetary Interiors 178 (3-4): 101–135.

Rawlinson N, Fichtner A, Sambridge M, et al, 2014. Seismic tomography and the assessment of uncertainty[J]. Advances in Geophysics 55, 1–76.

Ricker N, 1953. The form and laws of propagation of seismic wavelets[J].Geophysics 18, (1): 10–40.

Robinson E. A, Treitel S, 1980. Geophysical Signal Analysis[J]. Prentice Hall, New Jersey.

Santosa F. Schwetlick H, 1982. The inversion of acoustical impedance profile by methods of characteristics[J]. Wave Motion 4 (1): 99–110.

Sheriff R. E, 1991. Encyclopaedic Dictionary of Exploration Geophysics[J]. Society of Exploration Geophysicists, Tulsa.

Snieder R, Xie M Y, Pica A, et al, 1989. Retrieving both the impedance contrast and background velocity: A global strategy for the seismic reflection problem[J]. Geophysics 54 (8): 991–1000.

Tarantola A, 1984. Inversion of seismic reflection data in the acoustic approximation[J]. Geophysics 49 (8): 1259–1266.

Tarantola A, 1986. A strategy for nonlinear elastic inversion of seismic reflection data[J].Geophysics 51 (10): 1893–1903.

Tarantola A, 1987. Inverse Problem Theory: Methods for Data Fitting and Parameter Estimation[J]. Elsevier Science, Amsterdam.

Tarrass I, Giraud L, Thore P, 2011. New curvilinear scheme for elastic wave propagationg in presence of curved topography[J]. Geophysical Prospecting 59, 889–906.

Thomas P D, Middlecoeff J F, 1980. Direct control of the grid point distribution in meshes generated by elliptic equations[J]. AIAA Journal, 18 (6): 652–656.

Thompson J F, Warsi Z U A, Mastin C W, 1985. Numerical Grid Generation: Foundations and Applications[J]. North-Holland, Amsterdam.

Tikhonov A, 1935. Theorèmes d'unicité pour l'équation de la chaleur[J].MaTeMaTИчскИЙ CбOPHИK 42(2): 199–216.

Tikhonov A N, Arsenin V Y, 1977. Solutions of Ill-Posed Problems[J]. John Wiley & Sons Inc., New York.

Tikhonov A N, Goncharsky A V, Stepanov V V, et al, 1995. Numerical Methods for the Solution of ill-Posed Problems[M]. Springer Science & Business Media.

Van der Vorst H A, 1992. Bi-CGStab: A fast and smoothly converging variant of BiCG for the solution of non-symmetric linear systems[J]. SIAM Journal on Scientific and Statistical Computing 13 (2): 631–644.

Van Trier J, Symes W W, 1991. Upwind finite-difference calculation of traveltimes[J]. Geophysics 56 (6): 812–821.

Vidale J E, 1990. Finite-difference calculations of traveltimes in three dimensions[J]. Geophysics 55 (5): 521–526.

Vigh D, Starr E, W Kapoor J, 2000. Developing earth models with full waveform inversion[J]. The Leading Edge 28 (4): 432–435.

Virieux J, Calandra H, Plessix R. E, 2011. A review of the spectral, pseudospectral, finite-difference and finite-element modelling techniques for geophysical imaging[J]. Geophysical Prospecting 59 (5): 794–813.

Wang Y, Houseman G A, 1994. Inversion of reflection seismic amplitude data for interface geometry[J]. Geophysical Journal International 117 (1): 92–110.

Wang Y, Houseman G A, 1995. Tomographic inversion of reflection seismic amplitude data for velocity variation[J]. Geophysical Journal International 123 (2): 355– 372.

Wang Y, Pratt R G, 1997. Sensitivities of seismic traveltimes and amplitudes in reflection tomography[J]. Geophysical journal international 131 (3): 618–642.

Wang Y, 1999a. Approximations to the Zoeppritz equations and their use in AVO analysis[J]. Geophysics 64(1): 1920–1927.

Wang Y, 1999b. Random noise attenuation using forward-backward linear prediction[J]. Journal of Seismic Exploration 8: 133–142.

Wang Y, 1999c, Simultaneous inversion for model geometry and elastic parameters[J]. Geophysics 64 (1): 182–190.

Wang Y, Pratt R G, 2000. Seismic amplitude inversion for interface geometry of multi-layered structures[J]. Pure and Applied Geophysics 157: 1601–1620.

Wang Y, 2002. Seismic trace interpolation in the *f-x-y* domain[J]. Geophysics 67 (4): 1232–1239.

Wang Y, 2003a. Multiple attenuation: coping with the spatial truncation effect in the Radon transform domain[J]. Geophysical Prospecting 51 (1): 75–87.

Wang Y, 2003b. Seismic Amplitude Inversion in Reflection Tomography[M]. Pergamon, Elsevier Science, Amsterdam.

Wang Y, 2004a. Q analysis on reflection seismic data[J]. Geophysical Research Letters 31, L17606.

Wang Y, 2004b. Multiple prediction through inversion: a fully data-driven concept for surface-related multiple attenuation[J]. Geophysics 69 (2): 547–553.

Wang Y，2006. Inverse *Q*–filter for seismic resolution enhancement[J]. Geophysics 71（3）：V51–V60.

Wang Y，Rao R，2006. Crosshole seismic waveform tomography–I.strategy for real data application[J]. Geophysical Journal International，166（3）：1224–1236.

Wang Y，2007. Multiple prediction through inversion：theoretical advancements and real data application[J]. Geophysics，72（2）：V33–V39.

Wang Y，Rao Y，2009. Reflection seismic waveform tomography[J]. Journal of Geophysical Research，114，B03304.

Wang Y，2013. Simultaneous computation of seismic slowness paths and the traveltime field in anisotropic media[J]. Geophysical Journal International，192（2）：1141–1148.

Wang Y，2014. Seismic ray tracing in anisotropic media：a modified Newton algorithm for solving highly nonlinear systems[J]. Geophysics，（1）：T1–T7.

Wang Y，2015a. Frequencies of the Ricker wavelet[J]. Geophysics，80（2）：A31–A37.

Wang Y，2015b. Generalised seismic wavelets[J]. Geophysical Journal International，203（2）：1172–1178.

Wang Y，2015c. The Ricker wavelet and the Lambert W function[J]. Geophysical Journal International，200(1)：111–115.

Warner M，Ratcliffe A，Nangoo T，et al，2013. Anisotropic 3–D fullwaveform inversion[J]. Geophysics，78(2)：R59–R80.

White R E，1984. Signal and noise estimation from seismic reflection data using spectral coherence methods. Proceedings of the IEEE，72（10），1340–1356.

White R E，1988. Maximum kurtosis phase correction[J]. Geophysical Journal International，95（2）：371–389.

White R E，Simm R，Xu S Y，1998. Well tie，fluid substitution and AVO modelling：a North Sea example[J]. Geophysical Prospecting，46（3）：323–336.

White R E，Simm R，2003. Tutorial：good practice in well ties[J]. First Break，21（10）：75–83.

Yang W C，1997. Theory and Methods of Geophysical Inversion（in Chinese）[J]. Geological Publishing House，Beijing.

Zelt C A，2011. Traveltime tomography using controlled–source seismic data[M]// Encyclopedia of Solid Earth Geophysics.Cham：springer International Publishing，1828–1848.

Zhang J F，Liu T L，1999. P–SV–wave propagation in heterogeneous media：grid method[J]. Geophysical Journal International，136（2）：431–438.

Zhang J F，2004. Wave propagation across fluid–solid interfaces：a grid method approach[J]. Geophysical Journal International，159（1）：240–252.

Zhang W，Chen X. F，2006. Traction image method for irregular free surface boundaries in finite–difference seismic wave simulation[J]. Geophysical Journal International，167（1）：337–353.

附　　录

附录 A：QR 分解之 Householder 变换

对于满秩 $M \times N$ 矩阵 $\boldsymbol{G}$，$M \geqslant N$，QR 分解可将其转换为 $M \times N$ 的正交矩阵 $\boldsymbol{Q}$ 与 $N \times N$ 的上三角矩阵 $\boldsymbol{R}$ 的乘积：

$$\boldsymbol{G} = \boldsymbol{Q}\begin{bmatrix} \boldsymbol{R} \\ \boldsymbol{0} \end{bmatrix} \tag{A.1}$$

式中，$\boldsymbol{Q}^{\mathrm{T}}\boldsymbol{Q} = \boldsymbol{I}_{M \times M}$，$\boldsymbol{0}$ 为（$M-N$）$\times N$ 空矩阵。

利用 Householder 变换计算式（A.1），取矩阵 $\boldsymbol{G}$ 的列向量 $\boldsymbol{r}$，并将其反射到某个平面或超平面上（Householder，1955，1964）。

对于向量 $\boldsymbol{r}$，正交矩阵 $\boldsymbol{P}_j$ 可使其元素为 0 为

$$\overset{\boldsymbol{P}_j}{\begin{bmatrix} 1 &&&&&&&&& \\ & \ddots &&&&&&&& \\ && 1 &&&&&&& \\ &&& c &&& s &&& \\ &&&& 1 &&&&& \\ &&&&& \ddots &&&& \\ &&&&&& 1 &&& \\ &&& -s &&& c &&& \\ &&&&&&& 1 && \\ &&&&&&&& \ddots & \\ &&&&&&&&& 1 \end{bmatrix}} \overset{\boldsymbol{r}}{\begin{bmatrix} \times \\ \vdots \\ \times \\ \xi_1 \\ \times \\ \vdots \\ \times \\ \xi_2 \\ \times \\ \vdots \\ \times \end{bmatrix}} = \overset{\boldsymbol{P}_j\boldsymbol{r}}{\begin{bmatrix} \times \\ \vdots \\ \times \\ \rho \\ \times \\ \vdots \\ \times \\ 0 \\ \times \\ \vdots \\ \times \end{bmatrix}} \tag{A.2}$$

其中，“×”表示向量 $\boldsymbol{r}$ 中的非零元素，且：

$$\rho = \sqrt{\xi_1^2 + \xi_2^2}, \quad c = \frac{\xi_1}{\rho}, \quad s = \frac{\xi_2}{\rho} \tag{A.3}$$

可看出，$c = \cos\theta$ 和 $s = \sin\theta$。因此，正交矩阵是角度为 θ 的旋转矩阵。

正交矩阵 $\boldsymbol{P}_j$ 使 $\boldsymbol{r}$ 的 j 第个元素为 0；k 个类似的正交矩阵将使 k 个元素为 0，向量 $\boldsymbol{r}$ 中

仅剩 $M-k$ 个非零元素。对于 $M\times N$ 矩阵 $\boldsymbol{G}$，对其进行逐列旋转，使 $\boldsymbol{G}$ 成为上三角矩阵：

$$\boldsymbol{Q}^{\mathrm{T}}\boldsymbol{G}=\begin{bmatrix}\boldsymbol{R}\\ \boldsymbol{0}\end{bmatrix} \tag{A.4}$$

式中，$\boldsymbol{Q}^{\mathrm{T}}$ 为 $M\times N$ 矩阵，由 $\boldsymbol{Q}^{\mathrm{T}}=\boldsymbol{P}_{\ell}\cdots\boldsymbol{P}_2\boldsymbol{P}_1$ 给出，其中 $\ell=\frac{1}{2}N\times(2M-N-1)$。

由于 $\boldsymbol{Q}^{\mathrm{T}}$ 为多个正交矩阵相乘，因此也是正交矩阵。

为增加 QR 分解计算效率，通过 Householder 变换使向量 $\boldsymbol{r}$ 中仅包含一个非零元素：

$$\boldsymbol{P}\boldsymbol{r}=\boldsymbol{e}_1 \tag{A.5}$$

式中，$\boldsymbol{e}_1=(\rho,0,0,\cdots,0)^{\mathrm{T}}$；$\boldsymbol{P}$ 为待求正交矩阵。

Householder 算法总结如下：

$$\begin{cases}\rho=-\operatorname{sign}(\xi_1)\|\boldsymbol{r}\|\\ \boldsymbol{u}=\boldsymbol{r}-\boldsymbol{e}_1\\ \boldsymbol{P}=\boldsymbol{I}-2\dfrac{\boldsymbol{u}\boldsymbol{u}^{\mathrm{T}}}{\|\boldsymbol{u}\|^2}\end{cases} \tag{A.6}$$

其中，ξ_1 为 $\boldsymbol{r}$ 中第一个元素。

该算法中，方程一表明 $\|\boldsymbol{r}\|^2=\rho^2=\|\boldsymbol{e}_1\|^2$，可见正交变换不改变向量 $\boldsymbol{r}$ 的范数。

方程二中 $\boldsymbol{u}$ 的第一个元素是 $u_1=\xi_1-\rho$。那么有：

$$\begin{aligned}\|\boldsymbol{u}\|^2&=\|\boldsymbol{r}-\boldsymbol{e}_1\|^2=\boldsymbol{r}^{\mathrm{T}}\boldsymbol{r}-2\boldsymbol{r}^{\mathrm{T}}\boldsymbol{e}_1+\boldsymbol{e}_1^{\mathrm{T}}\boldsymbol{e}_1=\rho^2-2\rho\xi_1+\rho^2\\ &=-2\rho u_1\end{aligned} \tag{A.7}$$

进而得到：

$$\boldsymbol{P}=\boldsymbol{I}+\frac{1}{\rho u_1}\boldsymbol{u}\boldsymbol{u}^{\mathrm{T}} \tag{A.8}$$

可验证：

$$\begin{aligned}\boldsymbol{P}\boldsymbol{r}&=\boldsymbol{r}+\frac{\boldsymbol{u}^{\mathrm{T}}\boldsymbol{r}}{\rho u_1}\boldsymbol{u}=\boldsymbol{r}+\frac{\boldsymbol{r}^{\mathrm{T}}\boldsymbol{r}-\boldsymbol{e}_1^{\mathrm{T}}\boldsymbol{r}}{\rho u_1}\boldsymbol{u}=\boldsymbol{r}+\frac{\rho(\rho-\xi_1)}{\rho u_1}\boldsymbol{u}=\boldsymbol{r}-\boldsymbol{u}\\ &=\boldsymbol{e}_1\end{aligned} \tag{A.9}$$

因此，$\boldsymbol{P}$ 为 Householder矩阵，可将向量反射到某一单位向量，因此 Householder 变换也被称为 Householder 反射。

公式（A.6）中的方程三定义了正交矩阵 $\boldsymbol{P}$。验证其正交性：

$$\begin{aligned}\boldsymbol{P}^{\mathrm{T}}\boldsymbol{P}&=\left(\boldsymbol{I}-2\frac{\boldsymbol{u}\boldsymbol{u}^{\mathrm{T}}}{\|\boldsymbol{u}\|^2}\right)^{\mathrm{T}}\left(\boldsymbol{I}-2\frac{\boldsymbol{u}\boldsymbol{u}^{\mathrm{T}}}{\|\boldsymbol{u}\|^2}\right)\\ &=\boldsymbol{I}-4\frac{\boldsymbol{u}\boldsymbol{u}^{\mathrm{T}}}{\|\boldsymbol{u}\|^2}+4\frac{\boldsymbol{u}(\boldsymbol{u}^{\mathrm{T}}\boldsymbol{u})\boldsymbol{u}^{\mathrm{T}}}{\|\boldsymbol{u}\|^4}\\ &=\boldsymbol{I}\end{aligned} \tag{A.10}$$

选择第一个 Householder 矩阵 $\boldsymbol{P}_1$，将 $\boldsymbol{G}$ 与 $\boldsymbol{P}_1$ 相乘，可得矩阵 $\boldsymbol{P}_1\boldsymbol{G}$，其第一列元素为零（第一行除外）。

$$\boldsymbol{P}_1\boldsymbol{G}=\begin{bmatrix}\rho_1 & \times & \times & \times \\ 0 & & & \\ \vdots & & \boldsymbol{G}' & \\ 0 & & & \end{bmatrix} \tag{A.11}$$

去除的 $\boldsymbol{P}_1\boldsymbol{G}$ 第一行与第一列从而获得 $\boldsymbol{G}'$，对 $\boldsymbol{G}'$ 再重复此操作，从而得到 Householder 矩阵 $\boldsymbol{P}_2'$，注意 $\boldsymbol{P}_2'$ 比 $\boldsymbol{P}_1$ 小。由于该操作在 $\boldsymbol{P}_1\boldsymbol{G}$ 而不是 $\boldsymbol{G}'$ 上计算，需对 $\boldsymbol{P}_2'$ 进行扩展，左上角元素为 1：

$$\boldsymbol{P}_2=\begin{bmatrix}1 & 0 & \cdots & 0 \\ 0 & & & \\ \vdots & & \boldsymbol{P}_2' & \\ 0 & & & \end{bmatrix} \tag{A.12}$$

或者一般形式为

$$\boldsymbol{P}_k=\begin{bmatrix}\boldsymbol{I}_{k-1} & 0 & \cdots & 0 \\ 0 & & & \\ \vdots & & \boldsymbol{P}_k' & \\ 0 & & & \end{bmatrix} \tag{A.13}$$

将 $M\times N$ 矩阵 $\boldsymbol{G}$ 逐步变换为上三角矩阵：

$$\boldsymbol{P}_\ell\cdots\boldsymbol{P}_2\boldsymbol{P}_1\boldsymbol{G}=\begin{bmatrix}\boldsymbol{R}\\ \boldsymbol{0}\end{bmatrix} \tag{A.14}$$

其中，ℓ 为该过程的总迭代次数，$\ell=\min(M-1, N)$ 同时，定义 QR 分解的正交矩阵为

$$\boldsymbol{Q}=\boldsymbol{P}_1^{\mathrm{T}}\boldsymbol{P}_2^{\mathrm{T}}\cdots\boldsymbol{P}_\ell^{\mathrm{T}} \tag{A.15}$$

附录 B：奇异值分解算法

本附录总结了一种实用稳定的奇异值分解（SVD）算法：基于变换的两步法。

B.1 双对角化

奇异值分解的第一步是将矩阵化简成双对角线形式，有以下两种双对角化方法。

第一种方法是在 QR 分解中使用 Householder 变换将列向量中元素置零。第一列变换后仅对角线元素非零。第二列变换后，除第一个、第二个元素之外，所有元素均为 0。对所有列变换可得上三角矩阵：

$$
U_N^{\mathrm{T}} \cdots U_2^{\mathrm{T}} U_1^{\mathrm{T}} G = \begin{bmatrix} \otimes & \times & \times & \times & \times \\ 0 & \otimes & \times & \times & \times \\ 0 & 0 & \otimes & \times & \times \\ 0 & 0 & 0 & \otimes & \times \\ 0 & 0 & 0 & 0 & \otimes \\ 0 & 0 & 0 & 0 & 0 \end{bmatrix} \tag{B.1}
$$

其中，U_k^{T} 是第 k 列的变换算子，$k=1, 2, \cdots, N$。

之后，沿行向量进行 Householder 变换。注意，列变换改变了主对角线（⊗）的元素值。这些元素仅与列变换相关，不再进一步更改。因此，行变换只改变第二条对角线的元素。第一行变换后，除第一个、第二个元素（⊗）外所有元素均为 0。第二行变换后，除第二个、第三个元素（⊗）外所有元素均为 0。最终得到的矩阵为上双对角线矩阵：

$$
U_N^{\mathrm{T}} \cdots U_2^{\mathrm{T}} U_1^{\mathrm{T}} G V_1 \cdots V_{N-2} = \begin{bmatrix} \otimes & \otimes & 0 & 0 & 0 \\ 0 & \otimes & \otimes & 0 & 0 \\ 0 & 0 & \otimes & \otimes & 0 \\ 0 & 0 & 0 & \otimes & \otimes \\ 0 & 0 & 0 & 0 & \otimes \\ 0 & 0 & 0 & 0 & 0 \end{bmatrix} \tag{B.2}
$$

令 $U_N^{\mathrm{T}} \cdots U_2^{\mathrm{T}} U_1^{\mathrm{T}} = U_{\mathrm{B}}^{\mathrm{T}}, V_1 \cdots V_{N-2} = V_{\mathrm{B}}$，上双对角线矩阵表示为 B，可得

$$
U_{\mathrm{B}}^{\mathrm{T}} G V_{\mathrm{B}} = B \tag{B.3}
$$

另一种方法是直接双对角化。若 B 为双对角矩阵，根据公式（B.3），可得

$$
G = U_{\mathrm{B}} B V_{\mathrm{B}}^{\mathrm{T}} \tag{B.4}
$$

式（B.4）为 Lanczos 算法。分别将矩阵 G 右乘 V_{B}，左乘 $U_{\mathrm{B}}^{\mathrm{T}}$，得到以下两方程：

$$
G V_{\mathrm{B}} = U_{\mathrm{B}} B, \quad G^{\mathrm{T}} U_{\mathrm{B}} = V_{\mathrm{B}} B^{\mathrm{T}} \tag{B.5}
$$

式（B.5）中的两方程可进一步表示为（$M > N$）：

$$
\begin{bmatrix} G \end{bmatrix} \begin{bmatrix} v_1 & v_2 & \cdots & v_N \end{bmatrix} = \begin{bmatrix} u_1 & u_2 & \cdots & u_N & \cdots & u_M \end{bmatrix} \begin{bmatrix} \alpha_1 & \beta_1 & & & \\ & \alpha_2 & \beta_2 & & \\ & & \ddots & \ddots & \\ & & & \alpha_{N-1} & \beta_{N-1} \\ & & & & \alpha_N \end{bmatrix} \tag{B.6}
$$

且：

$$\begin{bmatrix} \boldsymbol{G}^{\mathrm{T}} \end{bmatrix} \begin{bmatrix} \boldsymbol{u}_1 & \boldsymbol{u}_2 & \cdots & \boldsymbol{u}_N & \cdots & \boldsymbol{u}_M \end{bmatrix}$$

$$= \begin{bmatrix} \boldsymbol{v}_1 & \boldsymbol{v}_2 & \cdots & \boldsymbol{v}_N \end{bmatrix} \begin{bmatrix} \alpha_1 & & & & \\ \beta_1 & \alpha_2 & & & \\ & \beta_2 & \ddots & & \\ & & \ddots & \alpha_{N-1} & \\ & & & \beta_{N-1} & \alpha_N \end{bmatrix} \tag{B.7}$$

向量 $[\boldsymbol{u}_1, \boldsymbol{u}_2, \cdots, \boldsymbol{u}_N]$ 和 $[\boldsymbol{v}_1, \boldsymbol{v}_2, \cdots, \boldsymbol{v}_N]$ 可通过递归求解以下两方程得到：

$$\begin{cases} \alpha_k \boldsymbol{u}_k = \boldsymbol{G}\boldsymbol{v}_k - \beta_{k-1}\boldsymbol{u}_{k-1} \\ \beta_k \boldsymbol{v}_{k+1} = \boldsymbol{G}^{\mathrm{T}}\boldsymbol{u}_k - \alpha_k \boldsymbol{v}_k \end{cases} \tag{B.8}$$

其中，α_k 和 β_k 均为标准化因子，用以确保 $\boldsymbol{u}_k^{\mathrm{T}}\boldsymbol{u}_k = \boldsymbol{v}_{k+1}^{\mathrm{T}}\boldsymbol{v}_{k+1} = \boldsymbol{I}$。其实现可概括如下：

首先，选择任意单位范数向量 $\boldsymbol{v}_1$，使得 $\boldsymbol{v}_1^{\mathrm{T}}\boldsymbol{v}_1=\boldsymbol{I}$。给定 $\beta_0=0$，递归计算 $k=1, 2, \cdots, N$，得

$$\begin{cases} \boldsymbol{p}_k = \boldsymbol{G}\boldsymbol{v}_k - \beta_{k-1}\boldsymbol{u}_{k-1}, \quad \alpha_k = \|\boldsymbol{p}_k\|, \quad \boldsymbol{u}_k = \dfrac{1}{\alpha_k}\boldsymbol{p}_k \\ \boldsymbol{q}_{k+1} = \boldsymbol{G}^{\mathrm{T}}\boldsymbol{u}_k - \alpha_k \boldsymbol{v}_k, \quad \beta_k = \|\boldsymbol{q}_{k+1}\|, \quad \boldsymbol{v}_{k+1} = \dfrac{1}{\beta_k}\boldsymbol{q}_{k+1} \end{cases} \tag{B.9}$$

其他向量 $[\boldsymbol{u}_{N+1}, \cdots, \boldsymbol{u}_M]$ 与分解无关。该算法被称为 Golub–Kahan–Lanczos 双对角化（Golub，Kahan，1965）。

B.2 对角化

第二步是上双对角矩阵的奇异值分解，通过变形后的 QR 方法实现。下面介绍最简单的雅可比对角化。

上双对角矩阵 $\boldsymbol{B}$ 的奇异值是如下矩阵特征值的平方根：

$$\boldsymbol{T}=\boldsymbol{B}^{\mathrm{T}}\boldsymbol{B} \tag{B.10}$$

因此，矩阵 $\boldsymbol{T}$ 为对称三对角矩阵：

$$\boldsymbol{T} = \begin{bmatrix} a_1 & b_1 & & & & \\ b_1 & a_2 & b_2 & & & \\ & b_2 & a_3 & b_3 & & \\ & & \ddots & \ddots & \ddots & \\ & & & b_{N-2} & a_{N-1} & b_{N-1} \\ & & & & b_{N-1} & a_N \end{bmatrix} \tag{B.11}$$

雅可比变换将对称矩阵中的一对非对角元素置零。若将元素对 b_i 置零，应使用如下正交变换矩阵：

$$\boldsymbol{P}=\begin{bmatrix}\ddots &&&&&\\ &1&&&&\\ &&c&s&&\\ &&-s&c&&\\ &&&&1&\\ &&&&&\ddots\\ &&&&&&\ddots\end{bmatrix}\begin{matrix}\\ \\ \\ \text{row } i\\ \\ \\ \end{matrix}\quad(\text{col } i) \tag{B.12}$$

$\boldsymbol{PTP}^{\mathrm{T}}$ 只改变第 i 行与第 i+1 行以及第 i 列与第 i+1 列的元素：

$$\begin{aligned}&\begin{bmatrix}1&&&\\ &c&s&\\ &-s&c&\\ &&&1\end{bmatrix}\begin{bmatrix}a_{i-1}&b_{i-1}&&\\ b_{i-1}&a_i&b_i&\\ &b_i&a_{i+1}&b_{i+1}\\ &&b_{i+1}&a_{i+2}\end{bmatrix}\begin{bmatrix}1&&&\\ &c&-s&\\ &s&c&\\ &&&1\end{bmatrix}\\ =&\begin{bmatrix}a_{i-1}&b_{i-1}c&&\\ b_{i-1}c&a_ic^2+a_{i+1}s^2+2b_ics&(-a_i+a_{i+1})cs+b_i\left(c^2-s^2\right)&\\ &(-a_i+a_{i+1})cs+b_i\left(c^2-s^2\right)&a_is^2+a_{i+1}c^2-2b_ics&b_{i+1}c\\ &&b_{i+1}c&a_{i+2}\end{bmatrix}\\ =&\begin{bmatrix}a_{i-1}&\bar{b}_{i-1}&&\\ \bar{b}_{i-1}&\bar{a}_i&\bar{b}_i&\\ &\bar{b}_i&\bar{a}_{i+1}&\bar{b}_{i+1}\\ &&\bar{b}_{i+1}&a_{i+2}\end{bmatrix}\end{aligned} \tag{B.13}$$

换言之，$\boldsymbol{T}^{(k+1)}$ 中仅有两个对角元素 $(\bar{a}_i,\bar{a}_{i+1})$ 和三个非对角元素 $\left(\bar{b}_{i-1},\bar{b}_i,\bar{b}_{i+1}\right)$ 发生变化。公式（B.13）使元素 $\bar{b}_i=0$。因此，可得方程组：

$$\begin{cases}c^2+s^2=1\\ (-a_i+a_{i+1})cs+b_i\left(c^2-s^2\right)=0\end{cases} \tag{B.14}$$

该方程组的解为

$$c^2=\frac{1}{2}\left(1+\frac{a_i-a_{i+1}}{r}\right) \tag{B.15a}$$

$$s^2=\frac{1}{2}\left(1-\frac{a_i-a_{i+1}}{r}\right) \tag{B.15b}$$

$$cs=\frac{b_i}{r} \tag{B.15c}$$

其中，

$$r=\sqrt{(a_i-a_{i+1})^2+4b_i^2} \tag{B.15d}$$

若$a_i > a_{i+1}$，利用方程［B.15（a），给定符号为正］求得c，之后用方程［B.15（c）］求s，其中s与b_i符号相同。若$a_i < a_{i+1}$，则采用方程B.15（b）求得s后，利用方程［B.15（c）］求c。这样将保证计算精度，即使b_i^2远小于$(a_i-a_{i+1})^2$的时，结果的精度也不会明显降低。

根据公式（B.13），两个对角线元素变换为

$$\bar{a}_i=\frac{1}{2}(a_i+a_{i+1}+r),\quad \bar{a}_{i+1}=\frac{1}{2}(a_i+a_{i+1}-r) \tag{B.16}$$

同时另外两元素也发生变化：

$$\bar{b}_{i-1}=b_{i-1}c,\quad \bar{b}_{i+1}=b_{i+1}c \tag{B.17}$$

标准程序是进行一系列上述类型的变换，每次变换都将非对角元素中最大元素置零。但由于该方法本身是迭代进行的，已置零的元素可能再次发生变化。

经过一次变换，矩阵$\boldsymbol{T}$变为对角矩阵$\boldsymbol{D}$：

$$\boldsymbol{P}_\ell\cdots\boldsymbol{P}_2\boldsymbol{P}_1\boldsymbol{T}\boldsymbol{P}_1^{\mathrm{T}}\boldsymbol{P}_2^{\mathrm{T}}\cdots\boldsymbol{P}_\ell^{\mathrm{T}}=\boldsymbol{D} \tag{B.18}$$

定义：

$$\boldsymbol{Q}=\boldsymbol{P}_1^{\mathrm{T}}\boldsymbol{P}_2^{\mathrm{T}}\cdots\boldsymbol{P}_\ell^{\mathrm{T}} \tag{B.19}$$

可得

$$\boldsymbol{T}=\boldsymbol{Q}\boldsymbol{D}\boldsymbol{Q}^{\mathrm{T}} \tag{B.20}$$

回到上双对角线矩阵$\boldsymbol{B}$。如果$\boldsymbol{B}$的奇异值分解为$\boldsymbol{B}=\boldsymbol{U}_{\mathrm{D}}\boldsymbol{\Lambda}\boldsymbol{V}_{\mathrm{D}}^{\mathrm{T}}$的形式，则：

$$\boldsymbol{B}^{\mathrm{T}}\boldsymbol{B}=\left[\boldsymbol{U}_{\mathrm{D}}\boldsymbol{\Lambda}\boldsymbol{V}_{\mathrm{D}}^{\mathrm{T}}\right]^{\mathrm{T}}\boldsymbol{U}_{\mathrm{D}}\boldsymbol{\Lambda}\boldsymbol{V}_{\mathrm{D}}^{\mathrm{T}}=\boldsymbol{V}_{\mathrm{D}}\boldsymbol{\Lambda}^2\boldsymbol{V}_{\mathrm{D}}^{\mathrm{T}} \tag{B.21}$$

通过对比方程（B.20）与方程（B.21），可得奇异值矩阵$\boldsymbol{\Lambda}=\boldsymbol{D}^{1/2}$和右特征向量矩阵$\boldsymbol{V}_{\mathrm{D}}=\boldsymbol{Q}$。左特征向量矩阵$\boldsymbol{U}_{\mathrm{D}}$为

$$\boldsymbol{U}_{\mathrm{D}}=\boldsymbol{B}\boldsymbol{V}_{\mathrm{D}}\boldsymbol{\Lambda}^{-1} \tag{B.22}$$

结合$\boldsymbol{G}=\boldsymbol{U}_{\mathrm{B}}\boldsymbol{B}\boldsymbol{V}_{\mathrm{B}}^{\mathrm{T}}$和$\boldsymbol{B}=\boldsymbol{U}_{\mathrm{D}}\boldsymbol{\Lambda}\boldsymbol{V}_{\mathrm{D}}^{\mathrm{T}}$和，可得$\boldsymbol{G}$的奇异值分解为

$$\boldsymbol{G}=\boldsymbol{U}_{\mathrm{B}}\boldsymbol{U}_{\mathrm{D}}\boldsymbol{D}^{1/2}\boldsymbol{V}_{\mathrm{D}}^{\mathrm{T}}\boldsymbol{V}_{\mathrm{B}}^{\mathrm{T}}=\boldsymbol{U}\boldsymbol{\Lambda}\boldsymbol{V}^{\mathrm{T}} \tag{B.23}$$

注意，这里左特征向量矩阵为$\boldsymbol{U}=\boldsymbol{U}_{\mathrm{B}}\boldsymbol{U}_{\mathrm{D}}$，右特征向量矩阵为$\boldsymbol{V}=\boldsymbol{V}_{\mathrm{B}}\boldsymbol{V}_{\mathrm{D}}$。

附录 C：复数方程组的双共轭梯度法

Lanczos（1950）和 Fletcher（1976）提出了一种双共轭梯度法求解线性方程组 $\boldsymbol{Gx}=\boldsymbol{d}$，其中，残差 $\boldsymbol{e}^{(k)}$ 与向量 $\hat{\boldsymbol{e}}^{(1)}$，$\hat{\boldsymbol{e}}^{(2)}$，…，$\hat{\boldsymbol{e}}^{(k)}$ 正交，且 $\hat{\boldsymbol{e}}^{(k)}$ 与向量行 $\boldsymbol{e}^{(1)}$，$\boldsymbol{e}^{(2)}$，…，$\boldsymbol{e}^{(k)}$ 正交。即双正交条件：

$$\left(\hat{\boldsymbol{e}}^{(k)},\boldsymbol{e}^{(i)}\right)=\left(\boldsymbol{e}^{(k)},\hat{\boldsymbol{e}}^{(i)}\right)=0,\quad i<k \tag{C.1}$$

此外，搜索方向 $\boldsymbol{p}^{(k)}$ 和 $\hat{\boldsymbol{p}}^{(k)}$ 也满足双共轭条件：

$$\left(\hat{\boldsymbol{p}}^{(k)},\boldsymbol{G}\boldsymbol{p}^{(i)}\right)=\left(\boldsymbol{p}^{(k)},\boldsymbol{G}\hat{\boldsymbol{p}}^{(i)}\right)=0\quad i<k \tag{C.2}$$

多数地震反演问题需求解复数线性方程组，如第十二章讨论的频率域波形层析成像问题。下面总结用于求解非对称复数方程组的双共轭梯度法。

对于复数矩阵 $\boldsymbol{G}$ 和向量 $\boldsymbol{d}$，给定初始解 $\boldsymbol{x}^{(1)}$，计算 $\boldsymbol{e}^{(1)}=\boldsymbol{d}-\boldsymbol{Gx}^{(1)}$；令 $\hat{\boldsymbol{e}}^{(1)}=\overline{\boldsymbol{e}}^{(1)}$，其中 $\overline{\boldsymbol{e}}$ 为 $\boldsymbol{e}$ 的复共轭向量；同时，令 $\boldsymbol{p}^{(1)}=\boldsymbol{e}^{(1)}$，$\hat{\boldsymbol{p}}^{(1)}=\overline{\boldsymbol{p}}^{(1)}$。

进行迭代 k=1，2，…：

（1）计算步长：

$$\alpha_k=\frac{\left(\hat{\boldsymbol{e}}^{(k)},\boldsymbol{e}^{(k)}\right)}{\left(\hat{\boldsymbol{p}}^{(k)},\boldsymbol{G}\hat{\boldsymbol{p}}^{(k)}\right)} \tag{C.3}$$

更新解为：$\boldsymbol{x}^{(k+1)}=\boldsymbol{x}^{(k)}+\alpha_k\boldsymbol{p}^{(k)}$。相应的残差为

$$\boldsymbol{e}^{(k+1)}=\boldsymbol{e}^{(k)}-\alpha_k\boldsymbol{G}\boldsymbol{p}^{(k)} \tag{C.4}$$

$$\hat{\boldsymbol{e}}^{(k+1)}=\hat{\boldsymbol{e}}^{(k)}-\overline{\alpha}_k\boldsymbol{G}^{\mathrm{H}}\hat{\boldsymbol{p}}^{(k)} \tag{C.5}$$

其中，$\overline{\alpha}_k$ 为复数 α_k 的共轭，上标 H 表示复数共轭的 Hermitian 转置。矢量 $\boldsymbol{u}$ 和 $\boldsymbol{v}$ 满足：$(\boldsymbol{u},\boldsymbol{v})=\boldsymbol{u}^{\mathrm{H}}\boldsymbol{v}$ 和 $(\boldsymbol{u},\boldsymbol{Gv})=\left(\boldsymbol{G}^{\mathrm{H}}\boldsymbol{u},\boldsymbol{v}\right)$。

（2）定义双共轭系数：

$$\beta_k=\frac{\left(\hat{\boldsymbol{e}}^{(k+1)},\boldsymbol{e}^{(k+1)}\right)}{\left(\hat{\boldsymbol{e}}^{(k)},\boldsymbol{e}^{(k)}\right)} \tag{C.6}$$

搜索方向 $\boldsymbol{p}^{(k+1)}$ 和 $\hat{\boldsymbol{p}}^{(k+1)}$ 分别为

$$\boldsymbol{p}^{(k+1)}=\boldsymbol{e}^{(k+1)}+\beta_k\boldsymbol{p}^{(k)} \tag{C.7}$$

$$\hat{\boldsymbol{p}}^{(k+1)}=\hat{\boldsymbol{r}}^{(k+1)}+\overline{\beta}_k\hat{\boldsymbol{p}}^{(k)} \tag{C.8}$$

其中，$\bar{\beta}_k$ 为复数 β_k 的共轭。

注意：第一次迭代之后，$k \geqslant 2$，残差 $\hat{\boldsymbol{e}}^{(k)}$ 通常不再是残差 $\boldsymbol{e}^{(k)}$ 的复共轭，因此方向 $\hat{\boldsymbol{p}}^{(k)}$ 通常也不是方向 $\boldsymbol{p}^{(k)}$ 的复共轭。

第一步结束时，若 $\left\|\boldsymbol{e}^{(k+1)}\right\| < \varepsilon\|\boldsymbol{b}\|$（其中，$\varepsilon$ 为小的正阈值，$\|\cdot\|$ 为向量的 L_2 范数），则输出解 $\boldsymbol{x}^{(k+1)}$；否则继续第二步。

附录 D：波形层析成像中的梯度计算

地震波形层析成像的目标函数定义为

$$\phi(\boldsymbol{m}) = \frac{1}{2}\|\boldsymbol{u}_{\text{obs}} - \boldsymbol{u}(\boldsymbol{m})\|^2 \tag{D.1}$$

式中，$\boldsymbol{u}_{\text{obs}}$ 为实测地震道；$\boldsymbol{u}(\boldsymbol{m})$ 为模型参数 $\boldsymbol{m}$ 合成的地震数据。

此处使用一维声波方程进行时间域波形层析成像，如第 14 章所述：

$$4\frac{\partial}{\partial\tau}\left(Z(\tau)\frac{\partial u(\tau,t)}{\partial\tau}\right) - Z(\tau)\frac{\partial^2 u(\tau,t)}{\partial t^2} = -\delta(\tau-\tau_s)s(t) \tag{D.2}$$

式中，τ 为深度—时间（单位为时间）；$Z(\tau)$ 为阻抗参数；t 为波传播时间；$u(\tau,t)$ 为位移波场；$s(t)$ 为震源函数；τ_s 表示震源位置。因此，模型向量 $m \equiv Z(\tau)$ 为沿深度—时间 τ 变化的阻抗函数。

方程（D.1）中，目标函数相对于阻抗 $Z(\tau)$ 的梯度向量为

$$\frac{\partial\phi}{\partial Z} = -\left[\frac{\partial\boldsymbol{u}}{\partial Z}\right]^{\mathrm{T}}\Delta\boldsymbol{u} \tag{D.3}$$

根据地震散射理论（第 2.2 节），阻抗的任何扰动都均可能引起波场的扰动：

$$\begin{cases} Z(\tau) = Z_0(\tau) + \delta Z(\tau) \\ u(\tau,t;\tau_s) = u_0(\tau,t;\tau_s) + \delta u(\tau,t;\tau_s) \end{cases} \tag{D.4}$$

波场扰动 $\delta u(\tau, t; \tau_s)$ 遵循方程（D.2）所示的波动方程，可表示为

$$4\frac{\partial}{\partial\tau}\left(Z_0(\tau)\frac{\partial\delta u(\tau,t;\tau_s)}{\partial\tau}\right) - Z_0(\tau)\frac{\partial^2\delta u(\tau,t;\tau_s)}{\partial t^2} = -\Delta s(\tau,t;\tau_s) \tag{D.5}$$

其中，$\Delta s(\tau, t; \tau_s)$ 表示虚震源：

$$\Delta s(\tau,t;\tau_s) \approx 4\frac{\partial}{\partial\tau}\left(\delta Z(\tau)\frac{\partial u_0(\tau,t;\tau_s)}{\partial\tau}\right) - \delta Z(\tau)\frac{\partial^2 u_0(\tau,t;\tau_s)}{\partial t^2} \tag{D.6}$$

用格林函数 $g(\tau, t; \tau', t')$ 将公式（D.5）的解析解表示为

$$\delta u(\tau,t;\tau_s)=\int g(\tau,t;\tau',0)*\Delta s(\tau',t;\tau_s)\mathrm{d}\tau' \tag{D.7}$$

其中，“*”表示沿时间变量 t 的褶积。

利用格林函数的互易定理，将公式（D.7）转化为

$$\delta u(\tau,t;\tau_s)=\int g(\tau',t;\tau,0)*\Delta s(\tau',t;\tau_s)\mathrm{d}\tau' \tag{D.8}$$

将公式（D.6）代入公式（D.8），可得

$$\begin{aligned}\delta u(\tau,t;\tau_s)=\int\Bigg[&4g(\tau',t;\tau,0)*\frac{\partial}{\partial\tau'}\left(\delta Z(\tau')\frac{\partial u_0(\tau',t;\tau_s)}{\partial\tau'}\right)\\&-g(\tau',t;\tau,0)*\left(\delta Z(\tau')\frac{\partial^2 u_0(\tau',t;\tau_s)}{\partial t^2}\right)\Bigg]\mathrm{d}\tau'\end{aligned} \tag{D.9}$$

对公式（D.9）部分积分，得到扰动波场：

$$\begin{aligned}\delta u(\tau,t;\tau_s)=\int\Bigg[&-4\frac{\partial g(\tau',t;\tau,0)}{\partial\tau'}*\left(\delta Z(\tau')\frac{\partial u_0(\tau',t;\tau_s)}{\partial\tau'}\right)\\&+\frac{\partial g(\tau',t;\tau,0)}{\partial t}*\left(\delta Z(\tau')\frac{\partial u_0(\tau',t;\tau_s)}{\partial t}\right)\Bigg]\mathrm{d}\tau'\end{aligned} \tag{D.10}$$

此处假设 $u_0(\tau, t; \tau_s)$ 满足以下条件：

$$\frac{\partial u_0(\tau=0,t;\tau_s)}{\partial\tau}=\frac{\partial u_0(\tau\to\infty,t;\tau_s)}{\partial\tau}=0,\quad \frac{\partial u_0(\tau,t=0;\tau_s)}{\partial t}=\frac{\partial u_0(\tau,t\to\infty;\tau_s)}{\partial t}=0 \tag{D.11}$$

利用公式（D.10）求解正问题的方法被称为波恩近似。

基于公式（D.10）的扰动波场，推导波场对阻抗的 Fréchet 导数。正问题可表示为

$$\delta u(\tau,t;\tau_s)\approx\int\frac{\partial u(\tau,t;\tau_s|\,Z(\tau'))}{\partial Z(\tau')}\delta Z(\tau')\mathrm{d}\tau' \tag{D.12}$$

将其与公式（D.10）比较，并替换 $\tau\to\tau_g$，$\tau'\to\tau$，可得 Fréchet 核为

$$\frac{\partial u(\tau_g,t;\tau_s|\,Z(\tau))}{\partial Z(\tau)}=-4\frac{\partial g(\tau,t;\tau_g,0)}{\partial\tau}*\frac{\partial u_0(\tau,t;\tau_s)}{\partial\tau}+\frac{\partial g(\tau,t;\tau_g,0)}{\partial t}*\frac{\partial u_0(\tau,t;\tau_s)}{\partial t} \tag{D.13}$$

在波形层析成像中，利用此 Fréchet 核计算梯度向量，并将 Fréchet 核转换成 $\partial u\left[Z(\tau)\middle|\tau_g,t,\tau_s\right]/\partial Z(\tau)$，则

$$\frac{\partial u(Z(\tau)|\,\tau,t;\tau_s)}{\partial Z(\tau)}=\frac{\partial u(\tau,t;\tau_s|\,Z(\tau))}{\partial Z(\tau)} \tag{D.14}$$

梯度表示为

$$\frac{\partial\phi}{\partial Z(\tau)}=-\sum\nolimits_s\int\sum\nolimits_g\frac{\partial u(Z(\tau)|\,\tau_g,t;\tau_s)}{\partial Z(\tau)}\delta u(\tau_g,t;\tau_s)\mathrm{d}t \tag{D.15}$$

若只考虑单一地震道，式（D.15）可简化为式（D.3）。考虑任意空间位置处单一炮点—检波点对的一般情况：

$$\frac{\partial\phi}{\partial Z(\tau)}=-\int\frac{\partial u\left(Z(\tau)|\ \tau_{g},t;\tau_{s}\right)}{\partial Z(\tau)}\delta u\left(\tau_{g},t;\tau_{s}\right)\mathrm{d}t \tag{D.16}$$

根据公式（D.13），梯度可表示为

$$\frac{\partial\phi}{\partial Z(\tau)}=\int\left(4\frac{\partial g\left(\tau,t;\tau_{g},0\right)}{\partial\tau}*\frac{\partial u_{0}\left(\tau,t;\tau_{s}\right)}{\partial\tau}-\frac{\partial g\left(\tau,t;\tau_{g},0\right)}{\partial t}*\frac{\partial u_{0}\left(\tau,t;\tau_{s}\right)}{\partial t}\right)\delta u\left(\tau_{g},t;\tau_{s}\right)\mathrm{d}t \tag{D.17}$$

通过以下两式（Tarantola，1984）：

$$\int[g(t)*h(t)]f(t)\mathrm{d}t=\int[g(-t)*h(t)]h(t)\mathrm{d}t \tag{D.18}$$

与

$$g(\tau,-t;\tau',0)=g(\tau,0;\tau',t) \tag{D.19}$$

将公式（D.17）转化为

$$\begin{aligned}\frac{\partial\phi}{\partial Z(\tau)}=\int\Bigg[&4\left(\frac{\partial g\left(\tau,0;\tau_{g},t\right)}{\partial\tau}*\delta u\left(\tau_{g},t;\tau_{s}\right)\right)\frac{\partial u_{0}\left(\tau,t;\tau_{s}\right)}{\partial\tau}\\&-\left(\frac{\partial g\left(\tau,0;\tau_{g},t\right)}{\partial t}*\delta u\left(\tau_{g},t;\tau_{s}\right)\right)\frac{\partial u_{0}\left(\tau,t;\tau_{s}\right)}{\partial t}\Bigg]\mathrm{d}t\end{aligned} \tag{D.20}$$

定义反向传播波场为

$$u_{b}\left(\tau,t;\tau_{s}\right)=g\left(\tau,0;\tau_{g},t\right)*\delta u\left(\tau_{g},t;\tau_{s}\right) \tag{D.21}$$

可得梯度：

$$\frac{\partial\phi}{\partial Z(\tau)}=\int\left(4\frac{\partial u_{b}\left(\tau,t;\tau_{s}\right)}{\partial\tau}\frac{\partial u_{0}\left(\tau,t;\tau_{s}\right)}{\partial\tau}-\frac{\partial u_{b}\left(\tau,t;\tau_{s}\right)}{\partial t}\frac{\partial u_{0}\left(\tau,t;\tau_{s}\right)}{\partial t}\right)\mathrm{d}t \tag{D.22}$$

对于多道接收的情况，式（D.21）右侧应为所有道的总和。对于多震源情况，式（D.22）右侧应为所有震源的总和。

式（D.22）表明梯度向量是通过两个波场一阶导数的互相关计算的。两个波场包括：由震源产生的正传波场 $u_0(\tau,\ t)$；由虚震源（数据残差）产生的反传播波场 $u_b(\tau,\ t)$（Tarantola，1984；Gauthier et al.，1986）。两种波场都是基于当前模型估计得到的。

练习及答案

1. 对于线性系统 $\boldsymbol{Gx}=\boldsymbol{d}$，其中，

$$\boldsymbol{G}=\begin{bmatrix}1 & 1\\10 & 11\end{bmatrix},\quad \boldsymbol{d}=\begin{bmatrix}11\\111\end{bmatrix}$$

方程解为 $\boldsymbol{x}=[10\quad 1]^{\mathrm{T}}$。假设数据包含少量误差，

$$\tilde{\boldsymbol{d}}=\boldsymbol{d}+\boldsymbol{e}=\begin{bmatrix}11\\11\end{bmatrix}+\begin{bmatrix}0.1\\0\end{bmatrix}$$

则 $\boldsymbol{Gx}=\boldsymbol{d}$ 的解为 $\boldsymbol{x}=[11.1\quad 0]^{\mathrm{T}}$。问：为什么数据向量 $\boldsymbol{d}$ 中的小误差会导致解 $\boldsymbol{x}$ 中的巨大差异？

答：对于 2×2 矩阵：

$$\boldsymbol{G}=\begin{bmatrix}1 & 1\\10 & 11\end{bmatrix}$$

两个特征值为

$$\lambda_{1,2}=6\pm\sqrt{35}$$

两特征值之比值（即线性系统条件数）为

$$\frac{\lambda_1}{\lambda_2}=\left(6+\sqrt{35}\right)^2\approx 142$$

由于条件数较高，因此该问题是病态的。小的数据误差，$\boldsymbol{e}=[0.1\quad 0]^{\mathrm{T}}$，即会引起解的较大扰动，$\Delta\boldsymbol{x}=[1.1\quad -1]^{\mathrm{T}}$。

2. 向量的范数是距离的量度。问：解释 $\boldsymbol{L}_1$，$\boldsymbol{L}_2$ 和 $\boldsymbol{L}_\infty$ 范数的物理意义。对于向量 $\boldsymbol{x}=[9,\ -12]^{\mathrm{T}}$，计算 $\|\boldsymbol{x}\|_1$，$\|\boldsymbol{x}\|_2$ 和 $\|\boldsymbol{x}\|_\infty$。

答：L_1 范数 $\|\boldsymbol{x}\|_1$ 的物理意义是出租车几何中的距离，或是矩形街道网格中的城市模块距离。

L_2 范数 $\|\boldsymbol{x}\|_2$ 是从原点到点 $\boldsymbol{x}$ 的欧几里得距离。

L_∞ 范数 $\|\boldsymbol{x}\|_\infty$ 是出租车经过的最长街道。

对于向量 $\boldsymbol{x}=[9,\ -12]^{\mathrm{T}}$：$L_1$ 范数为 $\|\boldsymbol{x}\|_1=\sum_i |x_i|=21$；$L_2$ 范数为 $\|\boldsymbol{x}\|_2=\left(\sum_i x_i^2\right)^{1/2}=15$；

L_∞ 范数为 $\|\boldsymbol{x}\|_\infty = \max|x_i| = 12$。

3. 对于 2×2 矩阵，其行列式为：

$$\det(\boldsymbol{A}) = \begin{vmatrix} a_{11} & a_{12} \\ a_{21} & a_{22} \end{vmatrix}$$

证明：这个 2×2 矩阵的行列式的绝对值，等于由两个行向量构成的平行四边形的面积。

答：矩阵 $\boldsymbol{A}$ 的两个行向量 $\boldsymbol{r}_1$ 和 $\boldsymbol{r}_2$ 可构成一个平行四边形：

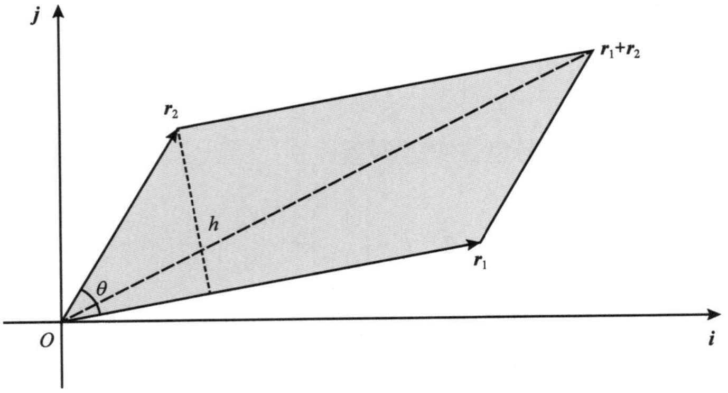

其中，h 为平行四边形高度，θ 代表两向量 $\boldsymbol{r}_1$ 和 $\boldsymbol{r}_2$ 之间的夹角，$\boldsymbol{i}$ 和 $\boldsymbol{j}$ 为两个基向量。

此平行四边形的面积是模 $\|\boldsymbol{r}_1\|$ 乘以高度 $h=\|\boldsymbol{r}_2\|\sin\theta$：

$$\|\boldsymbol{r}_1\|h = \|\boldsymbol{r}_1\|\|\boldsymbol{r}_2\|\sin\theta = \|\boldsymbol{r}_1 \times \boldsymbol{r}_2\|$$

该方程表明平行四边形的面积为两行向量叉乘的模。

三维空间中，两向量 $\boldsymbol{r}_1=[a_{11} \quad a_{12} \quad 0]^{\mathrm{T}}$ 和 $\boldsymbol{r}_2=[a_{21} \quad a_{22} \quad 0]^{\mathrm{T}}$ 的叉乘为

$$\boldsymbol{r}_1 \times \boldsymbol{r}_2 = \begin{vmatrix} \boldsymbol{i} & \boldsymbol{j} & \boldsymbol{k} \\ a_{11} & a_{12} & 0 \\ a_{21} & a_{22} & 0 \end{vmatrix} = \begin{vmatrix} a_{12} & 0 \\ a_{22} & 0 \end{vmatrix}\boldsymbol{i} - \begin{vmatrix} a_{11} & 0 \\ a_{21} & 0 \end{vmatrix}\boldsymbol{j} + \begin{vmatrix} a_{11} & a_{12} \\ a_{21} & a_{22} \end{vmatrix}\boldsymbol{k}$$

$$= 0\boldsymbol{i} - 0\boldsymbol{j} + \begin{vmatrix} a_{11} & a_{12} \\ a_{21} & a_{22} \end{vmatrix}\boldsymbol{k}$$

其中，$\boldsymbol{i}$, $\boldsymbol{j}$ 和 $\boldsymbol{k}$ 为标准基向量。上式表明该平行四边形的面积等于矩阵行列式的绝对值：

$$\|\boldsymbol{r}_1 \times \boldsymbol{r}_2\| = \left|\det\begin{pmatrix} a_{11} & a_{12} \\ a_{21} & a_{22} \end{pmatrix}\right|$$

注意，当平行四边形的夹角沿顺时针方向旋转时，“面积”为负值，因此行列式也为负值。

4. 对于 3×3 矩阵：

$$\boldsymbol{A} = \begin{bmatrix} 2 & 1 & 1 \\ 3 & 2 & 1 \\ 2 & 1 & 2 \end{bmatrix}$$

用 Gauss-Jordan 消去法求解其逆矩阵。

答：增广矩阵 $[\boldsymbol{A}|\boldsymbol{I}]$ 为

$$\left[\begin{array}{ccc|ccc} 2 & 1 & 1 & 1 & 0 & 0 \\ 3 & 2 & 1 & 0 & 1 & 0 \\ 2 & 1 & 2 & 0 & 0 & 1 \end{array}\right]$$

定义 $\boldsymbol{r}_k$ 为第 k 行元素，进行如下行变换：

$$\begin{array}{r} \boldsymbol{r}_2 - \dfrac{3}{2}\boldsymbol{r}_1 \Rightarrow \boldsymbol{r}_2 \\ \boldsymbol{r}_3 - \boldsymbol{r}_1 \Rightarrow \boldsymbol{r}_3 \end{array} \left[\begin{array}{ccc|ccc} 2 & 1 & 1 & 1 & 0 & 0 \\ 0 & \dfrac{1}{2} & -\dfrac{1}{2} & -\dfrac{3}{2} & 1 & 0 \\ 0 & 0 & 1 & -1 & 0 & 1 \end{array}\right]$$

$$\boldsymbol{r}_2 + \frac{1}{2}\boldsymbol{r}_3 \Rightarrow \boldsymbol{r}_2 \left[\begin{array}{ccc|ccc} 2 & 1 & 1 & 1 & 0 & 0 \\ 0 & \dfrac{1}{2} & 0 & -2 & 1 & \dfrac{1}{2} \\ 0 & 0 & 1 & -1 & 0 & 1 \end{array}\right]$$

$$\boldsymbol{r}_1 - 2\boldsymbol{r}_2 \Rightarrow \boldsymbol{r}_1 \left[\begin{array}{ccc|ccc} 2 & 0 & 1 & 5 & -2 & -1 \\ 0 & \dfrac{1}{2} & 0 & -2 & 1 & \dfrac{1}{2} \\ 0 & 0 & 1 & -1 & 0 & 1 \end{array}\right]$$

$$\boldsymbol{r}_1 - \boldsymbol{r}_3 \Rightarrow \boldsymbol{r}_1 \left[\begin{array}{ccc|ccc} 2 & 0 & 0 & 6 & -2 & -2 \\ 0 & \dfrac{1}{2} & 0 & -2 & 1 & \dfrac{1}{2} \\ 0 & 0 & 1 & -1 & 0 & 1 \end{array}\right]$$

则对角元素的乘积：$2 \times \dfrac{1}{2} \times 1 = 1$，即 $\boldsymbol{A}$ 的行列式。

Gauss-Jordan 的最后步骤是将每行除以其主对角元素，则新的对角元素为 1：

$$\begin{array}{r} \dfrac{1}{2}\boldsymbol{r}_1 \Rightarrow \boldsymbol{r}_1 \\ 2\boldsymbol{r}_2 \Rightarrow \boldsymbol{r}_2 \end{array} \left[\begin{array}{ccc|ccc} 1 & 0 & 0 & 3 & -1 & -1 \\ 0 & 1 & 0 & -4 & 2 & 1 \\ 0 & 0 & 1 & -1 & 0 & 1 \end{array}\right]$$

将增广矩阵 $[\boldsymbol{A}|\boldsymbol{I}]$ 行简化为 $[\boldsymbol{I}|\boldsymbol{A}^{-1}]$，则该六列矩阵的后半部分即逆矩阵 $\boldsymbol{A}^{-1}$：

$$\boldsymbol{A}^{-1} = \begin{bmatrix} 3 & -1 & -1 \\ -4 & 2 & 1 \\ -1 & 0 & 1 \end{bmatrix}$$

5. 证明以下矩阵是满秩矩阵：

$$\boldsymbol{G} = \begin{bmatrix} -1 & 3 & 4 \\ 1 & -1 & 3 \\ 0 & -1 & 2 \\ 2 & -3 & 1 \end{bmatrix}$$

答：对于 $M \geqslant N$ 的矩阵，若秩（$\boldsymbol{G}$）$=N$，则为满秩矩阵。

秩的物理意义是系统中独立线性方程的数目。因此，确定秩的基本思想是对给定的矩阵行变换，转化为一个可以易于观察其秩的等价矩阵：

$$\begin{bmatrix} -1 & 3 & 4 \\ 1 & -1 & 3 \\ 0 & -1 & 2 \\ 2 & -3 & 1 \end{bmatrix} \Rightarrow \begin{matrix} \boldsymbol{r}_1 + \boldsymbol{r}_2 \Rightarrow \boldsymbol{r}_2 \\ 2\boldsymbol{r}_2 - \boldsymbol{r}_4 \Rightarrow \boldsymbol{r}_4 \end{matrix} \begin{bmatrix} -1 & 3 & 4 \\ 0 & 2 & 7 \\ 0 & -1 & 2 \\ 0 & 1 & 5 \end{bmatrix}$$

$$\Rightarrow \begin{matrix} \boldsymbol{r}_2 + 2\boldsymbol{r}_3 \Rightarrow \boldsymbol{r}_3 \\ \boldsymbol{r}_3 + \boldsymbol{r}_4 \Rightarrow \boldsymbol{r}_4 \end{matrix} \begin{bmatrix} -1 & 3 & 4 \\ 0 & 2 & 7 \\ 0 & 0 & 11 \\ 0 & 0 & 7 \end{bmatrix} \Rightarrow \quad \boldsymbol{r}_3 - \frac{11}{7}\boldsymbol{r}_4 \Rightarrow \boldsymbol{r}_4 \begin{bmatrix} -1 & 3 & 4 \\ 0 & 2 & 7 \\ 0 & 0 & 11 \\ 0 & 0 & 0 \end{bmatrix}$$

变换后的矩阵有三个非零对角元素。因此，原矩阵的秩（$\boldsymbol{G}$）$=3=N$，$\boldsymbol{G}$ 为满秩矩阵。

6. 对于线性方程组 $\boldsymbol{Gx}=\boldsymbol{d}$，当 $\boldsymbol{G}^{\mathrm{T}}\boldsymbol{G}$ 为非奇异或奇异时，求 $\boldsymbol{x}$ 的最小二乘法解。

答：定义最小二乘法意义下的目标函数：

$$\phi(\boldsymbol{x}) = \|\boldsymbol{d} - \boldsymbol{Gx}\|^2$$

最小化：

$$\frac{\partial \phi(\boldsymbol{x})}{\partial \boldsymbol{x}} = -2\boldsymbol{G}^{\mathrm{T}}(\boldsymbol{d} - \boldsymbol{Gx}) = \boldsymbol{0}$$

可得线性方程：

$$\boldsymbol{G}^{\mathrm{T}}\boldsymbol{Gx}=\boldsymbol{G}^{\mathrm{T}}\boldsymbol{d}$$

如果方阵 $\boldsymbol{G}^{\mathrm{T}}\boldsymbol{G}$ 非奇异，则其逆矩阵 $[\boldsymbol{G}^{\mathrm{T}}\boldsymbol{G}]^{-1}$ 存在。最小二乘法解为

$$\boldsymbol{x}=[\boldsymbol{G}^{\mathrm{T}}\boldsymbol{G}]^{-1}\boldsymbol{G}^{\mathrm{T}}\boldsymbol{d}$$

如果 $\boldsymbol{G}^{\mathrm{T}}\boldsymbol{G}$ 奇异，则反问题需要正则化。目标函数可定义为

$$\phi(\boldsymbol{x}) = \|\boldsymbol{d} - \boldsymbol{Gx}\|^2 + \mu\|\boldsymbol{x}\|^2$$

其中，μ 为正则化因子。因此，最小二乘法解为

$$\boldsymbol{x}=[\boldsymbol{G}^{\mathrm{T}}\boldsymbol{G}+\mu\boldsymbol{I}]^{-1}\boldsymbol{G}^{\mathrm{T}}\boldsymbol{d}$$

此处，在方阵 $\boldsymbol{G}^{\mathrm{T}}\boldsymbol{G}$ 的主对角线上加上一个小的正值 μ，从而使得矩阵 $[\boldsymbol{G}^{\mathrm{T}}\boldsymbol{G}+\mu\boldsymbol{I}]$ 可逆。

7. 证明最小二乘法问题 $\boldsymbol{G}^{\mathrm{T}}\boldsymbol{Gx}=\boldsymbol{G}^{\mathrm{T}}\boldsymbol{d}$ 与 $\boldsymbol{Gx}=\boldsymbol{d}$ 相同，其中 $\boldsymbol{Q}$ 为正交矩阵。

答：$\boldsymbol{G}^{\mathrm{T}}\boldsymbol{Gx}=\boldsymbol{G}^{\mathrm{T}}\boldsymbol{d}$ 对应的最小二乘法问题是对 L_2 范数 $\|\boldsymbol{Q}^{\mathrm{T}}\boldsymbol{d} - \boldsymbol{Q}^{\mathrm{T}}\boldsymbol{Gx}\|^2$ 进行最小化。$\boldsymbol{Gx}=\boldsymbol{d}$ 对应的最小二乘法问题是对 L_2 范数 $\|\boldsymbol{d} - \boldsymbol{Gx}\|^2$ 进行最小化。$\boldsymbol{Q}$ 为正交矩阵，即 $\boldsymbol{QQ}^{\mathrm{T}}=\boldsymbol{I}$，可验证：

$$\|\boldsymbol{Q}^{\mathrm{T}}\boldsymbol{d}-\boldsymbol{Q}^{\mathrm{T}}\boldsymbol{G}\boldsymbol{x}\|^2=\left(\boldsymbol{Q}^{\mathrm{T}}\boldsymbol{d}-\boldsymbol{Q}^{\mathrm{T}}\boldsymbol{G}\boldsymbol{x}\right)^{\mathrm{T}}\left(\boldsymbol{Q}^{\mathrm{T}}\boldsymbol{d}-\boldsymbol{Q}^{\mathrm{T}}\boldsymbol{G}\boldsymbol{x}\right)$$
$$=(\boldsymbol{d}-\boldsymbol{G}\boldsymbol{x})^{\mathrm{T}}\boldsymbol{Q}\boldsymbol{Q}^{\mathrm{T}}(\boldsymbol{d}-\boldsymbol{G}\boldsymbol{x})=(\boldsymbol{d}-\boldsymbol{G}\boldsymbol{x})^{\mathrm{T}}(\boldsymbol{d}-\boldsymbol{G}\boldsymbol{x})$$
$$=\|\boldsymbol{d}-\boldsymbol{G}\boldsymbol{x}\|^2$$

因此，对于任何正交矩阵 $\boldsymbol{Q}$，$\boldsymbol{Q}^{\mathrm{T}}$ 变换不会改变其 L_2 范数。

8. 对于 2×2 矩阵：

$$\boldsymbol{A}=\begin{bmatrix} a & b \\ c & d \end{bmatrix}$$

计算特征值，并证明特征值的乘积等于行列式，$\det|\boldsymbol{A}|=ad-bc$，且特征值之和等于迹，迹（$\boldsymbol{A}$）$=a+d$。

答：特征方程为

$$\begin{vmatrix} a-\lambda & b \\ c & d-\lambda \end{vmatrix}=0$$

解该方程：

$$\lambda^2-(a+d)\lambda+ad-bc=0$$

可得两个特征值为

$$\lambda_{1,2}=\frac{1}{2}\left(a+d\pm\sqrt{(a-d)^2+4bc}\right)$$

对这两个特征值进行换算，可以证明：

$$\lambda_1\lambda_2=\frac{1}{4}\left\{(a+d)^2-\left[(a-d)^2+4bc\right]\right\}=ad-bc$$

且：

$$\lambda_1+\lambda_2=a+d$$

9. 对于 2×2 矩阵：

$$\boldsymbol{A}=\begin{bmatrix} 1 & 1 \\ 1-\varepsilon & 1 \end{bmatrix}$$

计算矩阵 $\boldsymbol{A}$ 和 $\boldsymbol{A}^{\mathrm{T}}\boldsymbol{A}$ 的特征值，并估计矩阵 $\boldsymbol{A}$ 的特征值之比以及 $\boldsymbol{A}^{\mathrm{T}}\boldsymbol{A}$ 的特征值之比，取 $\varepsilon=0.01$。

答：矩阵 $\boldsymbol{A}$ 的特征值为

$$\lambda_{1,2}=1\pm\sqrt{1-\varepsilon}$$

矩阵 $\boldsymbol{A}$ 的这两特征值之比为

$$\frac{\lambda_1}{\lambda_2}=\frac{1+\sqrt{1-\varepsilon}}{1-\sqrt{1-\varepsilon}}\approx\frac{4}{\varepsilon}-2$$

当 $\varepsilon=0.01$ 时，其特征值比为：$\lambda_1/\lambda_2\approx398$。

对矩阵 $\boldsymbol{A}^{\mathrm{T}}\boldsymbol{A}$ 进行如下变换：

$$\boldsymbol{A}^{\mathrm{T}}\boldsymbol{A}=\begin{bmatrix}a_1 & b_1\\ b_1 & a_2\end{bmatrix}\Rightarrow\boldsymbol{P}\left(\boldsymbol{A}^{\mathrm{T}}\boldsymbol{A}\right)\boldsymbol{P}^{\mathrm{T}}=\begin{bmatrix}\bar{a}_1 & 0\\ 0 & \bar{a}_2\end{bmatrix}$$

其中，$\boldsymbol{P}$ 为正交矩阵。若 $\boldsymbol{P}$ 为顺时针旋转矩阵，则 $\boldsymbol{P}^{\mathrm{T}}$ 为逆时针旋转矩阵。具体变换过程如下：

$$\begin{bmatrix}c & s\\ -s & c\end{bmatrix}\begin{bmatrix}a_1 & b_1\\ b_1 & a_2\end{bmatrix}\begin{bmatrix}c & -s\\ s & c\end{bmatrix}$$
$$=\begin{bmatrix}a_1c^2+a_2s^2+2b_1cs & (a_2-a_1)cs+b_1\left(c^2-s^2\right)\\ (a_2-a_1)cs+b_1\left(c^2-s^2\right) & a_1s^2+a_2c^2-2b_1cs\end{bmatrix}=\begin{bmatrix}\bar{a}_1 & 0\\ 0 & \bar{a}_2\end{bmatrix}$$

经变换，矩阵中两非对角元素变为零。因此，可得如下方程组：

$$c^2+s^2=1,\quad (a_2-a_1)cs+b_1\left(c^2-s^2\right)=0$$

该方程组的解为

$$c^2=\frac{1}{2}\left(1-\frac{a_2-a_1}{r}\right),\quad s^2=\frac{1}{2}\left(1+\frac{a_2-a_1}{r}\right),\quad cs=\frac{b_1}{r}$$

且，

$$r=\sqrt{(a_1-a_2)^2+4b_1^2}$$

变换矩阵中的两个对角元素为

$$\bar{a}_1=\frac{1}{2}(a_1+a_2+r),\quad \bar{a}_2=\frac{1}{2}(a_1+a_2-r)$$

本练习中，

$$\boldsymbol{A}^{\mathrm{T}}\boldsymbol{A}=\begin{bmatrix}2 & 2-\varepsilon\\ 2-\varepsilon & 1+(1-\varepsilon)^2\end{bmatrix}$$

且：

$$\boldsymbol{P}\left(\boldsymbol{A}^{\mathrm{T}}\boldsymbol{A}\right)\boldsymbol{P}^{\mathrm{T}}=\begin{bmatrix}2-\varepsilon+\dfrac{\varepsilon^2}{2}+\dfrac{r}{2} & 0\\ 0 & 2-\varepsilon+\dfrac{\varepsilon^2}{2}-\dfrac{r}{2}\end{bmatrix}$$

其中，

$$r=(2-\varepsilon)\sqrt{4+\varepsilon^2}$$

因此，矩阵 $\boldsymbol{A}^{\mathrm{T}}\boldsymbol{A}$ 的特征值为

$$\lambda_{1,2}^2\equiv\bar{a}_{1,2}=2-\varepsilon+\frac{\varepsilon^2}{2}\pm\frac{r}{2}$$

两特征值之比为

$$\frac{\lambda_1^2}{\lambda_2^2}\equiv\frac{\bar{a}_1}{\bar{a}_2}=\frac{4-2\varepsilon+\varepsilon^2+r}{4-2\varepsilon+\varepsilon^2-r}$$

对于 $\varepsilon=0.01$，$r\approx3.98004975$，$\bar{a}_1\approx3.98$，$\bar{a}_2\approx2.4875\times10^{-5}$，可得 $\lambda_1^2/\lambda_2^2\approx1.6\times10^5$。

10. 对于 2×2 矩阵，$\boldsymbol{A}=\begin{bmatrix}1&2\\3&4\end{bmatrix}$，根据特征值计算 $\boldsymbol{A}$ 和 $\boldsymbol{A}^{\mathrm{T}}\boldsymbol{A}$ 的条件数。

答：矩阵 $\boldsymbol{A}$ 的特征方程为

$$\begin{vmatrix}1-\lambda&2\\3&4-\lambda\end{vmatrix}=0$$

求解该方程，$\lambda^2-5\lambda-2=0$，可得两特征值为

$$\lambda_{1,2}=\frac{5\pm\sqrt{33}}{2}$$

因此，矩阵 $\boldsymbol{A}$ 的条件数为 $|\lambda_1/\lambda_2|=\frac{1}{4}\left(29+5\times\sqrt{33}\right)\approx14.43$。

矩阵 $\boldsymbol{A}^{\mathrm{T}}\boldsymbol{A}=\begin{bmatrix}10&14\\14&20\end{bmatrix}$ 的特征方程为

$$\begin{vmatrix}10-\lambda^2&14\\14&20-\lambda^2\end{vmatrix}=0$$

求解方程 $\lambda^4-30\lambda^2+4=0$，可得两特征值为

$$\lambda_{1,2}^2=15\pm\sqrt{221}$$

矩阵 $\boldsymbol{A}^{\mathrm{T}}\boldsymbol{A}$ 的条件数为 $\lambda_1^2/\lambda_2^2=\frac{1}{2}\left(223+15\times\sqrt{221}\right)\approx223$。

也可用另一种方法计算，根据上一练习中介绍的公式：

$$r=\sqrt{(a_1-a_2)^2+4b_1^2}$$

$$\bar{a}_{1,2}=\frac{1}{2}(a_1+a_2\pm r)$$

其中，对称矩阵中的元素为 a_1=10，a_2=20，b_1=14 进一步可得：

$$r = 2 \times \sqrt{221}$$

$$\lambda_{1,2}^2 \equiv \bar{a}_{1,2} = 15 \pm \sqrt{221}$$

矩阵 $\boldsymbol{A}^{\mathrm{T}}\boldsymbol{A}$ 的条件数为 $\lambda_1^2/\lambda_2^2 \approx 223$。

11. 给出一个 2×3 矩阵：

$$\boldsymbol{G} = \begin{bmatrix} 1 & 1 & 0 \\ 0 & 0 & 1 \end{bmatrix}$$

（1）求 $\boldsymbol{G}^{\mathrm{T}}\boldsymbol{G}$ 和 $\boldsymbol{G}\boldsymbol{G}^{\mathrm{T}}$ 的特征值，

（2）对该矩阵进行奇异值分解，

（3）并验证 $\boldsymbol{G}=\boldsymbol{U}\boldsymbol{\Lambda}\boldsymbol{V}^{\mathrm{T}}$。

答：（1）对于方阵 $\boldsymbol{G}^{\mathrm{T}}\boldsymbol{G}$：

$$\boldsymbol{G}^{\mathrm{T}}\boldsymbol{G} = \begin{bmatrix} 1 & 1 & 0 \\ 1 & 1 & 0 \\ 0 & 0 & 1 \end{bmatrix}$$

需找到特征多项式的根以求解其特征值：

$$\det\left(\boldsymbol{G}^{\mathrm{T}}\boldsymbol{G}\right) = \begin{vmatrix} 1-\lambda^2 & 1 & 0 \\ 1 & 1-\lambda^2 & 0 \\ 0 & 0 & 1-\lambda^2 \end{vmatrix} = 0$$

$$\left(1-\lambda^2\right)^3 - \left(1-\lambda^2\right) = \lambda^2\left(1-\lambda^2\right)\left(\lambda^2-2\right) = 0$$

因此，三个特征值是：

$$\lambda_1^2 = 2, \quad \lambda_2^2 = 1, \quad \lambda_3^2 = 0$$

对于方阵 $\boldsymbol{G}\boldsymbol{G}^{\mathrm{T}}$：

$$\boldsymbol{G}\boldsymbol{G}^{\mathrm{T}} = \begin{bmatrix} 2 & 0 \\ 0 & 1 \end{bmatrix}$$

由于 $\boldsymbol{G}\boldsymbol{G}^{\mathrm{T}}$ 为对角矩阵，其对角元即为特征值：

$$\det\left(\boldsymbol{G}\boldsymbol{G}^{\mathrm{T}}\right) = \begin{vmatrix} 2-\lambda^2 & 0 \\ 0 & 1-\lambda^2 \end{vmatrix} = 0$$

且，

$$\lambda_1^2 = 2, \lambda_2^2 = 1$$

（2）首先，通过求解特征值计算特征向量 $\boldsymbol{u}_i$

$$\boldsymbol{G}\boldsymbol{G}^{\mathrm{T}}\boldsymbol{u}_i = \lambda_i^2\boldsymbol{u}_i$$

计算可得 λ_1^2=2，λ_2^2=1，因此，

$$\begin{bmatrix} 2 & 0 \\ 0 & 1 \end{bmatrix}\begin{bmatrix} u_{11} \\ u_{21} \end{bmatrix} = 2\begin{bmatrix} u_{11} \\ u_{21} \end{bmatrix}, \quad \boldsymbol{u}_1 = \begin{bmatrix} 1 \\ 0 \end{bmatrix}$$

$$\begin{bmatrix} 2 & 0 \\ 0 & 1 \end{bmatrix}\begin{bmatrix} u_{11} \\ u_{21} \end{bmatrix} = \begin{bmatrix} u_{11} \\ u_{21} \end{bmatrix}, \quad \boldsymbol{u}_2 = \begin{bmatrix} 0 \\ 1 \end{bmatrix}$$

且，

$$\boldsymbol{U} = \begin{bmatrix} 1 & 0 \\ 0 & 1 \end{bmatrix}$$

之后，通过求解特征值计算特征向量 $\boldsymbol{v}_i$：

$$\boldsymbol{G}^{\mathrm{T}}\boldsymbol{G}\boldsymbol{v}_i = \lambda_i^2\boldsymbol{v}_i，\text{其中}\lambda_1^2 = 2,\ \lambda_2^2 = 1,\ \lambda_3^2 = 0$$

λ_1^2=2 时，

$$\begin{bmatrix} 1 & 1 & 0 \\ 1 & 1 & 0 \\ 0 & 0 & 1 \end{bmatrix}\begin{bmatrix} v_{11} \\ v_{21} \\ v_{31} \end{bmatrix} = 2\begin{bmatrix} v_{11} \\ v_{21} \\ v_{31} \end{bmatrix}$$

即：$v_{11}=v_{21}$，且 $v_{31}=0$。标准奇异向量为

$$\boldsymbol{v}_1 = \begin{bmatrix} 1/\sqrt{2} \\ 1/\sqrt{2} \\ 0 \end{bmatrix}$$

λ_2^2=1 时，

$$\begin{bmatrix} 1 & 1 & 0 \\ 1 & 1 & 0 \\ 0 & 0 & 1 \end{bmatrix}\begin{bmatrix} v_{12} \\ v_{22} \\ v_{32} \end{bmatrix} = \begin{bmatrix} v_{12} \\ v_{22} \\ v_{32} \end{bmatrix}, \quad \boldsymbol{v}_2 = \begin{bmatrix} 0 \\ 0 \\ 1 \end{bmatrix}$$

λ_3^2=0 时，$\boldsymbol{G}^{\mathrm{T}}\boldsymbol{G}\boldsymbol{v}_3=0$，则需求解 $\boldsymbol{G}\boldsymbol{v}_3=0$ 以找到零空间奇异向量。

$$\begin{bmatrix} 1 & 1 & 0 \\ 0 & 0 & 1 \end{bmatrix}\begin{bmatrix} v_{13} \\ v_{23} \\ v_{33} \end{bmatrix} = \begin{bmatrix} 0 \\ 0 \end{bmatrix}$$

即：$v_{13}+v_{23}=0$，$v_{33}=0$，因此正则化模型零空间奇异向量为

$$\boldsymbol{v}_3=\begin{bmatrix}-1/\sqrt{2}\\1/\sqrt{2}\\0\end{bmatrix}$$

因此，模型空间奇异向量的矩阵形式为

$$\boldsymbol{V}=\begin{bmatrix}1/\sqrt{2}&0&-1/\sqrt{2}\\1/\sqrt{2}&0&1/\sqrt{2}\\0&1&1\end{bmatrix}$$

（3）奇异值矩阵为

$$\boldsymbol{\Lambda}=\begin{bmatrix}\sqrt{2}&0&0\\0&1&0\end{bmatrix}$$

可直接验证奇异值分解：

$$\boldsymbol{G}=\boldsymbol{U\Lambda V}^{\mathrm{T}}=\begin{bmatrix}1&0\\0&1\end{bmatrix}\begin{bmatrix}\sqrt{2}&0&0\\0&1&0\end{bmatrix}\begin{bmatrix}1/\sqrt{2}&1/\sqrt{2}&0\\0&0&1\\-1/\sqrt{2}&1/\sqrt{2}&0\end{bmatrix}$$
$$=\begin{bmatrix}1&1&0\\0&0&1\end{bmatrix}$$

12. 对于矩阵 $\boldsymbol{A}=\begin{bmatrix}2&1\\1&2\end{bmatrix}$，计算 $\|\boldsymbol{A}\|_1$，$\|\boldsymbol{A}\|_2$ 和 $\|\boldsymbol{A}\|_\infty$

答：L_1 范数为矩阵各列绝对值之和的最大值：

$$\|\boldsymbol{A}\|_1=\max_{1\leqslant j\leqslant N}\sum_{i=1}^{N}|a_{ij}|=3$$

对于 L_2 范数，首先计算矩阵的最大特征值。矩阵 $\boldsymbol{A}$ 的特征方程为

$$\begin{vmatrix}2-\lambda&1\\1&2-\lambda\end{vmatrix}=0$$

用因式分解法求解该方程可得

$$(\lambda-3)(\lambda-1)=0$$
$$\lambda_1=3,\ \lambda_2=1$$

因此，$\|\boldsymbol{A}\|_2=3$。

L_∞（无穷范数）是行绝对值之和中的最大值：

$$\|\boldsymbol{A}\|_\infty=\max_{1\leqslant j\leqslant N}\sum_{i=1}^{N}|a_{ij}|=3$$

本例中，$\|\boldsymbol{A}\|_1=\|\boldsymbol{A}\|_2=\|\boldsymbol{A}\|_\infty=3$，且满足：

$$\|\boldsymbol{A}\|_2^2\leqslant\|\boldsymbol{A}\|_1\|\boldsymbol{A}\|_\infty$$

13. 最速下降法定义步长为 $\alpha=(\boldsymbol{e},\boldsymbol{e})/(\boldsymbol{e},\boldsymbol{Ae})$，其中 $\boldsymbol{e}=\boldsymbol{b}-\boldsymbol{Ax}$ 为残差向量。验证

$$\phi(\boldsymbol{x}+2\alpha\boldsymbol{e})=\phi(\boldsymbol{x})$$

答：由于误差 $\phi(\boldsymbol{x})$ 为变量 $\boldsymbol{x}$ 的二次函数：

$$\phi(\boldsymbol{x})=(\boldsymbol{x},\boldsymbol{Ax})-2(\boldsymbol{b},\boldsymbol{x})+\left(\boldsymbol{b},\boldsymbol{A}^{-1}\boldsymbol{b}\right)$$

可得：

$$\begin{aligned}
&\phi\left(\boldsymbol{x}^{(k)}+2\alpha\boldsymbol{e}^{(k)}\right)\\
&=\left[\left(\boldsymbol{x}^{(k)}+2\alpha\boldsymbol{e}^{(k)}\right),\boldsymbol{A}\left(\boldsymbol{x}^{(k)}+2\alpha\boldsymbol{e}^{(k)}\right)\right]-2\left[\boldsymbol{b}\left(\boldsymbol{x}^{(k)}+2\alpha\boldsymbol{e}^{(k)}\right)\right]+\left(\boldsymbol{b},\boldsymbol{A}^{-1}\boldsymbol{b}\right)\\
&=\phi\left(\boldsymbol{x}^{(k)}\right)+4\alpha^2\left(\boldsymbol{e}^{(k)},\boldsymbol{Ae}^{(k)}\right)+2\alpha\left(\boldsymbol{x}^{(k)},\boldsymbol{Ae}^{(k)}\right)+2\alpha\left(\boldsymbol{e}^{(k)},\boldsymbol{Ax}^{(k)}\right)-4\alpha\left(\boldsymbol{b},\boldsymbol{e}^{(k)}\right)\\
&=\phi\left(\boldsymbol{x}^{(k)}\right)+4\alpha^2\left(\boldsymbol{e}^{(k)},\boldsymbol{Ae}^{(k)}\right)+4\alpha\left(\boldsymbol{e}^{(k)},\boldsymbol{Ax}^{(k)}\right)-4\alpha\left(\boldsymbol{b},\boldsymbol{e}^{(k)}\right)\\
&=\phi\left(\boldsymbol{x}^{(k)}\right)+4\alpha^2\left(\boldsymbol{e}^{(k)},\boldsymbol{Ae}^{(k)}\right)-4\alpha\left(\boldsymbol{e}^{(k)},\boldsymbol{e}^{(k)}\right)
\end{aligned}$$

由于 $\alpha=\left(\boldsymbol{e}^{(k)},\boldsymbol{e}^{(k)}\right)/\left(\boldsymbol{e}^{(k)},\boldsymbol{Ae}^{(k)}\right)$，可得

$$\phi\left(\boldsymbol{x}^{(k)}+2\alpha\boldsymbol{e}^{(k)}\right)=\phi\left(\boldsymbol{x}^{(k)}\right)$$

因此，$\boldsymbol{x}^{(k)}$ 和 $\boldsymbol{x}^{(k)}+2\alpha\boldsymbol{e}^{(k)}$ 位于同一等值线 $\phi(\boldsymbol{x}^{(k)})$ 上，$\boldsymbol{x}^{(k+1)}=\boldsymbol{x}^{(k)}+\alpha\boldsymbol{e}^{(k)}$ 位于两者之间的中点。

14. 根据内积定义误差函数 $\phi(\boldsymbol{e})=(\boldsymbol{e},\boldsymbol{A}^{-1}\boldsymbol{e})$，其中 $\boldsymbol{e}$ 代表残差向量，$\boldsymbol{A}$ 为正定对称矩阵。定义步长 $\alpha=\left(\boldsymbol{e}^{(k)},\boldsymbol{e}^{(k)}\right)/\left(\boldsymbol{e}^{(k)},\boldsymbol{Ae}^{(k)}\right)$，其中 k 为迭代次数，证明最速下降法是收敛的。

答：将 $\boldsymbol{e}=\boldsymbol{b}-\boldsymbol{Ax}$ 代入误差函数可得：

$$\phi(\boldsymbol{x})=(\boldsymbol{x},\boldsymbol{Ax})-2(\boldsymbol{b},\boldsymbol{x})+\left(\boldsymbol{b},\boldsymbol{A}^{-1}\boldsymbol{b}\right)$$

两次连续迭代的误差函数之差为

$$\phi\left(\boldsymbol{x}^{(k+1)}\right)-\phi\left(\boldsymbol{x}^{(k)}\right)=\left(\boldsymbol{x}^{(k+1)},\boldsymbol{Ax}^{(k+1)}\right)-\left(\boldsymbol{x}^{(k)},\boldsymbol{Ax}^{(k)}\right)-2\left(\boldsymbol{b},\boldsymbol{x}^{(k+1)}-\boldsymbol{x}^{(k)}\right)\tag{E.1}$$

代入 $\boldsymbol{x}^{(k+1)}=\boldsymbol{x}^{(k)}+\alpha\boldsymbol{e}^{(k)}$，式（E.1）中的第一个内积可表示为

$$\left(\boldsymbol{x}^{(k+1)},\boldsymbol{A}\boldsymbol{x}^{(k+1)}\right)=\left(\boldsymbol{x}^{(k)},\boldsymbol{A}\boldsymbol{x}^{(k)}\right)+2\alpha\left(\boldsymbol{e}^{(k)},\boldsymbol{A}\boldsymbol{x}^{(k)}\right)+\alpha^2\left(\boldsymbol{e}^{(k)},\boldsymbol{A}\boldsymbol{e}^{(k)}\right)$$

此处假设矩阵 $\boldsymbol{A}$ 对称。式（E.1）中最后一个内积为

$$\left(\boldsymbol{b},\boldsymbol{x}^{(k+1)}-\boldsymbol{x}^{(k)}\right)=\left(\boldsymbol{b},\alpha\boldsymbol{e}^{(k)}\right)=\alpha\left(\boldsymbol{A}\boldsymbol{x}^{(k)},\boldsymbol{e}^{(k)}\right)+\alpha\left(\boldsymbol{e}^{(k)},\boldsymbol{e}^{(k)}\right)$$

则式（E.1）中的误差函数之差转化为

$$\phi\left(\boldsymbol{x}^{(k+1)}\right)-\phi\left(\boldsymbol{x}^{(k)}\right)=\alpha^2\left(\boldsymbol{e}^{(k)},\boldsymbol{A}\boldsymbol{e}^{(k)}\right)-2\alpha\left(\boldsymbol{e}^{(k)},\boldsymbol{e}^{(k)}\right)$$

根据定义 $\alpha=\left(\boldsymbol{e}^{(k)},\boldsymbol{e}^{(k)}\right)/\left(\boldsymbol{e}^{(k)},\boldsymbol{A}\boldsymbol{e}^{(k)}\right)$，可得

$$\phi\left(\boldsymbol{x}^{(k+1)}\right)-\phi\left(\boldsymbol{x}^{(k)}\right)=-\frac{\left(\boldsymbol{e}^{(k)},\boldsymbol{e}^{(k)}\right)^2}{\left(\boldsymbol{e}^{(k)},\boldsymbol{A}\boldsymbol{e}^{(k)}\right)}\leqslant 0$$

对于正定矩阵 $\boldsymbol{A}$ 和所有非零实向量 $\boldsymbol{e}$，$\left(\boldsymbol{e}^{(k)},\boldsymbol{A}\boldsymbol{e}^{(k)}\right)>0$。

由于 $\phi\left(\boldsymbol{x}^{(k+1)}\right)\leqslant\phi\left(\boldsymbol{x}^{(k)}\right)$，因此，对于任何 $\boldsymbol{x}^{(k)}$ 最速下降法一定是收敛的。证明完毕。

15. 采用迭代法求解反问题 $\boldsymbol{Ax=b}$ 时，误差函数定义为二次型：

$$\phi(\boldsymbol{x})=(\boldsymbol{x},\boldsymbol{A}\boldsymbol{x})-2(\boldsymbol{b},\boldsymbol{x})+\left(\boldsymbol{b},\boldsymbol{A}^{-1}\boldsymbol{b}\right)$$

最速下降法沿残差向量 $\boldsymbol{e=b-Ax}$ 定义的方向不断最小化 $\phi(\boldsymbol{x})$。证明这一过程是基于梯度的方法，且当梯度 $\phi'(\boldsymbol{x})$ 为零时，$\boldsymbol{x}$ 即为 $\boldsymbol{Ax=b}$ 的解。

答：误差函数 $\phi(\boldsymbol{x})$ 的梯度为

$$\phi'(\boldsymbol{x})\equiv\frac{\partial\phi}{\partial\boldsymbol{x}}=2(\boldsymbol{A}\boldsymbol{x}-\boldsymbol{b})$$

残差向量 $\boldsymbol{e}$ 与最大梯度成比例关系：

$$\boldsymbol{e}\equiv\boldsymbol{b}-\boldsymbol{A}\boldsymbol{x}=-\frac{1}{2}\phi'(\boldsymbol{x})$$

这证明了最速下降法沿负梯度方向更新估计解。

若 $\phi'(\boldsymbol{x})=0$，则 $\boldsymbol{e}\equiv\boldsymbol{b}-\boldsymbol{Ax}=0$。因此，$\boldsymbol{x}$ 为方程 $\boldsymbol{Ax=b}$ 的解。

16. 假设 $\boldsymbol{Gx=d}$ 的解 $\boldsymbol{x}$ 存在，证明

$$\|\boldsymbol{x}\|^2=\sum_k\lambda_k^{-2}(\boldsymbol{d},\boldsymbol{u}_k)^2$$

其中 $\{\lambda_k^2\}$ 表示 $\boldsymbol{GG}^{\mathrm{T}}$ 的特征值，$\{\boldsymbol{u}_k\}$ 为相应的特征向量，$(\boldsymbol{d},\boldsymbol{u}_k)$ 为两向量的内积。

答：第一步，基于奇异值分解理论，利用与 $\boldsymbol{G}^{\mathrm{T}}\boldsymbol{G}$ 相关的特征向量 $\{\boldsymbol{v}_k\}$ 构建“模型向量” $\boldsymbol{x}$ 的正交基，进而将 $\boldsymbol{x}$ 转化为收敛级数 $(\boldsymbol{x},\boldsymbol{v}_k)\boldsymbol{v}_k$ 之和，且 $\|\boldsymbol{x}\|^2$ 表示为

$$\|\boldsymbol{x}\|^2=\sum_k(\boldsymbol{x},\boldsymbol{v}_k)^2 \tag{E.2}$$

第二步，根据特征向量的定义可知：$\boldsymbol{Gv}=\lambda\boldsymbol{u}$ 和 $\boldsymbol{G}^{\mathrm{T}}\boldsymbol{u}=\lambda\boldsymbol{v}$，有

$$\boldsymbol{v}=\lambda^{-2}\boldsymbol{G}^{\mathrm{T}}\boldsymbol{Gv}$$

将式（E.2）表示为

$$\|\boldsymbol{x}\|^2=\sum_k\lambda_k^{-4}\left(\boldsymbol{x},\boldsymbol{G}^{\mathrm{T}}\boldsymbol{Gv}_k\right)^2 \tag{E.3}$$

第三步，假设 $\boldsymbol{Gx}=\boldsymbol{d}$ 的解 $\boldsymbol{x}$ 存在，则 $\boldsymbol{G}^{\mathrm{T}}\boldsymbol{Gx}=\boldsymbol{G}^{\mathrm{T}}\boldsymbol{d}$。分别计算该式两端与 $\boldsymbol{v}_k$ 的标量积，

$$\left(\boldsymbol{G}^{\mathrm{T}}\boldsymbol{Gx},\boldsymbol{v}_k\right)=\left(\boldsymbol{G}^{\mathrm{T}}\boldsymbol{d},\boldsymbol{v}_k\right)=\left(\boldsymbol{d},\boldsymbol{Gv}_k\right)$$

根据 $\boldsymbol{u}_k$ 的定义可知 $\boldsymbol{Gv}=\lambda\boldsymbol{u}$，因此可得

$$\left(\boldsymbol{G}^{\mathrm{T}}\boldsymbol{Gx},\boldsymbol{v}_k\right)=\lambda_k\left(\boldsymbol{d},\boldsymbol{u}_k\right) \tag{E.4}$$

最后，将式（E.4）代入式（E.3），得证：

$$\|\boldsymbol{x}\|^2=\sum_k\lambda_k^{-2}\left(\boldsymbol{d},\boldsymbol{u}_k\right)^2$$

另一种证明方法是采用奇异值分解的矩阵形式，$\boldsymbol{G}=\boldsymbol{U\Lambda V}^{\mathrm{T}}$。假设 $\boldsymbol{Gx}=\boldsymbol{d}$ 的解 $\boldsymbol{x}$ 存在，则：

$$\boldsymbol{x}=\boldsymbol{V\Lambda}^{-1}\boldsymbol{U}^{\mathrm{T}}\boldsymbol{d}$$

可得：

$$\begin{aligned}\|\boldsymbol{x}\|^2&=\left[\boldsymbol{V\Lambda}^{-1}\boldsymbol{U}^{\mathrm{T}}\boldsymbol{d}\right]^{\mathrm{T}}\boldsymbol{V\Lambda}^{-1}\boldsymbol{U}^{\mathrm{T}}\boldsymbol{d}\\&=\boldsymbol{d}^{\mathrm{T}}\boldsymbol{U\Lambda}^{-2}\boldsymbol{U}^{\mathrm{T}}\boldsymbol{d}\\&=\boldsymbol{\Lambda}^{-2}\left[\boldsymbol{U}^{\mathrm{T}}\boldsymbol{d}\right]^2=\sum_k\lambda_k^{-2}\left(\boldsymbol{d},\boldsymbol{u}_k\right)^2\end{aligned}$$

证明完毕。

17. 共轭梯度法中的步长定义为

$$\alpha=\frac{\left(\boldsymbol{p}^{(k)},\boldsymbol{e}^{(k)}\right)}{\left(\boldsymbol{p}^{(k)},\boldsymbol{A}\boldsymbol{p}^{(k)}\right)}$$

证明 α 等价于：

$$\alpha=\frac{\left(\boldsymbol{e}^{(k)},\boldsymbol{e}^{(k)}\right)}{\left(\boldsymbol{p}^{(k)},\boldsymbol{A}\boldsymbol{p}^{(k)}\right)}$$

答：为证明这两个步长表达式是等价，只需证明$\left(\boldsymbol{p}^{(k)},\boldsymbol{e}^{(k)}\right)=\left(\boldsymbol{e}^{(k)},\boldsymbol{e}^{(k)}\right)$。

假设 $\boldsymbol{z}$ 是线性系统 $\boldsymbol{Ax}=\boldsymbol{b}$ 的真解。对于给定的初始近似解 $\boldsymbol{x}$，将误差 $\boldsymbol{z}-\boldsymbol{x}^{(1)}$ 扩展为线性无关的搜索向量：

$$\boldsymbol{z}-\boldsymbol{x}^{(1)}=\sum_{j=1}^{N}\xi_j\boldsymbol{p}^{(j)}$$

上式两端分别左乘矩阵 $\boldsymbol{A}$，可得

$$\boldsymbol{e}^{(1)}\equiv\boldsymbol{Az}-\boldsymbol{Ax}^{(1)}=\sum_{j=1}^{N}\xi_j\boldsymbol{Ap}^{(j)}$$

此处 $\boldsymbol{b}=\boldsymbol{Az}$。迭代更新解 $\boldsymbol{x}$ 的过程也可看作是一个逐步削减残差项的过程。N 次迭代后，所有分量都被消除，残差 $\boldsymbol{e}^{(N)}=0$。第 k 次迭代的残差为

$$\boldsymbol{e}^{(k)}=\sum_{j=k}^{N}\xi_j\boldsymbol{Ap}^{(j)}$$

计算残差与 $\boldsymbol{p}^{(i)}$ 的内积，对于 $i<k$，考虑（$\boldsymbol{p}^{(i)}$，$\boldsymbol{Ap}^{(j)}$）$=0$ 的情况，若 $i\neq j$，则：

$$\left(\boldsymbol{p}^{(i)},\boldsymbol{e}^{(k)}\right)=\sum_{j=k}^{N}\xi_j\left(\boldsymbol{p}^{(i)},\boldsymbol{Ap}^{(j)}\right)=0,\quad i<k \tag{E.5}$$

此时更新后的搜索方向为

$$\boldsymbol{p}^{(k)}=\boldsymbol{e}^{(k)}+\beta\boldsymbol{p}^{(k-1)}$$

计算搜索方向与 $\boldsymbol{e}^{(k)}$ 的内积，可得

$$\left(\boldsymbol{p}^{(k)},\boldsymbol{e}^{(k)}\right)=\left(\boldsymbol{e}^{(k)},\boldsymbol{e}^{(k)}\right)+\beta\left(\boldsymbol{p}^{(k-1)},\boldsymbol{e}^{(k)}\right)$$

由公式（E.5），$\left(\boldsymbol{p}^{(k-1)},\boldsymbol{e}^{(k)}\right)=0$，可得

$$\left(\boldsymbol{p}^{(k)},\boldsymbol{e}^{(k)}\right)=\left(\boldsymbol{e}^{(k)},\boldsymbol{e}^{(k)}\right)$$

因此可证明步长 α 为

$$\alpha\equiv\frac{\left(\boldsymbol{p}^{(k)},\boldsymbol{e}^{(k)}\right)}{\left(\boldsymbol{p}^{(k)},\boldsymbol{Ap}^{(k)}\right)}=\frac{\left(\boldsymbol{e}^{(k)},\boldsymbol{e}^{(k)}\right)}{\left(\boldsymbol{p}^{(k)},\boldsymbol{Ap}^{(k)}\right)}$$

证明完毕。

18. 共轭梯度法中的共轭系数为

$$\beta=-\frac{\left(\boldsymbol{e}^{(k+1)},\boldsymbol{Ap}^{(k)}\right)}{\left(\boldsymbol{p}^{(k)},\boldsymbol{Ap}^{(k)}\right)}$$

证明共轭系数等价于：

$$\beta=-\frac{\left(\boldsymbol{e}^{(k+1)},\boldsymbol{e}^{(k+1)}\right)}{\left(\boldsymbol{e}^{(k)},\boldsymbol{e}^{(k)}\right)}$$

答：共轭梯度法中的更新后的搜索方向为

$$\boldsymbol{p}^{(k)}=\boldsymbol{e}^{(k)}+\beta\boldsymbol{p}^{(k-1)}$$

计算搜索方向与 $\boldsymbol{Ap}^{(k)}$ 的内积，

$$\left(\boldsymbol{p}^{(k)},\boldsymbol{Ap}^{(k)}\right)=\left(\boldsymbol{e}^{(k)},\boldsymbol{Ap}^{(k)}\right)+\beta\left(\boldsymbol{p}^{(k-1)},\boldsymbol{Ap}^{(k)}\right)$$

由于共轭约束条件 $\left(\boldsymbol{p}^{(k-1)},\ \boldsymbol{Ap}^{(k)}\right)=0$，搜索方向满足以下性质，

$$\left(\boldsymbol{p}^{(k)},\boldsymbol{Ap}^{(k)}\right)=\left(\boldsymbol{e}^{(k)},\boldsymbol{Ap}^{(k)}\right) \tag{E.6}$$

残差更新量为

$$\boldsymbol{e}^{(k+1)}=\boldsymbol{e}^{(k)}-\alpha\boldsymbol{Ap}^{(k)} \tag{E.7}$$

计算 $\boldsymbol{e}^{(k+1)}$ 与 $\boldsymbol{e}^{(k)}$ 的内积，结合公式（E.6），可得

$$\begin{aligned}\left(\boldsymbol{e}^{(k)},\boldsymbol{e}^{(k+1)}\right)&=\left(\boldsymbol{e}^{(k)},\boldsymbol{e}^{(k)}\right)-\alpha_k\left(\boldsymbol{e}^{(k)},\boldsymbol{Ap}^{(k+1)}\right)\\&=\left(\boldsymbol{e}^{(k)},\boldsymbol{e}^{(k)}\right)-\alpha_k\left(\boldsymbol{p}^{(k)},\boldsymbol{Ap}^{(k+1)}\right)\end{aligned}$$

代入，$\alpha=\left(\boldsymbol{e}^{(k)},\ \boldsymbol{e}^{(k)}\right)/\left(\boldsymbol{p}^{(k)},\ \boldsymbol{Ap}^{(k)}\right)$，

$$\left(\boldsymbol{e}^{(k)},\boldsymbol{e}^{(k+1)}\right)=0 \tag{E.8}$$

将公式（E.7）转化为

$$\boldsymbol{Ap}^{(k)}=\frac{1}{\alpha}\left(\boldsymbol{e}^{(k)}-\boldsymbol{e}^{(k+1)}\right)$$

并计算 $\boldsymbol{Ap}^{(k)}$ 与 $\boldsymbol{e}^{(k+1)}$ 的内积，可得

$$\begin{aligned}\left(\boldsymbol{e}^{(k+1)},\boldsymbol{Ap}^{(k)}\right)&=\frac{1}{\alpha}\left[\left(\boldsymbol{e}^{(k+1)},\boldsymbol{e}^{(k)}\right)-\left(\boldsymbol{e}^{(k+1)},\boldsymbol{e}^{(k+1)}\right)\right]=-\frac{\left(\boldsymbol{e}^{(k+1)},\boldsymbol{e}^{(k+1)}\right)}{\alpha}\\&=-\frac{\left(\boldsymbol{e}^{(k+1)},\boldsymbol{e}^{(k+1)}\right)}{\left(\boldsymbol{e}^{(k)},\boldsymbol{e}^{(k)}\right)}\left(\boldsymbol{p}^{(k)},\boldsymbol{Ap}^{(k)}\right)\end{aligned} \tag{E.9}$$

其中，$\left(\boldsymbol{e}^{(k+1)},\ \boldsymbol{e}^{(k)}\right)=0$［式（E.8）］，且 $\alpha=\left(\boldsymbol{e}^{(k)},\ \boldsymbol{e}^{(k)}\right)/\left(\boldsymbol{p}^{(k)},\ \boldsymbol{Ap}^{(k)}\right)$。通过转化公式（E.9），可证明：

$$\beta \equiv -\frac{\left(\boldsymbol{e}^{(k+1)}, \boldsymbol{A}\boldsymbol{p}^{(k)}\right)}{\left(\boldsymbol{p}^{(k)}, \boldsymbol{A}\boldsymbol{p}^{(k)}\right)} = \frac{\left(\boldsymbol{e}^{(k+1)}, \boldsymbol{e}^{(k+1)}\right)}{\left(\boldsymbol{e}^{(k)}, \boldsymbol{e}^{(k)}\right)}$$

证明完毕。

19. 在复数双共轭梯度法中，双共轭系数定义为

$$\beta = -\frac{\left(\boldsymbol{A}^{\mathrm{H}}\hat{\boldsymbol{p}}^{(k)}, \boldsymbol{e}^{(k+1)}\right)}{\left(\hat{\boldsymbol{p}}^{(k)}, \boldsymbol{A}\boldsymbol{p}^{(k)}\right)}$$

其中，$\boldsymbol{A}^{\mathrm{H}}$ 表示复数矩阵 $\boldsymbol{A}$ 的 Hermitian 转置。证明这个双共轭系数也可表示为

$$\beta = \frac{\left(\hat{\boldsymbol{e}}^{(k+1)}, \boldsymbol{e}^{(k+1)}\right)}{\left(\hat{\boldsymbol{e}}^{(k)}, \boldsymbol{e}^{(k)}\right)}$$

其中，两残差可表示为

$$\begin{cases} \boldsymbol{e}^{(k+1)} = \boldsymbol{e}^{(k)} - \alpha\boldsymbol{A}\boldsymbol{p}^{(k)} \\ \hat{\boldsymbol{e}}^{(k+1)} = \hat{\boldsymbol{e}}^{(k)} - \bar{\alpha}\boldsymbol{A}^{\mathrm{H}}\hat{\boldsymbol{p}}^{(k)} \end{cases}$$

且 $\bar{\alpha}$ 是 α 的复共轭物。

答：计算 $\hat{\boldsymbol{e}}^{(k+1)}$ 与 $\boldsymbol{e}^{(i)}$ 的内积：

$$\begin{aligned} \left(\hat{\boldsymbol{e}}^{(k+1)}, \boldsymbol{e}^{(i)}\right) &= \left(\hat{\boldsymbol{e}}^{(k)} - \bar{\alpha}\boldsymbol{A}^{\mathrm{H}}\hat{\boldsymbol{p}}^{(k)}, \boldsymbol{e}^{(i)}\right) = \left(\hat{\boldsymbol{e}}^{(k)}, \boldsymbol{e}^{(i)}\right) - \left(\bar{\alpha}\boldsymbol{A}^{\mathrm{H}}\hat{\boldsymbol{p}}^{(k)}, \boldsymbol{e}^{(i)}\right) \\ &= \left(\hat{\boldsymbol{e}}^{(k)}, \boldsymbol{e}^{(i)}\right) - \alpha\left(\boldsymbol{A}^{\mathrm{H}}\hat{\boldsymbol{p}}^{(k)}, \boldsymbol{e}^{(i)}\right) \end{aligned}$$

注意，内积 $(\bar{\alpha}\boldsymbol{x}, \boldsymbol{y}) = \alpha\boldsymbol{x}^{\mathrm{H}}\boldsymbol{y} = \alpha(\boldsymbol{x}, \boldsymbol{y})$，其中 α 为复数标量。可得

$$\alpha\left(\boldsymbol{A}^{\mathrm{H}}\hat{\boldsymbol{p}}^{(k)}, \boldsymbol{e}^{(i)}\right) = \left(\hat{\boldsymbol{e}}^{(k)}, \boldsymbol{e}^{(i)}\right) - \left(\hat{\boldsymbol{e}}^{(k+1)}, \boldsymbol{e}^{(i)}\right)$$

即，

$$\alpha\left(\boldsymbol{A}^{\mathrm{H}}\hat{\boldsymbol{p}}^{(k)}, \boldsymbol{e}^{(i)}\right) = \begin{cases} \left(\hat{\boldsymbol{e}}^{(k)}, \boldsymbol{e}^{(k)}\right), & i = k \\ -\left(\hat{\boldsymbol{e}}^{(k+1)}, \boldsymbol{e}^{(k+1)}\right), & i = k+1 \\ 0, & \text{其他} \end{cases}$$

利用上式计算第 $i=k+1$ 次迭代，可得

$$\left(\boldsymbol{A}^{\mathrm{H}}\hat{\boldsymbol{p}}^{(k)}, \boldsymbol{e}^{(k+1)}\right) = -\frac{1}{\alpha}\left(\hat{\boldsymbol{e}}^{(k+1)}, \boldsymbol{e}^{(k+1)}\right) \tag{E.10}$$

在复数双共轭梯度法中，步长由 $\alpha = \left(\hat{\boldsymbol{e}}^{(k)}, \boldsymbol{e}^{(k)}\right) / \left(\hat{\boldsymbol{p}}^{(k)}, \boldsymbol{A}\boldsymbol{p}^{(k)}\right)$ 定义，换言之，

$$\left(\hat{\boldsymbol{p}}^{(k)}, \boldsymbol{A}\boldsymbol{p}^{(k)}\right)=\frac{1}{\alpha}\left(\hat{\boldsymbol{e}}^{(k)}, \boldsymbol{e}^{(k)}\right) \tag{E.11}$$

因此，结合式（E.10）和式（E.11），可证明：

$$\beta \equiv -\frac{\left(\boldsymbol{A}^{\mathrm{H}}\hat{\boldsymbol{p}}^{(k)}, \boldsymbol{e}^{(k+1)}\right)}{\left(\hat{\boldsymbol{p}}^{(k)}, \boldsymbol{A}\boldsymbol{p}^{(k)}\right)}=\frac{\left(\hat{\boldsymbol{e}}^{(k+1)}, \boldsymbol{e}^{(k+1)}\right)}{\left(\hat{\boldsymbol{e}}^{(k)}, \boldsymbol{e}^{(k)}\right)}$$

证明完毕。

20. 地震反演中的目标函数通常定义为

$$\phi=Q+\mu R$$

其中，Q 为数据拟合项；R 为模型正则化项；μ 为平衡数据匹配和模型正则化的权衡参数。

（1）什么是 Tikhonov 正则化？分析标准 L_2 范数模型约束与一般 Tikhonov 正则化之间的差异。

（2）什么是最大熵正则化？分析标准 L_2 范数模型约束与最大熵正则化之间的差异。

（3）什么是柯西正则化？在地震反演中，柯西分布正则化的主要目的是什么？

答：（1）Tikhonov 正则化定义为

$$R=\int_a^b\left(p\left\|\frac{\partial \boldsymbol{x}}{\partial y}\right\|^2+q\left\|\boldsymbol{x}-\boldsymbol{x}_{\mathrm{ref}}\right\|^2\right)\mathrm{d}y$$

其中，p 和 q 为常数。标准的 L_2 范数模型正则化定义为

$$R=\left\|\boldsymbol{x}-\boldsymbol{x}_{\mathrm{ref}}\right\|^2$$

其中，$\boldsymbol{x}_{\mathrm{ref}}$ 为参考模型。Tikhonov 正则化引入了一个额外的约束条件，通过令估计解 $\boldsymbol{x}$ 的一阶空间导数最小化来得到光滑模型。

（2）最大熵约束为

$$R=\sum_i |x_i|\ln|x_i|$$

由于标准 L_2 范数模型正则化 $R=\|\boldsymbol{x}\|^2=\sum_i x_i x_i$ 中假设 $\boldsymbol{x}_{\mathrm{ref}}=0$，其解更接近 $\boldsymbol{x}$ 中的强振幅点（“亮点”）。最大熵正则化中，采用对数值从而减少了强 $\boldsymbol{x}$ 值的影响。

（3）解的柯西分布是：

$$R=\sum_{i=1}^N \ln\left(\frac{1}{\pi}\frac{\lambda}{\lambda^2+x_i^2}\right)=-N\ln(\pi\lambda)-\sum_{i=1}^N \ln\left(1+\frac{x_i^2}{\lambda^2}\right)$$

式中，λ 是柯西参数。使用 Cauchy 约束的主要目的是获得稀疏的估计解。

21. 线性反问题 $\boldsymbol{Gx}=\boldsymbol{d}$ 中，最小二乘解可表示为

$$\boldsymbol{x}=\left[\boldsymbol{G}^{\mathrm{T}}\boldsymbol{G}+\mu\boldsymbol{I}\right]^{-1}\boldsymbol{G}^{\mathrm{T}}\boldsymbol{d}$$

其中，$\boldsymbol{d}$ 为数据向量；$\boldsymbol{x}$ 为待求的模型向量；$\boldsymbol{G}$ 代表从模型空间到数据空间的映射算子。

解释下列不同情况下 μ 的不同物理意义：

（1）矩阵逆的稳定性；

（2）反褶积中的预白化；

（3）数据匹配和模型正则化之间的权衡参数；

（4）数据和模型协方差矩阵之比。

答：（1）对于反问题 $\phi(\boldsymbol{x})=\|\boldsymbol{d}-\boldsymbol{Gx}\|^2$，令 $\partial\phi/\partial\boldsymbol{x}=-2\boldsymbol{G}^{\mathrm{T}}(\boldsymbol{d}-\boldsymbol{Gx})=0$，计算其最小二乘法解。即，

$$\boldsymbol{G}^{\mathrm{T}}\boldsymbol{Gx}=\boldsymbol{G}^{\mathrm{T}}\boldsymbol{d}$$

如果方阵［$\boldsymbol{G}^{\mathrm{T}}\boldsymbol{G}$］接近奇异，则在其对角元素上加一个小的正值 μ，使得［$\boldsymbol{G}^{\mathrm{T}}\boldsymbol{G}+\mu\boldsymbol{I}$］可逆，则稳定解为

$$\boldsymbol{x}=\left[\boldsymbol{G}^{\mathrm{T}}\boldsymbol{G}+\mu\boldsymbol{I}\right]^{-1}\boldsymbol{G}^{\mathrm{T}}\boldsymbol{d}$$

（2）褶积模型中，地震数据 $\{\tilde{d}_i\}$ 可用下式表示：

$$\tilde{d}_i=\sum_k w_k r_{i-k}+e_i$$

式中，$\{w_k\}$ 为地震子波；$\{r_k\}$ 为反射系数序列。反褶积的目的是从包含数据误差 $\{e_i\}$ 的地震记录 $\{\tilde{d}_i\}$ 中恢复反射系数序列 $\{r_k\}$。目标函数为实测数据与合成数据之间的误差在最小二乘法意义下最小：

$$\phi(\boldsymbol{x})=\|\tilde{\boldsymbol{d}}-\boldsymbol{Gx}\|^2$$

其中，$\tilde{\boldsymbol{d}}$ 为数据 $\{\tilde{d}_i\}$ 的向量；$\boldsymbol{G}$ 为子波矩阵，其每列都包含一个子波 $\{w_k\}$ 序列，对其适当地用零填充以表示离散卷积，$\boldsymbol{x}$ 为反射率序列 $\{r_k\}$ 的向量。

最小二乘法解中

$$\boldsymbol{x}=\left[\boldsymbol{G}^{\mathrm{T}}\boldsymbol{G}+\mu\boldsymbol{I}\right]^{-1}\boldsymbol{G}^{\mathrm{T}}\tilde{\boldsymbol{d}}$$

矩阵［$\boldsymbol{G}^{\mathrm{T}}\boldsymbol{G}$］相当于地震道的自相关，用于稳定解的较小的正阻尼因子 μ 称为预白化参数。在实践中，μ 被视为［$\boldsymbol{G}^{\mathrm{T}}\boldsymbol{G}$］中对角线元素最大值的一小部分，通常用于表示数据中白噪声的百分比水平。

（3）在基于模型约束的最小二乘法反演中，目标函数定义为

$$\phi(\boldsymbol{x})=\|\boldsymbol{d}-\boldsymbol{Gx}\|^2+\mu\|\boldsymbol{x}\|^2$$

其中，μ 为控制数据拟合项和模型项对反演解贡献的权衡因子。

令 $\partial\phi/\partial\boldsymbol{x}=-2\boldsymbol{G}^{\mathrm{T}}(\boldsymbol{d}-\boldsymbol{Gx})+2\mu\boldsymbol{X}=0$，得最小二乘法解为

$$\boldsymbol{x}=\left[\boldsymbol{G}^{\mathrm{T}}\boldsymbol{G}+\mu\boldsymbol{I}\right]^{-1}\boldsymbol{G}^{\mathrm{T}}\boldsymbol{d}$$

（4）考虑数据和模型协方差矩阵时，目标函数定义为

$$\phi(\boldsymbol{x})=(\boldsymbol{d}-\boldsymbol{Gx})^{\mathrm{T}}\boldsymbol{C}_{\mathrm{d}}^{-1}(\boldsymbol{d}-\boldsymbol{Gx})+\boldsymbol{x}^{\mathrm{T}}\boldsymbol{C}_{\mathrm{x}}^{-1}\boldsymbol{x}$$

其中，$\boldsymbol{C}_{\mathrm{d}}$ 为数据协方差矩阵，$\boldsymbol{C}_{\mathrm{x}}$ 为模型协方差矩阵。最小二乘法解可表示为

$$\boldsymbol{x}=\left[\boldsymbol{G}^{\mathrm{T}}\boldsymbol{C}_{\mathrm{d}}^{-1}\boldsymbol{G}+\boldsymbol{C}_{\mathrm{x}}^{-1}\right]^{-1}\boldsymbol{G}^{\mathrm{T}}\boldsymbol{C}_{\mathrm{d}}^{-1}\boldsymbol{d}$$

如果取近似：

$$\mu=\frac{\|\boldsymbol{C}_{\mathrm{d}}\|}{\|\boldsymbol{C}_{\mathrm{x}}\|}$$

该解等价于经典的基于模型约束的最小二乘法反演解。